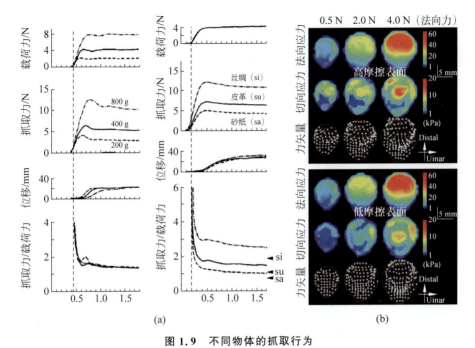

图 1.9 不同物体的抓取行为

(a) 不同重量和光滑程度表面的抓取力曲线[24];(b) 探针实验得到的不同表面接触力分布[15]

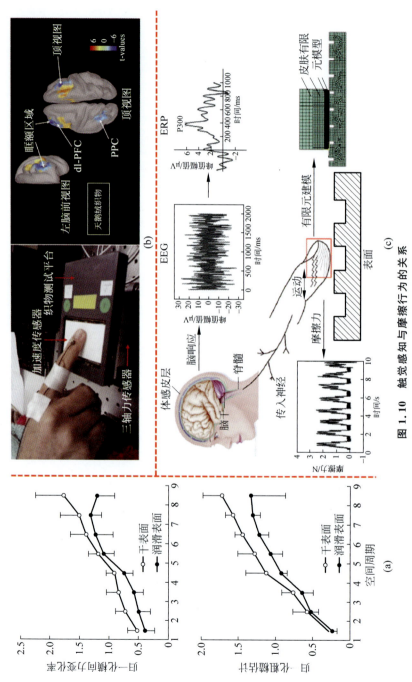

图 1.10 触觉感知与摩擦行为的关系

(a) 粗糙感知与切向力变化率的关系[20]；(b) 粗糙感知过程中的摩擦-振动与脑电联合测试[31]；(c) 事件相关电位与有限元模拟应力相关性研究[36]

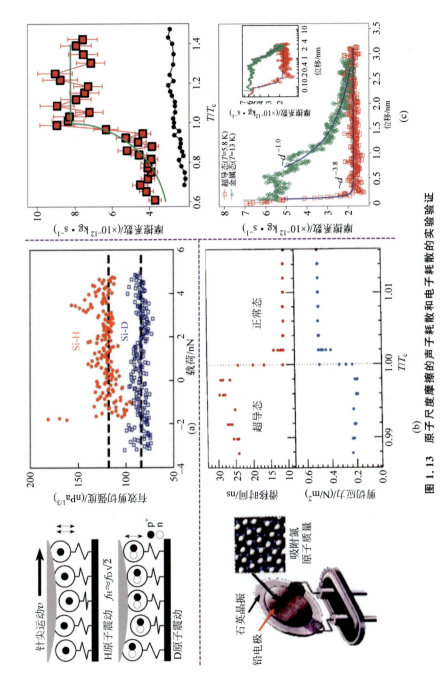

图1.13 原子尺度摩擦的声子耗散和电子耗散的实验验证

(a) 同位素吸附的表面的摩擦行为[49];(b) 超导态下 N_2 分子的摩擦耗散[50];(c) 超导态下的非接触摩擦耗散[53]

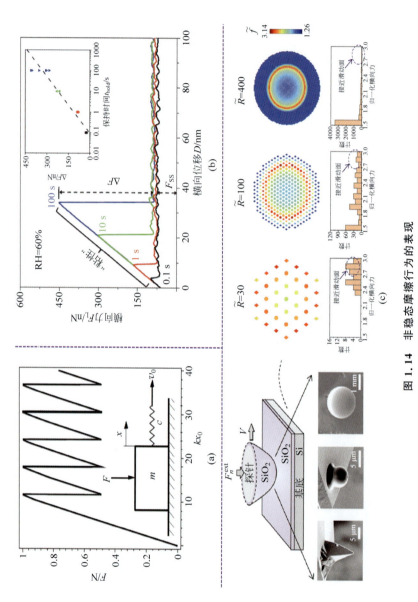

图 1.14 非稳态摩擦行为的表现

(a) 粘—滑基本模型[58];(b) 摩擦老化效应[71];(c) 摩擦老化效应的尺度依赖性[66]

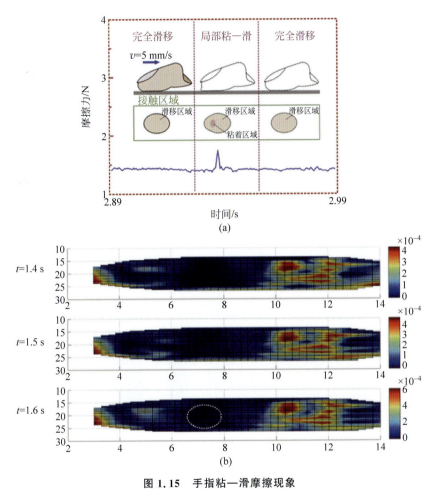

图 1.15 手指粘—滑摩擦现象

(a) 平稳滑动与粘—滑情况下的手指变形[74];(b) 手指滑动过程的局部变形[75]

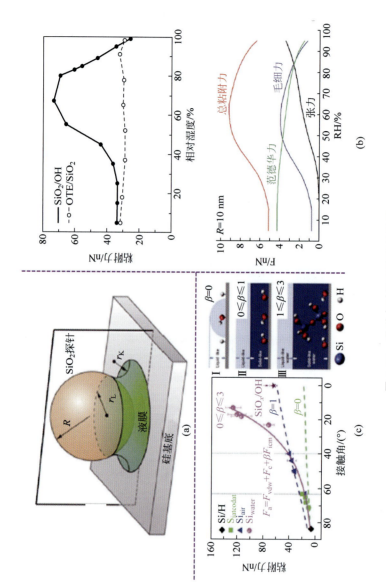

图 1.16 吸附水对界面粘着的影响

(a) 毛细液桥示意图[83]；(b) 粘附力随湿度的变化关系[79-80]；(c) 接触角与粘附力关系[82]

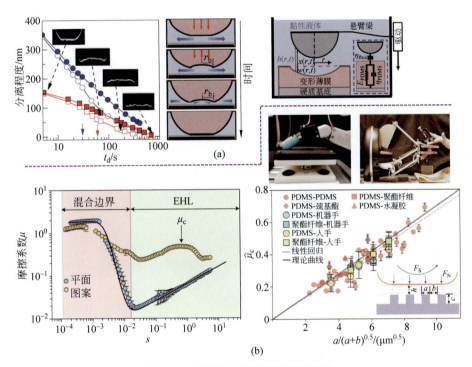

图 1.18 软材料和手指弹流润滑行为

(a) 弹性材料冲击载荷下弹流效应产生的凹坑[97];(b) 织构化软表面的弹流润滑效应[100]

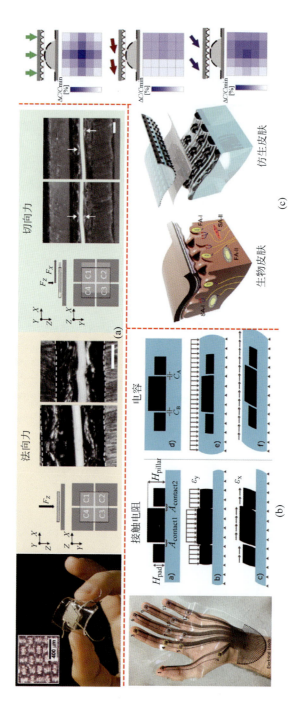

图 1.21 具有三轴力触觉感知能力的电子皮肤技术

(a) 四电容单元簇结构[153]; (b) 导电块单元簇结构[154]; (c) 金字塔阵列电极结构[151]

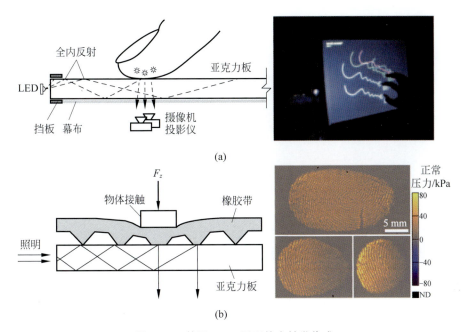

图 1.22 基于 FTIR 原理的力触觉传感

(a) 基于图像的多触点触控屏[161];(b) 利用微织构薄膜的接触力分布传感方案[162-163]

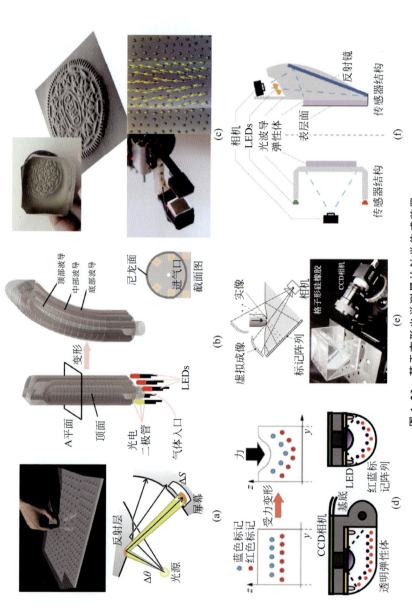

图 1.23 基于变形光学测量的触觉传感装置

(a) 光电二极管阵列的表面变形测量[165]；(b) 基于光波导能量衰减的变形测量[166]；(c) Gelsight 变形[167]和切向位移测量[168]；(d) Gelforce 接触力测量装置[169]；(e) 镜面反射的接触力测量[170]；(f) Gelsight 和 GelSlim 结构原理示意图[171]

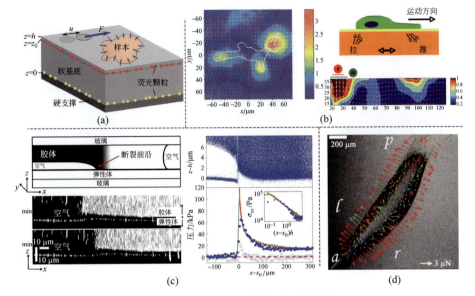

图 1.24 牵引力显微技术原理和应用

(a) 牵引力显微技术原理示意图[180];(b) 细胞运动过程牵引力[181,187];(c) 胶体薄膜的粘附应力[184];(d) 蛞蝓的爬行力[185]

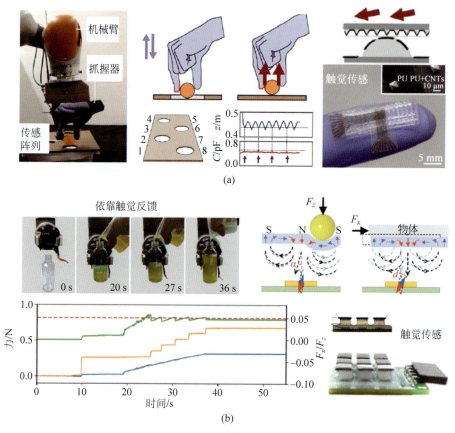

图 1.27 基于摩擦力触觉传感的机械手

(a) 电容式摩擦触觉传感及其在机械手装配中的应用[151];(b) 磁极式摩擦触觉传感及其在动态抓取中的应用[194]

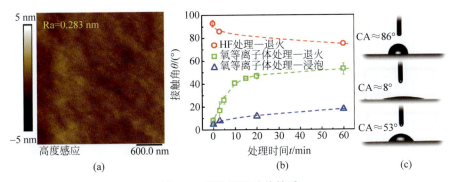

图 2.1 实验所用硅片性质

（a）硅片 AFM 形貌图；（b）不同处理方式对硅片接触角的影响；（c）典型接触角图像

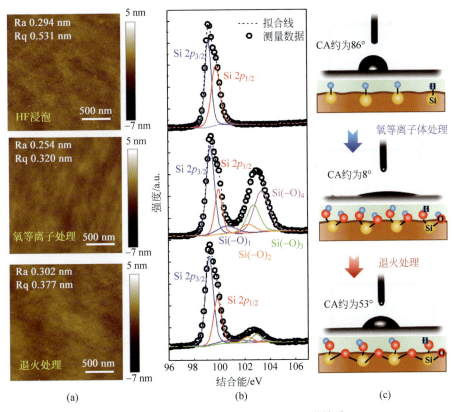

图 3.4 表面处理后的硅表面形貌和化学性质

（a）不同表面处理的硅表面 AFM 图像；（b）不同表面处理的 Si 2p 轨道 XPS 精细峰；（c）不同表面处理的硅片接触角

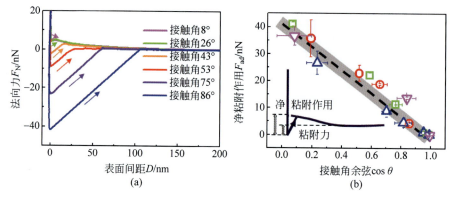

图 3.6 不同润湿性硅片在水中的粘附力

(a) AFM 测得回撤过程法向力—位移曲线；(b) 净粘附作用与接触角余弦的关系图，图中虚线为线性拟合，插图为一般意义的"粘附力"和本书定义的"净粘附作用"的示意图

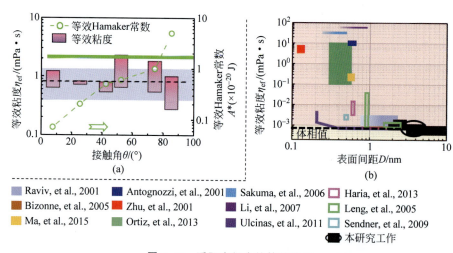

图 3.12 受限空间水的等效粘度

(a) 本书测量的不同润湿性表面等效粘度和等效 Hamaker 常数；(b) 文献中报道的水或一价盐溶液的等效粘度与受限间距的关系，其中实心块为实验结果，空心块为分子模拟结果

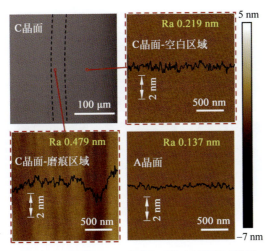

图 3.15 蓝宝石 A 晶面和 C 晶面的表面形貌图

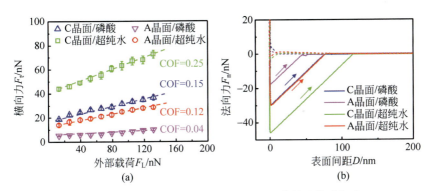

图 3.16 蓝宝石 A 晶面和 C 晶面的微观摩擦和粘附行为

(a) AFM 测试的摩擦系数随外载的变化规律;(b) AFM 测得分离过程法向力—位移曲线

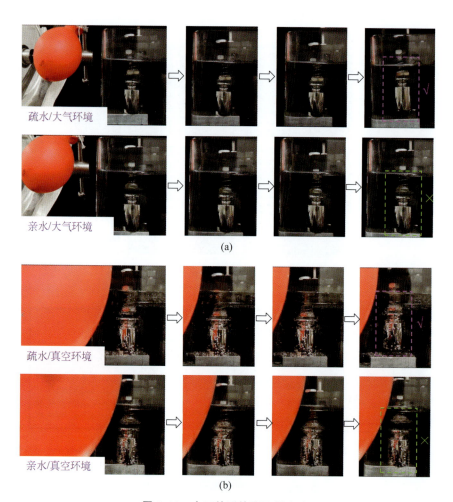

图 3.19 水下粘附拾取演示实验
(a) 大气环境;(b) 真空环境

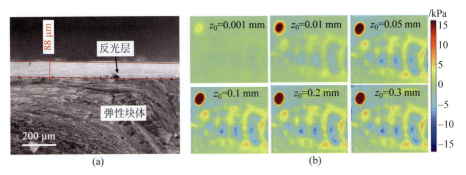

图 4.6 反光层厚度参数对接触力计算结果的影响

(a) 反光层的截面显微图片；(b) 不同厚度参数对应力计算结果的影响

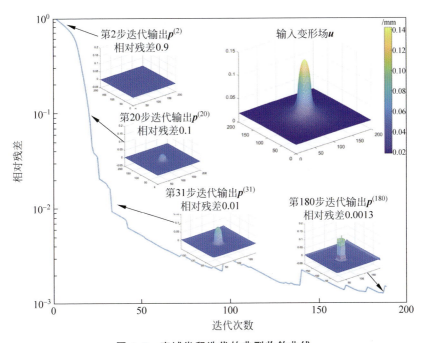

图 4.7 实域卷积迭代的典型收敛曲线

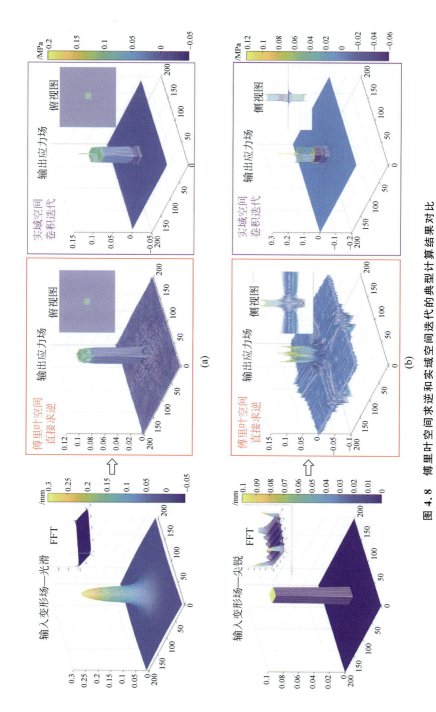

图 4.8 傅里叶空间求逆和实域空间迭代的典型计算结果对比

(a) 输入变形场相对平滑的情况;(b) 输入变形场相对尖锐的情况

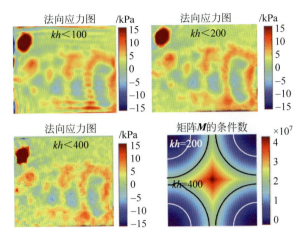

图 4.9 不同滤波参数对基于傅里叶空间应力求解的影响

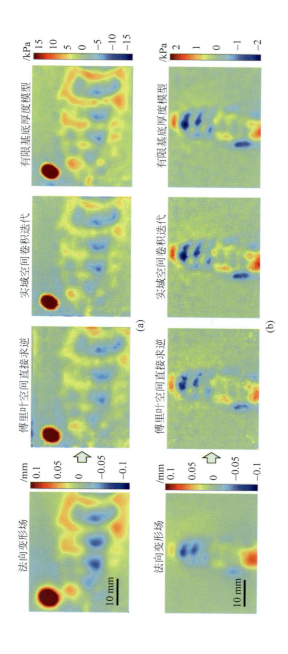

图 4.10 三种接触应力数值求解算法的结果比较

(a) 接触尺度（d 约为 30 mm）与弹性基底厚度（$h=20$ mm）相当；(b) 接触尺度（d 约为 10 mm）小于弹性基底厚度（$h=20$ mm）

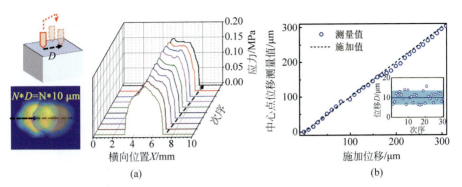

图 4.12 位移分辨率验证实验

(a) 针尖步进按压实验的压应力结果；(b) 中心区域位移测量值

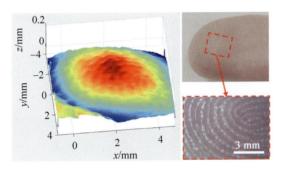

图 4.13 手指指纹形貌的识别

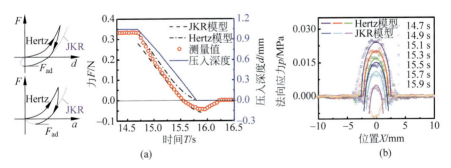

图 4.16 基于 JKR 接触模型的粘着应力测量评估

(a) 分离过程的 Hertz 接触状态 JKR 状态过渡；(b) 粘着接触过程的应力测量与模型预测

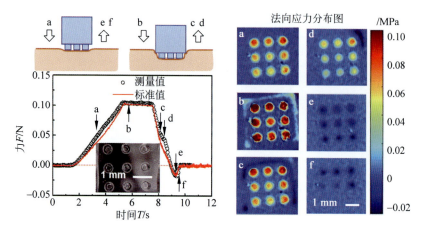

图 4.17 微柱阵列表面的粘着应力演变

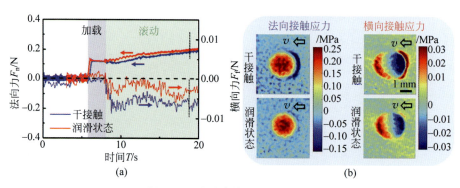

图 4.19 滚动摩擦应力测量结果

(a) 滚动摩擦力；(b) 滚动摩擦接触应力图

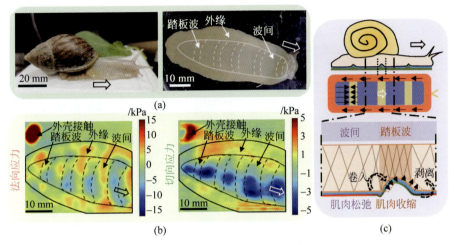

图 4.23　蜗牛爬行过程的接触应力

（a）大蜗牛爬行过程图像；（b）大蜗牛爬行过程的接触应力；（c）蜗牛爬行的力学机制示意图

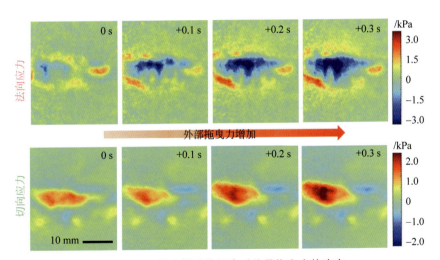

图 4.24　准静态攀附的蜗牛对外界拖曳力的响应

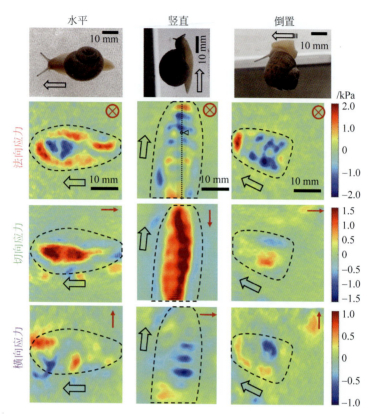

图 4.25 蜗牛不同爬行位姿时三向接触应力图(右上角标识表示施加在基底力的正方向)

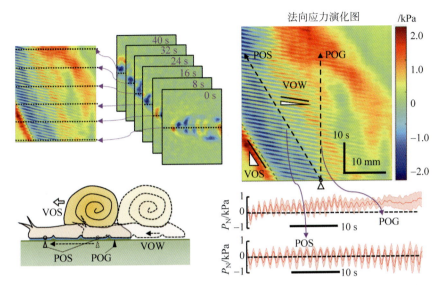

图 4.26 蜗牛法向接触应力演化图。图中 POS 代表相对蜗牛不动的腹足上某点,POG 代表相对大地不动的基底某点;VOS 为蜗牛运动速度,VOW 为蜗牛腹足踏板波的波速

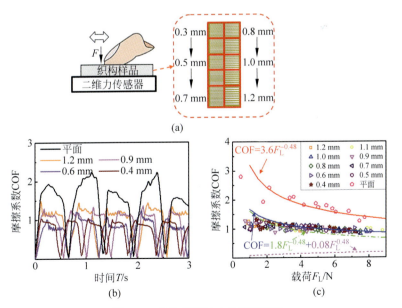

图 5.5 织构表面的皮肤摩擦行为

(a) 不同织构表面的摩擦实验示意图;(b) 部分表面的实验的摩擦系数测试曲线,其中平面指代无织构表面;(c) 手指摩擦系数与载荷关系

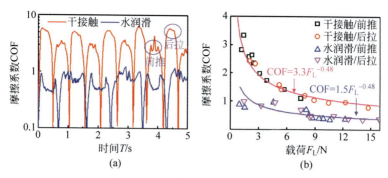

图 5.9 手指的摩擦各向异性行为

（a）干接触和润滑条件下的摩擦系数；（b）摩擦系数随载荷的关系

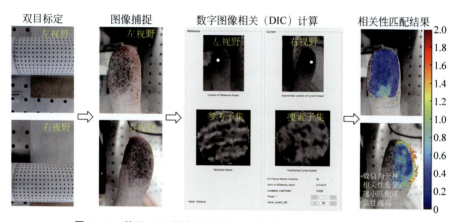

图 5.10 基于 DIC 技术对手指与玻璃摩擦过程表面形变测量

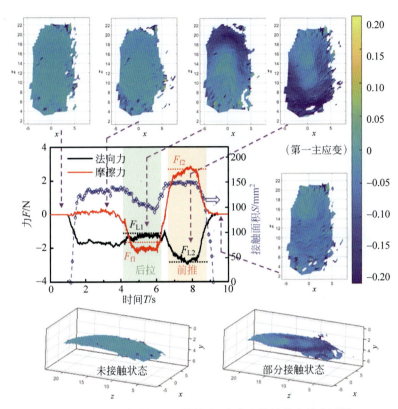

图 5.11 手指摩擦各向异性的力、应变和接触状态综合测量

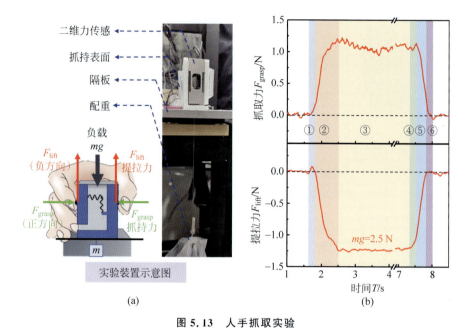

图 5.13　人手抓取实验

(a) 实验装置示意图；(b) 干接触情况下抓取 2.5 N 物体的典型抓持力和提拉力

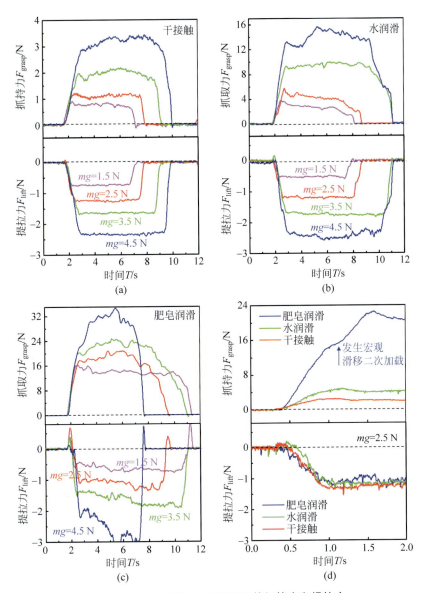

图 5.14 人手抓取不同物体过程的抓持力和提拉力

(a) 干接触；(b) 水润滑；(c) 肥皂液润滑；(d) 负载 2.5 N 时三种润滑状态对比

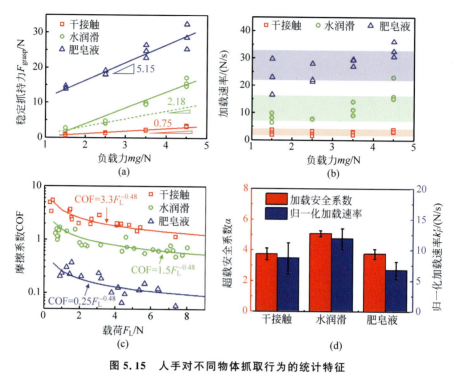

图 5.15 人手对不同物体抓取行为的统计特征

(a) 稳定抓取力与负载关系；(b) 抓持力加载速率与负载关系；(c) 不同润滑状态的 PDMS 摩擦系数；(d) 三种润滑状态的超载安全系数和归一化加载速率统计

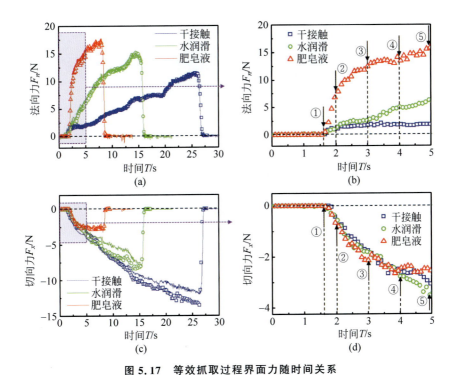

图 5.17 等效抓取过程界面力随时间关系

(a) 法向力；(b) 切向力。其中数据线为力传感器测量值，数据点来自接触应力积分

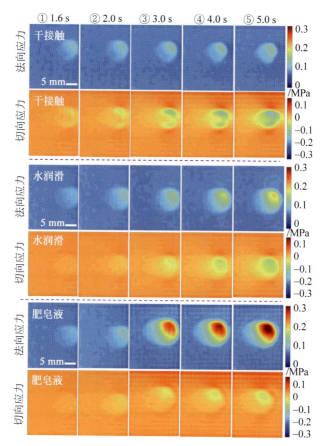

图 5.18 等效抓取过程法向应力和切向应力演变情况

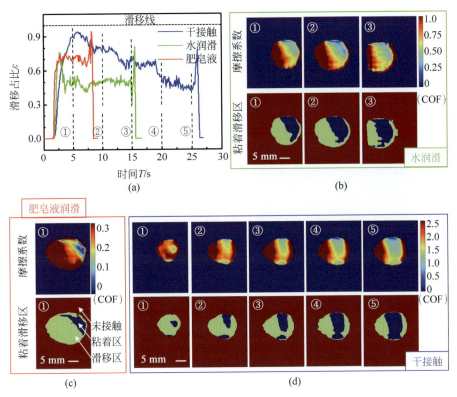

图 5.19 等效抓取过程接触区微滑演变情况

(a) 不同润滑状态下表面接触区滑移率演变;(b) 水润滑摩擦系数分布和滑移区演变;(c) 肥皂液润滑摩擦系数分布和滑移区演变;(d) 干接触摩擦系数分布和滑移区演变

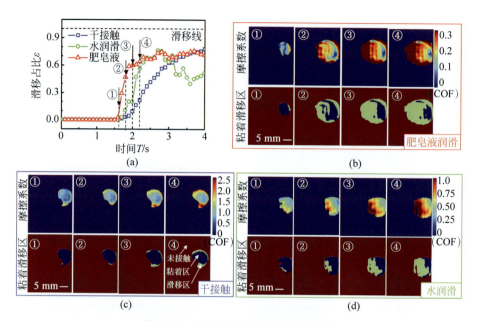

图 5.20 手指接触初期微滑演变情况

(a) 不同润滑状态下接触初期滑移率演变；(b) 肥皂润滑条件接触初期摩擦系数分布和滑移区演变；(c) 干接触条件初期摩擦系数分布和滑移区演变；(d) 水润滑条件接触初期摩擦系数分布和滑移区演变

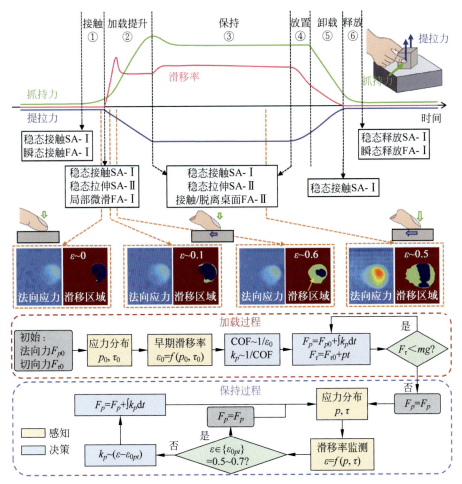

图 5.21 人手抓取过程典型力曲线和基于界面微滑感知的反馈控制策略

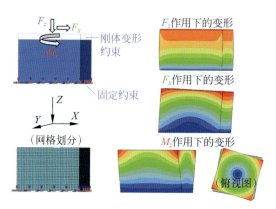

图 6.4 有限元仿真模型和典型模拟结果

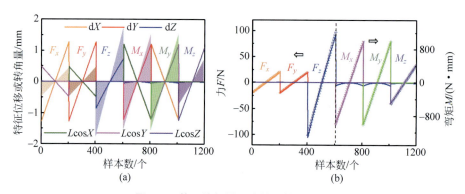

图 6.5 基于特征量拟合的六轴力输出

(a) 六个特征量与输入力/力矩的关系,为了量纲归一化,这里的特征转角为转角余弦乘以特征点距离 L;(b) 基于特征量回归的拟合结果,图中点数据为有限元计算值,线数据为模型拟合值

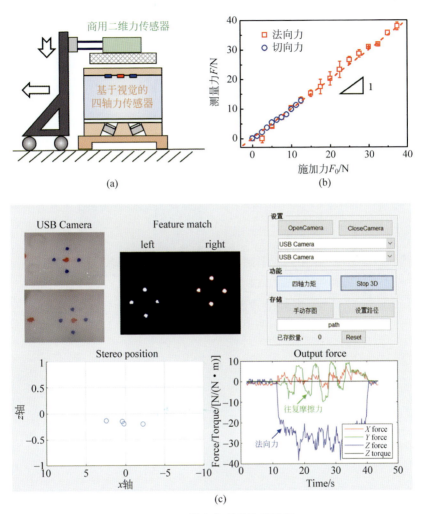

图 6.6　四轴力传感的性能验证

（a）测试实验装置示意图；（b）输出力曲线与标准值对比；（c）利用四轴力传感进行摩擦测试的 GUI 界面

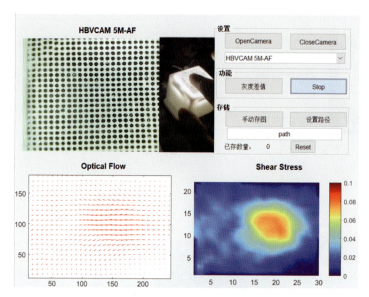

图 6.8 滑移触觉传感器的输出界面

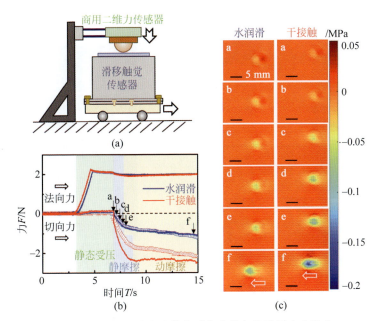

图 6.10 滑移测试实验的典型力曲线和接触区应力演变

(a) 测试装置示意图；(b) 法向力和切向力测量，数据线尾商用传感器测量值，数据点为滑移传感器测量的切向应力积分值；(c) 横向接触应力演变情况

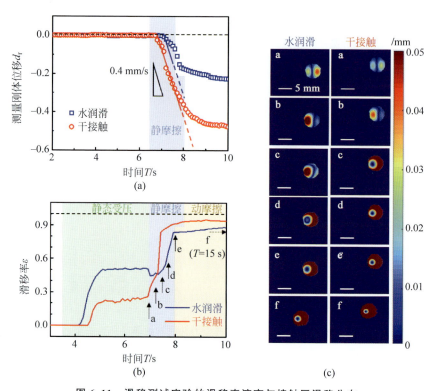

图 6.11 滑移测试实验的滑移率演变与接触区滑移分布

(a) 拟合刚体位移；(b) 根据滑移判据计算的滑移率；(c) 滑移区域分布

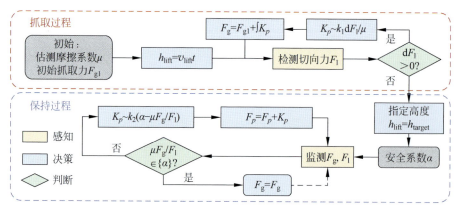

图 6.12 机械手对变质量物体抓取的闭环控制策略

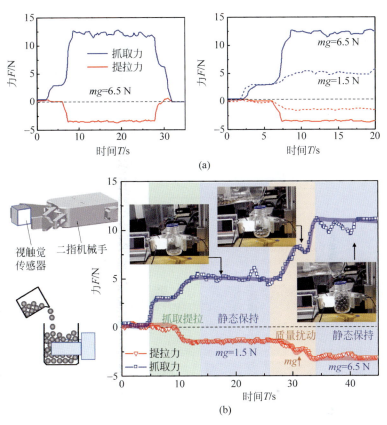

图 6.13 动态载荷下机械手抓取效果

(a) 机械臂抓取不同质量物体的典型力曲线;(b) 不断倒入钢球的玻璃杯的抓取效果和力曲线

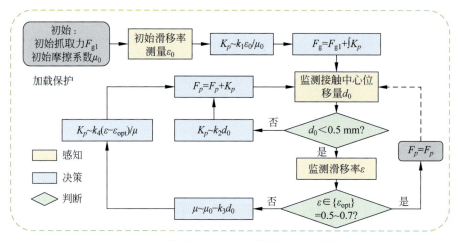

图 6.15 机械手对未知物体抓取的闭环控制策略

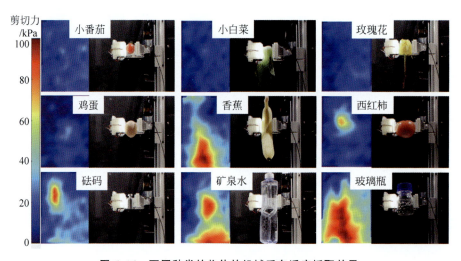

图 6.16 不同种类的物体的机械手自适应抓取效果

清华大学优秀博士学位论文丛书

摩擦触觉感知机理与灵巧抓取应用

李远哲（Li Yuanzhe）著

Mechanism of Frictional Tactile
Perception and Its Applications in Dexterous Grasp

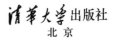

清华大学出版社
北京

内 容 简 介

触觉不仅是人进行感知与交互的重要生理功能，也是机器人实现精确运动、灵巧抓取和人机交互的重要基础。对人手的触觉感知和灵巧抓取行为的深入研究，将极大启发和促进机器人触觉传感与物体操纵技术的发展。目前，人们对触觉的生理学基础已经有了比较系统的认识，但是对触觉感知与皮肤界面力学的关系的认识却不够深入。

本书围绕人手摩擦触觉感知机理与机械手灵巧抓取应用，以水介质中固体摩擦行为机理为理论基础，以界面接触力的高时空分辨表征方法为技术支撑，系统开展了人手抓取过程的摩擦触觉感知机理与抓取反馈控制策略研究，并基于揭示的感知机理、控制策略和设计的触觉传感装置，实现了触觉反馈的机械手灵巧抓取应用。本书所展示的研究工作内容丰富翔实，涉及理论研究、技术研究、应用研究等多个方面，充分体现了多学科交叉融合的特点。

本书对于摩擦学、表界面科学、触觉机理、视触觉传感技术等相关领域的研究人员和学者具有较为广泛的借鉴启发意义。

版权所有，侵权必究。举报：010-62782989，beiqinquan@tup.tsinghua.edu.cn。

图书在版编目（CIP）数据

摩擦触觉感知机理与灵巧抓取应用 / 李远哲著. 　北京：清华大学出版社，2025.5. -- （清华大学优秀博士学位论文丛书）. -- ISBN 978-7-302-67896-0

Ⅰ.TP242.6

中国国家版本馆 CIP 数据核字第 20254TH544 号

责任编辑：樊　婧
封面设计：傅瑞学
责任校对：欧　洋
责任印制：刘　菲

出版发行：清华大学出版社
　　　网　　址：https://www.tup.com.cn, https://www.wqxuetang.com
　　　地　　址：北京清华大学学研大厦 A 座　　邮　　编：100084
　　　社　总　机：010-83470000　　邮　　购：010-62786544
　　　投稿与读者服务：010-62776969, c-service@tup.tsinghua.edu.cn
　　　质量反馈：010-62772015, zhiliang@tup.tsinghua.edu.cn
印 装 者：三河市东方印刷有限公司
经　　销：全国新华书店
开　　本：155mm×235mm　　印　张：14　　插　页：21　　字　数：278 千字
版　　次：2025 年 5 月第 1 版　　印　次：2025 年 5 月第 1 次印刷
定　　价：119.00 元

产品编号：102154-01

一流博士生教育
体现一流大学人才培养的高度(代丛书序)[①]

人才培养是大学的根本任务。只有培养出一流人才的高校,才能够成为世界一流大学。本科教育是培养一流人才最重要的基础,是一流大学的底色,体现了学校的传统和特色。博士生教育是学历教育的最高层次,体现出一所大学人才培养的高度,代表着一个国家的人才培养水平。清华大学正在全面推进综合改革,深化教育教学改革,探索建立完善的博士生选拔培养机制,不断提升博士生培养质量。

学术精神的培养是博士生教育的根本

学术精神是大学精神的重要组成部分,是学者与学术群体在学术活动中坚守的价值准则。大学对学术精神的追求,反映了一所大学对学术的重视、对真理的热爱和对功利性目标的摒弃。博士生教育要培养有志于追求学术的人,其根本在于学术精神的培养。

无论古今中外,博士这一称号都和学问、学术紧密联系在一起,和知识探索密切相关。我国的博士一词起源于2000多年前的战国时期,是一种学官名。博士任职者负责保管文献档案、编撰著述,须知识渊博并负有传授学问的职责。东汉学者应劭在《汉官仪》中写道:"博者,通博古今;士者,辩于然否。"后来,人们逐渐把精通某种职业的专门人才称为博士。博士作为一种学位,最早产生于12世纪,最初它是加入教师行会的一种资格证书。19世纪初,德国柏林大学成立,其哲学院取代了以往神学院在大学中的地位,在大学发展的历史上首次产生了由哲学院授予的哲学博士学位,并赋予了哲学博士深层次的教育内涵,即推崇学术自由、创造新知识。哲学博士的设立标志着现代博士生教育的开端,博士则被定义为独立从事学术研究、具备创造新知识能力的人,是学术精神的传承者和光大者。

[①] 本文首发于《光明日报》,2017年12月5日。

博士生学习期间是培养学术精神最重要的阶段。博士生需要接受严谨的学术训练,开展深入的学术研究,并通过发表学术论文、参与学术活动及博士论文答辩等环节,证明自身的学术能力。更重要的是,博士生要培养学术志趣,把对学术的热爱融入生命之中,把捍卫真理作为毕生的追求。博士生更要学会如何面对干扰和诱惑,远离功利,保持安静、从容的心态。学术精神,特别是其中所蕴含的科学理性精神、学术奉献精神,不仅对博士生未来的学术事业至关重要,对博士生一生的发展都大有裨益。

独创性和批判性思维是博士生最重要的素质

博士生需要具备很多素质,包括逻辑推理、言语表达、沟通协作等,但是最重要的素质是独创性和批判性思维。

学术重视传承,但更看重突破和创新。博士生作为学术事业的后备力量,要立志于追求独创性。独创意味着独立和创造,没有独立精神,往往很难产生创造性的成果。1929年6月3日,在清华大学国学院导师王国维逝世二周年之际,国学院师生为纪念这位杰出的学者,募款修造"海宁王静安先生纪念碑",同为国学院导师的陈寅恪先生撰写了碑铭,其中写道:"先生之著述,或有时而不章;先生之学说,或有时而可商;惟此独立之精神,自由之思想,历千万祀,与天壤而同久,共三光而永光。"这是对于一位学者的极高评价。中国著名的史学家、文学家司马迁所讲的"究天人之际,通古今之变,成一家之言"也是强调要在古今贯通中形成自己独立的见解,并努力达到新的高度。博士生应该以"独立之精神、自由之思想"来要求自己,不断创造新的学术成果。

诺贝尔物理学奖获得者杨振宁先生曾在20世纪80年代初对到访纽约州立大学石溪分校的90多名中国学生、学者提出:"独创性是科学工作者最重要的素质。"杨先生主张做研究的人一定要有独创的精神、独到的见解和独立研究的能力。在科技如此发达的今天,学术上的独创性变得越来越难,也愈加珍贵和重要。博士生要树立敢为天下先的志向,在独创性上下功夫,勇于挑战最前沿的科学问题。

批判性思维是一种遵循逻辑规则、不断质疑和反省的思维方式,具有批判性思维的人勇于挑战自己,敢于挑战权威。批判性思维的缺乏往往被认为是中国学生特有的弱项,也是我们在博士生培养方面存在的一个普遍问题。2001年,美国卡内基基金会开展了一项"卡内基博士生教育创新计划",针对博士生教育进行调研,并发布了研究报告。该报告指出:在美国和欧洲,培养学生保持批判而质疑的眼光看待自己、同行和导师的观点同样非常不容易,批判性思维的培养必须成为博士生培养项目的组成部分。

对于博士生而言,批判性思维的养成要从如何面对权威开始。为了鼓励学生质疑学术权威、挑战现有学术范式,培养学生的挑战精神和创新能力,清华大学在2013年发起"巅峰对话",由学生自主邀请各学科领域具有国际影响力的学术大师与清华学生同台对话。该活动迄今已经举办了21期,先后邀请17位诺贝尔奖、3位图灵奖、1位菲尔兹奖获得者参与对话。诺贝尔化学奖得主巴里·夏普莱斯(Barry Sharpless)在2013年11月来清华参加"巅峰对话"时,对于清华学生的质疑精神印象深刻。他在接受媒体采访时谈道:"清华的学生无所畏惧,请原谅我的措辞,但他们真的很有胆量。"这是我听到的对清华学生的最高评价,博士生就应该具备这样的勇气和能力。培养批判性思维更难的一层是要有勇气不断否定自己,有一种不断超越自己的精神。爱因斯坦说:"在真理的认识方面,任何以权威自居的人,必将在上帝的嬉笑中垮台。"这句名言应该成为每一位从事学术研究的博士生的箴言。

提高博士生培养质量有赖于构建全方位的博士生教育体系

一流的博士生教育要有一流的教育理念,需要构建全方位的教育体系,把教育理念落实到博士生培养的各个环节中。

在博士生选拔方面,不能简单按考分录取,而是要侧重评价学术志趣和创新潜力。知识结构固然重要,但学术志趣和创新潜力更关键,考分不能完全反映学生的学术潜质。清华大学在经过多年试点探索的基础上,于2016年开始全面实行博士生招生"申请-审核"制,从原来的按照考试分数招收博士生,转变为按科研创新能力、专业学术潜质招收,并给予院系、学科、导师更大的自主权。《清华大学"申请-审核"制实施办法》明晰了导师和院系在考核、遴选和推荐上的权力和职责,同时确定了规范的流程及监管要求。

在博士生指导教师资格确认方面,不能论资排辈,要更看重教师的学术活力及研究工作的前沿性。博士生教育质量的提升关键在于教师,要让更多、更优秀的教师参与到博士生教育中来。清华大学从2009年开始探索将博士生导师评定权下放到各学位评定分委员会,允许评聘一部分优秀副教授担任博士生导师。近年来,学校在推进教师人事制度改革过程中,明确教研系列助理教授可以独立指导博士生,让富有创造活力的青年教师指导优秀的青年学生,师生相互促进、共同成长。

在促进博士生交流方面,要努力突破学科领域的界限,注重搭建跨学科的平台。跨学科交流是激发博士生学术创造力的重要途径,博士生要努力提升在交叉学科领域开展科研工作的能力。清华大学于2014年创办了"微沙龙"平台,同学们可以通过微信平台随时发布学术话题,寻觅学术伙伴。3年来,博士生参与和发起"微沙龙"12 000多场,参与博士生达38 000多人次。"微沙龙"促进了不同学科学生之间的思想碰撞,激发了同学们的学术志趣。清华于2002年创办了博士生论坛,论坛由同学自己组织,师生共同参与。博士生论坛持续举办了500期,开展了18 000多场学术报告,切实起到了师生互动、教学相长、学科交融、促进交流的作用。学校积极资助博士生到世界一流大学开展交流与合作研究,超过60%的博士生有海外访学经历。清华于2011年设立了发展中国家博士生项目,鼓励学生到发展中国家亲身体验和调研,在全球化背景下研究发展中国家的各类问题。

在博士学位评定方面,权力要进一步下放,学术判断应该由各领域的学者来负责。院系二级学术单位应该在评定博士论文水平上拥有更多的权力,也应担负更多的责任。清华大学从2015年开始把学位论文的评审职责授权给各学位评定分委员会,学位论文质量和学位评审过程主要由各学位分委员会进行把关,校学位委员会负责学位管理整体工作,负责制度建设和争议事项处理。

全面提高人才培养能力是建设世界一流大学的核心。博士生培养质量的提升是大学办学质量提升的重要标志。我们要高度重视、充分发挥博士生教育的战略性、引领性作用,面向世界、勇于进取,树立自信、保持特色,不断推动一流大学的人才培养迈向新的高度。

清华大学校长

2017年12月

丛书序二

以学术型人才培养为主的博士生教育,肩负着培养具有国际竞争力的高层次学术创新人才的重任,是国家发展战略的重要组成部分,是清华大学人才培养的重中之重。

作为首批设立研究生院的高校,清华大学自20世纪80年代初开始,立足国家和社会需要,结合校内实际情况,不断推动博士生教育改革。为了提供适宜博士生成长的学术环境,我校一方面不断地营造浓厚的学术氛围,一方面大力推动培养模式创新探索。我校从多年前就已开始运行一系列博士生培养专项基金和特色项目,激励博士生潜心学术、锐意创新,拓宽博士生的国际视野,倡导跨学科研究与交流,不断提升博士生培养质量。

博士生是最具创造力的学术研究新生力量,思维活跃,求真求实。他们在导师的指导下进入本领域研究前沿,吸取本领域最新的研究成果,拓宽人类的认知边界,不断取得创新性成果。这套优秀博士学位论文丛书,不仅是我校博士生研究工作前沿成果的体现,也是我校博士生学术精神传承和光大的体现。

这套丛书的每一篇论文均来自学校新近每年评选的校级优秀博士学位论文。为了鼓励创新,激励优秀的博士生脱颖而出,同时激励导师悉心指导,我校评选校级优秀博士学位论文已有20多年。评选出的优秀博士学位论文代表了我校各学科最优秀的博士学位论文的水平。为了传播优秀的博士学位论文成果,更好地推动学术交流与学科建设,促进博士生未来发展和成长,清华大学研究生院与清华大学出版社合作出版这些优秀的博士学位论文。

感谢清华大学出版社,悉心地为每位作者提供专业、细致的写作和出版指导,使这些博士论文以专著方式呈现在读者面前,促进了这些最新的优秀研究成果的快速广泛传播。相信本套丛书的出版可以为国内外各相关领域或交叉领域的在读研究生和科研人员提供有益的参考,为相关学科领域的发展和优秀科研成果的转化起到积极的推动作用。

感谢丛书作者的导师们。这些优秀的博士学位论文，从选题、研究到成文，离不开导师的精心指导。我校优秀的师生导学传统，成就了一项项优秀的研究成果，成就了一大批青年学者，也成就了清华的学术研究。感谢导师们为每篇论文精心撰写序言，帮助读者更好地理解论文。

感谢丛书的作者们。他们优秀的学术成果，连同鲜活的思想、创新的精神、严谨的学风，都为致力于学术研究的后来者树立了榜样。他们本着精益求精的精神，对论文进行了细致的修改完善，使之在具备科学性、前沿性的同时，更具系统性和可读性。

这套丛书涵盖清华众多学科，从论文的选题能够感受到作者们积极参与国家重大战略、社会发展问题、新兴产业创新等的研究热情，能够感受到作者们的国际视野和人文情怀。相信这些年轻作者们勇于承担学术创新重任的社会责任感能够感染和带动越来越多的博士生，将论文书写在祖国的大地上。

祝愿丛书的作者们、读者们和所有从事学术研究的同行们在未来的道路上坚持梦想，百折不挠！在服务国家、奉献社会和造福人类的事业中不断创新，做新时代的引领者。

相信每一位读者在阅读这一本本学术著作的时候，在吸取学术创新成果、享受学术之美的同时，能够将其中所蕴含的科学理性精神和学术奉献精神传播和发扬出去。

清华大学研究生院院长
2018年1月5日

导师序言

在全球新一轮科技革命和产业变革的浪潮中,发展智能机器人技术已成为提升国家制造业核心竞争力的重大战略。面向精密制造、医疗护理、空间探测、深海作业等前沿领域,工业机器人、服务机器人和特种机器人的创新发展不仅关乎我国制造业转型升级的迫切需求,更是抢占未来科技制高点的重要举措。在这一背景下,提升机器人的环境适应能力、灵巧操作性能、人机交互水平及作业安全性,已成为当前机器人技术发展的关键课题。其中,触觉感知技术作为实现上述功能的重要基础,是智能机器人和电子皮肤等领域备受关注的研究重点,也是亟待突破的技术难点。

李远哲博士的研究工作立足摩擦学基础理论,对触觉产生机理和灵巧抓取行为进行了系统性探索。其研究构建了触觉感知与反馈的界面力学理论框架,在界面摩擦机理、三维接触应力测量方法、人手抓取行为规律以及机械手触觉反馈控制等方面取得了创新性突破,为智能机器人系统的感知技术与交互技术发展开辟了新路径。

触觉的产生依赖于皮肤与外界的接触和摩擦。针对水环境下的界面摩擦问题,研究揭示了边界润滑状态下范德华吸引力与水合排斥力的竞争机制,建立了润湿性与界面黏附/摩擦行为的定量关系模型。基于这一理论突破,成功实现了不依赖特殊官能团的结构化表面水下黏附抓取功能,为复杂环境下的界面行为调控提供了新的理论支撑。

触觉信息本质是皮肤界面接触应力的时间—空间分布。在触觉信息获取技术方面,针对接触应力高时空分辨率测量的技术瓶颈,创新性地提出了基于双目立体视觉与弹性力学模型的界面三维接触应力测量方法。所研制的原型装置实现了 10 ms 时间分辨率与 10 μm 空间分辨率的高精度测量,突破了传统测量手段在维度和分辨率上的局限。这一技术突破不仅帮助加深了对界面黏附演变、滚动摩擦来源、生物运动机制等现象的理解,也为摩擦学、生物学和仿生机器人等交叉学科的发展提供了有力工具。

在灵巧操作应用方面,基于界面摩擦理论与接触应力测量技术,系统研究了人手摩擦触觉感知机理与抓取行为规律。研究构建了皮肤摩擦的载荷—方向—几何特性量化模型,揭示了人手抓取的增量反馈加载策略与微滑感知调控机制。基于这些发现,成功研制了两种新型触觉力传感装置,建立了触觉反馈的机器人灵巧抓取控制范式,实现了机械手在动态载荷下不依赖先验视觉信息的可靠抓取,为未来开发具有人手级别灵巧度的机械手奠定了重要研究基础。

  李远哲博士的研究工作兼具创新性与系统性,构建了触觉感知的界面力学定量理论框架,深化了对触觉形成机制及人手抓取调控规律的理解。其研究成果在先进触觉传感与灵巧抓取控制技术的研究中具有重要的理论价值和应用潜力。本书的出版将为相关领域的研究者提供广泛和有益的参考,助力智能感知与机器人技术的持续探索与应用实践。

田煜,博士
清华大学机械工程系长聘教授
清华大学高端装备界面科学与技术全国重点实验室副主任
教育部长江学者特聘教授
国家杰出青年基金获得者

摘　要

　　触觉不仅是人进行感知与交互的重要生理功能,也是机器人实现精确运动、灵巧抓取和人机交互的重要基础。对人手的触觉感知和灵巧抓取行为的深入研究,将极大启发和促进机器人触觉传感与物体操纵技术的发展。目前,人们对触觉的生理学基础已经有了比较系统的认识,但是对触觉感知与皮肤界面力学的关系的认识却不够深入。从力学角度看,皮肤与物体表面接触与摩擦是人体触觉形成的基础。界面法向和切向接触应力的时间—空间分布特征是触觉感知的本质来源,对接触界面摩擦状态的感知是人手实现灵巧抓取的关键基础。因此,为了构建生物触觉研究与机器触觉研究的桥梁,本书深入研究了界面摩擦行为机理,发展了界面接触应力高分辨测量手段,进而揭示了人手的摩擦触觉感知机理和灵巧抓取的反馈控制规律,并指导实现了基于触觉传感的机械手灵巧抓取的初步应用。

　　首先,针对人手触觉感知和抓取过程不可避免的水润滑环境,本书构建了边界润滑状态下润湿性影响黏附和摩擦的定量模型。通过材料表面化学改性的实验设计,基于微观界面力学的理论与实验研究,揭示了表面润湿性影响水润滑行为的本质是范德华吸引力和水合排斥力等多种表面力竞争导致的粘着摩擦现象。该工作不仅加深了对水基边界润滑机理的认识,也为水介质中物体抓取提供了理论指导。

　　其次,针对现有接触应力测量手段在应力表征维度和时空分辨率等方面的不足,本书提出了一种基于双目立体视觉和弹性力学模型的界面动态三维接触应力高分辨测量方法。搭建的测量装置原型的时间和空间分辨率分别达到了 10 ms 和 10 μm。该方法的准确性通过经典接触力学实验得到了验证,其优异性能在仿生干黏附表面的粘着应力测量、滚动摩擦粘着阻力和弹性阻力的可视化、蜗牛爬行多尺度吸盘机制的揭示等研究中发挥了重要作用。该方法是开展摩擦触觉实验研究和触觉传感设计的技术基础。

　　最后,本书开展了人手的摩擦触觉感知行为机理和抓取反馈控制策略研究,构建了反映皮肤摩擦的载荷、方向和表面几何参数依赖性的量化模型，系统研究了人手灵巧抓取过程的增量式加载策略和基于界面微滑感知的反馈调控策略。基于上述控制策略和设计的视触觉传感装置，构建了机器人灵巧抓取的触觉反馈控制范式，成功实现了不依赖先验信息的、动态载荷下机械手对未知物体的可靠抓取。

关键词：摩擦触觉；边界润滑；皮肤摩擦；触觉传感；灵巧抓取

Abstract

Tactile sensation is not only an important physiological function of human perception and interaction, but also an important basis for robots to realize precise movement, dexterous grasping, and human-machine interaction. The in-depth understanding of the tactile generation mechanism and dexterous grasping of the human hand will greatly inspire and promote the development of robotic tactile sensing and object manipulation technologies. At present, people have a systematic understanding of the physiological basis of tactile sensation, but only have a limited understanding of the relationship between tactile perception and the mechanical behavior at the skin-object interface. From a point of view forces, the contact and friction between the finger skin and surface of an object is the basis for the generation of tactile sensation. The spatio-temporal distribution of the normal and tangential contact stress at the interface is the essential source of tactile perception. The perception of the interfacial friction state is the key basis for a human hand to acieve dexterous grasping. Therefore, in order to build a bridge between the field of biotactile research and machine haptics, this work starts from the revealing the mechanism of interfacial friction, develops a high-resolution measurement method of interface contact stress, and then reveals the mechanism of frictional tactile perception and the feedback control law of dexterous grasping of a human hand, so as to further guide the preliminary application of robotic dexterous grasping based on tactile sensing.

Firstly, considering the unavoidable aqueous lubrication conditions in the process of tactile perception and object grasping, a quantitative model of the effect of wettability on adhesion and friction under boundary lubrication was constructed. Based on the theoretical and experimental studies of microscale interfacial forces of chemical modified material surfaces, wettability affected water lubrication behaviort was revealed as an adhesive friction phenomenon caused by the competition of various surface forces including van der Waals attraction and hydration repulsion. The results provide in-depth understanding of mechanism of water-based boundary lubrication and theoretical guidances for the realization of object grasping in water media.

Secondly, in order to overcome the shortcomings of the existing interface contact stress measurement methods in terms of stress dimension and temporal-spatial resolution, a dynamic high-resolution measurement method of interface three-dimensional contact stresses based on binocular stereo vision and elastic mechanics model was proposed. The temporal and spatial resolution of the constructed prototype can reach 10 ms and 10 μm, respectively. The accuracy of the method was verified by classical contact mechanics experiments, and the excellent performance of the method played an important role in the researches such as measurement of adhesion stress on dry adhesive surfaces, visualization of the adhesive resistance and elastic resistance of rolling friction, and revealing the multi-scale suction mechanism of snail crawling. This method provides technical support for the tactile friction measurement and tactile sensors design.

Finally, the researches on the frictional tactile perception mechanism of the human hand and feedback control strategy of dexterous grasping were carried out. A quantitative model reflecting the load-, direction- and surface geometry-dependence of skin friction behaviors was constructed. Incremental loading strategy and close-loop control based on perceived interfacial micro-slip were systematically studied. Based on the above control strategy and designed image-based sensing devices, a tactile-feedback control paradigm for robotic dexterous grasping was constructed. It was finally realized the robotic reliable grasping of unknown objects under dynamic loadings without prior knowledge.

Key words: Frictional tactile sensation; Boundary lubrication; Skin friction; Tactile sensing technology; Dexterous grasping

符号和缩略语说明

AFM   原子力显微镜(atomic force microscope)
BCS   巴丁-库珀-施里弗(Bardeen-Cooper-Schrieffer)
CA   接触角(contact angle)
CNN   卷积神经网络(convolutional neural networks)
COF   摩擦系数(coefficient of friction)
DIC   数字图像相关(digital image correlation)
DLVO   德贾金-朗道-维威-奥比克(Derjaguin-Landau-Verwey-Overbeek)
DMT   德贾金-穆勒-托波罗夫(Derjaguin-Muller-Toporov)
EEG   脑电图(electroencephalography)
EHL   弹性流体动压润滑(elastohydrodynamic lubrication)
ERP   事件相关电位(event related potential)
FA   快速适应型(fast adapting)
FFT   快速傅里叶变换(fast Fourier transform)
FK   弗伦克尔-康托洛娃(Frenkel-Kontorova)
FKT   弗伦克尔-康托洛娃-汤姆林森(Frenkel-Kontorova-Tomlinson)
fNIRS   功能型近红光谱(functional near-infrared spectroscopy)
fps   每秒帧数(frames per second)
GUI   图形用户界面(graphical user interface)
HOPG   高定向裂解石墨(highly oriented pyrolytic graphite)
HSV   色调—饱和度—明度(hue-saturation-value)
iFFT   逆傅里叶变换(inverse fast Fourier transform)
JKR   约翰逊-肯德尔-罗伯茨(Johnson-Kendall-Roberts)
LED   发光二极管(light-emitting diode)
LK   卢卡斯-卡纳德(Lucas-Kanade)
LT   有限厚度(limited-thickness)
NS   纳维-斯托克斯(Navier-Stokes)

PC 个人计算机(personal computer)
PDMS 聚二甲基硅氧烷(polydimethylsiloxane)
PMMA 聚甲基丙烯酸甲酯(poly(methyl methacrylate))
PSD 位置敏感检测器(position sensitive detector)
PT 普朗特-汤姆林森(Prandtl-Tomlinson)
PTFE 聚四氟乙烯(polytetrafluoroethylene)
QCM 石英晶体微天平(quartz crystal microbalance)
RGB 红-绿-蓝(red-green-blue)
RSF 速率-状态依赖的摩擦(rate-and state-dependent friction)
SA 慢速适应型(slow adapting)
SDK 软件开发工具包(software development kit)
SEM 扫描电子显微镜(scanning electron microscope)
SI 半无限大(semi-infinite)
SIFT 尺度不变特征变换(scale-invariant feature transform)
TFM 牵引力显微技术(traction force microscopy)
VR 虚拟现实(virtual reality)
XPS X射线光电子能谱(X-ray photoelectron spectroscopy)

A_H Hamaker 常数
γ 表面张力或表面能
θ 润湿接触角
W 粘附功
Ra 表面粗糙度
k^{-1} 德拜长度
$\boldsymbol{K}_{ij}$ 半无限大弹性体影响系数矩阵
$\boldsymbol{Q}_{ij}$ 有限厚度弹性体傅里叶空间系数矩阵
F_{g0} 理论最小抓持力
F_g 法向抓持力
F_l 切向提拉力

目 录

第 1 章 绪论 ··· 1
1.1 选题背景与研究意义 ·· 1
1.2 人体触觉感知机理研究进展 ··· 4
 1.2.1 触觉的生理学基础 ·· 4
 1.2.2 抓取过程的触觉反馈 ··· 8
 1.2.3 摩擦触觉的相关性研究 ··· 10
1.3 界面摩擦行为机理研究进展 ··· 12
 1.3.1 固体摩擦机理 ··· 13
 1.3.2 非稳态摩擦行为 ·· 16
 1.3.3 水对固体摩擦的影响 ·· 20
1.4 触觉传感与灵巧机械手研究进展 ··· 30
 1.4.1 视触觉传感技术 ·· 31
 1.4.2 触觉反馈的灵巧手 ··· 37
1.5 问题分析与研究内容 ·· 41
 1.5.1 问题分析 ··· 41
 1.5.2 研究内容 ··· 43

第 2 章 实验装置及方法 ··· 45
2.1 引言 ·· 45
2.2 实验材料选择 ·· 46
 2.2.1 摩擦材料的准备 ·· 46
 2.2.2 硅胶样品的制备 ·· 48
2.3 表面测试分析方法 ·· 50
 2.3.1 表面形貌分析方法 ··· 50
 2.3.2 表面成分分析方法 ··· 51
 2.3.3 表面润湿性分析方法 ·· 52

2.4 界面力学实验分析方法 53
　　2.4.1 可控环境的摩擦磨损实验装置 53
　　2.4.2 原子力显微镜及实验方法 54
2.5 图像采集分析系统 56
　　2.5.1 结构与硬件组成 56
　　2.5.2 基本图像处理算法 57
　　2.5.3 基于图像的形变场测量 61
2.6 本章小结 63

第 3 章 润湿依赖性的表面力对水润滑影响 64

3.1 引言 64
3.2 润湿性对不同润滑状态的影响 65
　　3.2.1 固—液界面作用的热力学度量 65
　　3.2.2 润湿性影响的 Stribeck 曲线 69
3.3 润湿性对边界润滑的影响 70
　　3.3.1 边界润滑的润湿依赖性 70
　　3.3.2 水中粘附力的润湿依赖性 73
　　3.3.3 润湿性影响边界润滑的热力学模型 74
　　3.3.4 热力学模型的实验验证 76
3.4 摩擦润湿依赖性的物理本质与应用 78
　　3.4.1 润湿依赖性的表面力机制 78
　　3.4.2 润湿性对受限粘度的可能影响 81
　　3.4.3 模型对界面力学行为的指导 84
3.5 本章小结 90

第 4 章 基于立体视觉的界面三维接触应力动态测量 92

4.1 引言 92
4.2 基本原理与设计原型 93
　　4.2.1 装置结构与组成 93
　　4.2.2 测量流程与原理 94
　　4.2.3 接触应力的求解算法 97
4.3 性能表征与典型案例 106
　　4.3.1 分辨率与精度表征 106

4.3.2　粘着接触应力测量 …………………………………… 110
　　　4.3.3　滚动摩擦应力测量 …………………………………… 112
　4.4　蜗牛爬行机理研究 …………………………………………… 115
　　　4.4.1　蜗牛爬行的运动学特征 ……………………………… 115
　　　4.4.2　蜗牛爬行的动力学特征 ……………………………… 118
　　　4.4.3　蜗牛空间攀爬的多尺度吸盘机制 …………………… 120
　4.5　本章小结 ……………………………………………………… 122

第 5 章　人手抓取的摩擦触觉感知机理与反馈控制策略 ………… 124
　5.1　引言 …………………………………………………………… 124
　5.2　手指摩擦行为研究 …………………………………………… 125
　　　5.2.1　手指皮肤的基本力学特征 …………………………… 125
　　　5.2.2　手指皮肤的粗糙摩擦模型 …………………………… 128
　　　5.2.3　手指的摩擦各向异性 ………………………………… 132
　5.3　基于摩擦触觉感知的人手抓取行为 ………………………… 136
　　　5.3.1　人手主动抓取行为研究 ……………………………… 137
　　　5.3.2　基于界面微滑的抓取反馈机制 ……………………… 141
　5.4　本章小结 ……………………………………………………… 147

第 6 章　基于视触觉传感的机械手灵巧抓取 ……………………… 149
　6.1　引言 …………………………………………………………… 149
　6.2　基于视觉的多轴力传感装置 ………………………………… 150
　　　6.2.1　设计原理与结构组成 ………………………………… 150
　　　6.2.2　基于双目视觉的空间位姿求解 ……………………… 151
　　　6.2.3　基于特征拟合的多轴力测量 ………………………… 155
　　　6.2.4　性能表征与评估 ……………………………………… 157
　6.3　基于视觉的滑移传感装置 …………………………………… 159
　　　6.3.1　设计原理和结构组成 ………………………………… 159
　　　6.3.2　滑移测量原理与判据 ………………………………… 162
　　　6.3.3　滑移判据的验证 ……………………………………… 163
　6.4　摩擦触觉反馈的灵巧抓取系统 ……………………………… 166
　　　6.4.1　基于多轴力传感的变质量物体抓取 ………………… 167
　　　6.4.2　基于微滑感知的未知物体灵巧抓取 ………………… 169

6.5 本章小结 ·· 172

第 7 章　结论与展望 ··· 173
 7.1 本书完成的主要工作 ··· 173
 7.2 本书主要贡献与创新点 ··· 174
 7.3 未来工作展望 ··· 175

参考文献 ··· 177

个人简历、在学期间完成的相关学术成果 ·· 198

致谢 ·· 200

第 1 章 绪 论

1.1 选题背景与研究意义

宋朝僧人志南留下的"沾衣欲湿杏花雨,吹面不寒杨柳风"绝美诗句,不仅将初春时节和风细雨描绘得细致入微,更是写出了人体皮肤细腻的触觉感知能力。触觉是我们与环境交互的重要方式。因为触觉的存在,人才能够感知物体材质和旁人触摸,也能够感知本体的运动和对物体的操纵;凭借后者,人类实现了直立行走、使用工具的进化道路,完成了钻木取火、刀耕火种的文明进程。触觉对每个人来说是如此常见,但人们对触觉机理的研究认识直到今天还在持续。2021 年 10 月,美国科学家 David Julius 和 Ardem Patapoutian 因为"发现温度和触觉受体"而被授予诺贝尔生理学或医学奖[1],如图 1.1 所示。他们的重要研究成果之一便是发现了外界刺激在神经系统中形成电信号的媒介和过程,揭示了触觉形成的重要生理学机制。

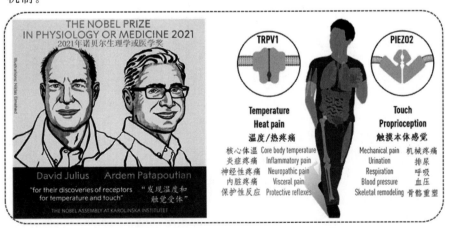

图 1.1 2021 年诺贝尔生理学或医学奖授予温度和触觉受体的发现者

注:图片改自诺贝尔奖介绍页[1]

触觉研究之所以获得重要关注,一方面是因为触觉是人的重要生理功能,是人进行物体辨识、躯体运动、物品操纵的重要基础。认知心理学的研究发现,触觉交互是人认知发育的重要环节[2],触觉异常则可能导致应激性相关的神经疾病[3-4]。另一方面,触觉研究的现实技术需求也在与日俱增,触觉机理研究是触觉评价的基础,也是发展触觉感知、触觉复现等人机交互技术的关键,如图 1.2 所示。例如,产品的外形质感会显著影响人的情绪和感受,触控设备的触觉交互体验是评价其性能的重要指标,因此,以提高商品触觉品质为目标的人因工程研究逐渐受到关注。近年来兴起的元宇宙(metaverse)概念希望借助技术手段构建与现实世界映射和交互的虚拟现实(virtual reality,VR)数字空间,实现这一目标的重要媒介是 VR 辅助设备。理想的 VR 辅助设备不仅要营造视觉的环绕体验,更需要实现触觉的复现才能真正做到身临其境。再比如不断发展的智能假肢系统,其不仅要捕捉人的生理信号以便进行假肢控制,还要具备灵敏和全面的末端触觉感知能力,通过这样的双向反馈使假肢真正成为患者身体的延伸[5]。

图 1.2 触觉研究的意义以及科技领域的典型应用需求

触觉研究对智能机器人技术发展同样有着举足轻重的作用。《中国制造 2025》规划中指出[6],智能机器人核心技术是应对新一轮科技革命和产业变革的关键,并对新一代智能机器人的信息融合能力、智能感知能力、灵活操作能力和人机协同交互能力提出了更高要求。可以预见,触觉感知技术是机器人实现灵巧性、交互性和智能化的重要基础。类似地,美、德、日等制造业强国也都提出了各自的机器人发展战略。其中比较有代表性的是,在美国计算社区联盟支持下,美国工业界和学术界在 2009 年联合制定了

《机器人发展路线图：从互联网到机器人》(以下简称路线图)[7],对未来5~15年内机器人技术在制造业、服务业、医疗等领域的重要推动作用进行了详细探讨。该路线图2016年和2020年的更新版本中都对机器人操作能力提出了远景目标,即依靠精细的触觉感知和优异的动力学性能实现媲美人类的灵巧操作能力,如图1.3所示。如今,以电子皮肤技术为代表的触觉感知技术不断发展,力求实现类似人的触觉感知能力。但是,目前的触觉感知技术在灵敏性、准确性和功能性等方面与人的触觉功能仍有较大差距。对人的触觉产生机理和人手抓取操作行为规律的深入研究,将极大启发和促进触觉传感技术和机器人灵巧操作技术的发展。

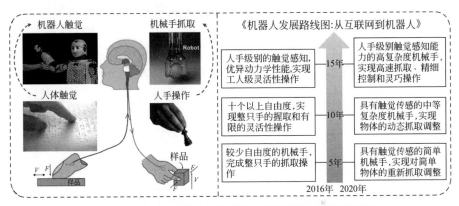

图1.3 触觉感知反馈在智能机器人灵巧抓取中的关键作用

目前,生物学、神经科学和心理学等领域对触觉的分子生物学机理、神经生理学基础和行为学规律已经开展了比较系统的研究,但是对手指皮肤接触物体到形成触觉的力学过程关注不足,特别是力学信号与触觉感知之间的关系仍然不够明确,因而无法对触觉传感、触感评价及智能机器人技术的发展提供有效指导[8]。事实上,手指皮肤与物体表面接触摩擦是触觉形成的力学基础。当手指与物体表面发生接触和相对运动时,接触界面形成具有一定空间时间分布特征的法向应力和切向应力。这些力学特征经过皮肤中触觉感受器编码产生神经信号,经神经系统传递到大脑皮层,经过大脑的解码加工形成人的触觉感受,如图1.4所示。当人抓取物体时,人手通过感知接触界面摩擦状态,及时调控抓取所需的摩擦力,从而保证对各种物体的快速、精确、稳定的抓取和操纵。由此可知,皮肤界面的力学信息是触觉信息的本质来源,手指对摩擦状态的感知是人手实现灵巧抓取的关键。

因此,研究手指的摩擦触觉感知机理,不仅可以揭示触觉形成的界面力

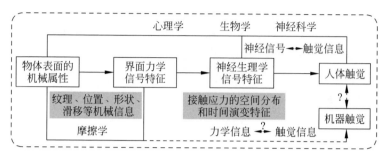

图 1.4 界面摩擦行为是触觉形成的力学基础

学机制,还能够构建生物触觉研究和机器触觉研究的重要桥梁,这对于先进机器触觉和灵巧操作研究具有重要指导意义,其衍生技术对于人机交互、智能机器人的发展具有重要推动作用。本章后续内容将围绕摩擦触觉感知机理与灵巧抓取应用的主题,对国内外研究现状进行介绍。首先对触觉产生的生理学机理、触觉与摩擦的相关性研究、抓取过程的触觉反馈机理进行介绍,其次对干、湿状态的摩擦学现象和机理进行介绍,再次介绍受人体触觉启发的典型触觉传感技术和灵巧手应用研究,最后分析梳理了现有工作存在的不足和本书的主要研究内容。

1.2 人体触觉感知机理研究进展

生物学和神经科学领域对触觉形成的生化基础有着系统和广泛的研究。本节主要关注与界面力学行为关系密切的触觉感受器响应机制、抓取触觉反馈和触觉摩擦相关性的研究进展。

1.2.1 触觉的生理学基础

人们对触觉的认识是一个漫长的过程。17 世纪,哲学家笛卡尔提出皮肤的不同部位上有"线条"与大脑相连,因此当人用一只脚靠近明火时,人体皮肤就会通过这些"线条"向大脑发送一个温度信号[1],如图 1.5(a)所示。这样的朴素假设与后来的生物学研究中神经传导的动作电位机制不谋而合。1944 年,美国两位生理学家 Joseph Erlanger 教授和 Herbert Gasser 教授也因不同类型的感觉神经纤维的发现而获得了诺贝尔生理学或医学奖。除了神经传导机制,不同类型的触觉感受器如何对不同环境刺激产生反应也是理解触觉形成机理的关键,这正是 2021 年两位诺贝尔奖得主的重要贡献。20世纪末,David Julius 教授[9]利用辣椒素发现了皮肤神经末梢中对热反应的通道蛋白 TRPV1,随后他[10]又和 Ardem Patapoutian 教授[11]分别独立地用薄荷醇发现了对寒冷响应的受体蛋白 TRPM8。后来,Ardem Patapoutian 教授[12]用压敏细胞发现了对机械刺激响应的一系列离子通道蛋白,并将其命名为 Piezo,如图 1.5(b)所示。这些突破性的发现让我们对神经系统如何感知热、冷和机械刺激有了更深入的认识,但对于这些通道蛋白的详细响应机制仍然缺乏了解。伴随着冷冻电镜技术的突破,2015 年,清华大学杨茂君、肖百龙等[13]科学家率先解析了机械力离子通道 Piezo 蛋白家族的高分辨率三维结构,并在随后的一系列研究中揭示了其精妙的三聚体三叶螺旋桨结构是 Piezo 蛋白能够响应局部机械力和远程机械力的重要基础[14],如图 1.5(c)所示。这些神经科学和生物学研究深刻揭示了人体触觉产生的分子基础。

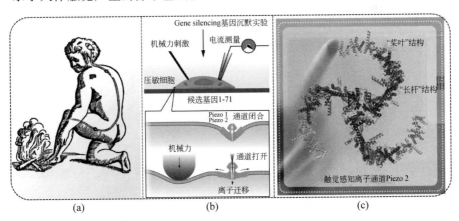

图 1.5 触觉的神经科学和分子机理典型研究

(a) 笛卡尔对神经传导的设想[1];(b) 触觉 Piezo 蛋白发现实验[1];(c) 触觉 Piezo 蛋白的典型分子结构[14]

人体的触觉形成过程,本质上是信息转译的过程[15]。不过,不同于视觉、听觉等感官功能对外界物理信息的直接响应,触觉的形成依赖于人与物体的交互作用。正如触觉研究的先驱 Katz[16]所描述的"它们(触觉)保持沉默直到我们让它们说话……色彩的产生不依赖眼球运动,但触觉的产生却需要手指的运动"。当人手接触物体时,物体的粗糙、软硬、形状、温度等机械属性通过界面的力或温度传递到皮肤,这些物理量被人体神经系统转译编码为神经信号;这些神经信号传递到大脑,经大脑皮层整合解码,人体得以对物体触觉信息进行感知。其中,人体皮肤中能够对接触力信息进行编码的生理学基础是触觉感受器。神经科学研究表明,在人的皮肤中存在着4种不同形态和结构特征的触觉力感受器[15]:根据响应速度分为快速适应(fast adapting,FA)型和慢速适应(slow adapting,SA)型,根据感受野大小分为Ⅰ型(小)和Ⅱ型(大),如图1.6所示。其中,帕西尼氏小体(Pacinian cell,FA-Ⅱ)主要感受高频率(40~500 Hz)的振动和皮肤的突然位移;梅克尔盘(Merkel disk,SA-Ⅰ)主要响应低频接触(1~16 Hz/0.4~3 Hz)和切向受力,空间分辨率可达 0.5 mm;麦斯纳小体(Meissner corpuscle,FA-Ⅰ),主要感受低频率(2~60 Hz)振动和皮肤的突然位移;鲁菲尼终末(Ruffini ending,SA-Ⅱ)主要响应皮肤的拉扯(100~500 Hz)。这些机械触觉感受器具有不同的感受野和不同敏感频率,能够响应不同类型的机械刺激。例如,SA-Ⅰ与手指的两点识别能力有关,FA-Ⅱ与人操作物体时接触感知有关。

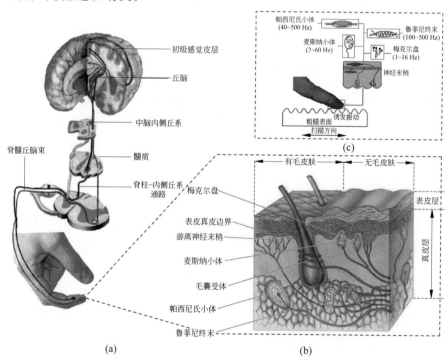

图 1.6 触觉产生的生理学基础

(a)触觉神经传导路径[8];(b)皮肤的组成[17];(c)四种机械传感器示意图[18]

人的机械触觉感受器在皮肤和内脏中都有广泛分布,其中在鼻、口唇和指尖分布密度最高也最灵敏,加上手指的灵活性和功能性,因此人们常用手指进行表面触觉感知。对于大尺度的轮廓特征,人们往往会借助梅克尔盘(SA-Ⅰ)精细的接触感知能力,通过手指的探索性动作和同步定位建图原理对物体的三维形状进行识别。对于小尺度的表面纹理特征,Katz[16]在1925年提出了二维感知理论,即粗糙纹理的辨别属于静态空间属性,而精细表面的纹理辨识则依赖手指运动的振动属性。这一理论被Hollins等[19]预加振动的手指触觉感知实验所证实,并解释了这种振动感知与帕西尼氏小体(FA-Ⅱ)的频率响应特性有关,如图1.7(a)所示。他们还确定了200 μm的空间周期是区分粗糙表面和精细表面的界限。手指指纹也被认为在精细触觉感知中具有重要意义,Fagiani等[18]发现手指摩擦过程的振动信号与指纹宽度有直接关系,如图1.7(b)所示;Scheibert等[20]则通过人造手指的模拟实验证明手指指纹引起的振动主频与帕西尼氏小体最佳响应频率一致,如图1.7(c)所示。目前的大量生理学和心理学研究已经初步揭示了手指粗糙触觉感知的生理学基础,但对诱发触觉响应的界面力学信息尚缺少更多关注和系统研究。

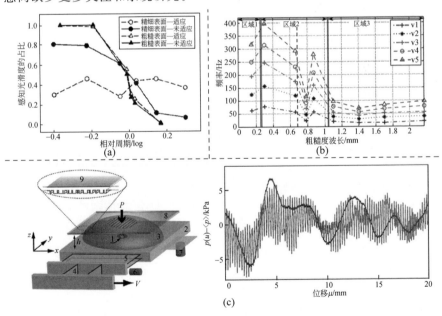

图1.7 粗糙感知与振动的关系

(a) 预加振动可以弱化精细表面粗糙感知能力[19];(b) 振动信号受扫描速度和指纹宽度影响[18];(c) 人造手指的指纹有助于高频振动产生[20]

1.2.2 抓取过程的触觉反馈

人们很早就关注到触觉反馈在人手抓取物体过程中的作用。Johansson 等[21]设计了一种经典的抓取实验范式,如图 1.8(a)所示,实验者在不被告知实验目的情况下,用拇指和食指抓取一个安装有力传感器的重物。通过同步记录法向抓取力、纵向载荷力及传入神经的活跃情况,可以将人手的抓取过程分为七个阶段[22]:预加载、加载、过渡、保持、放置、卸载和释放,如图 1.8(b)中 a~g 的区域所示。当手指接触到物体表面时,FA-Ⅰ和 FA-Ⅱ感受器响应作为接触标识,人手随后进行加载提拉操作;当物体离开支撑表面时,FA-Ⅱ感受器再度出现响应,释放物体离开桌面的信号,抓取力不再增加并趋于稳定;当需要将物品放回桌子上时,FA-Ⅱ感受器在物体与桌面接触时再次响应,人手开始执行卸载动作。在整个抓取力施加过程,慢适应的 SA-Ⅰ和 SA-Ⅱ感受器都处于响应状态,其中前者可以感受接触区的精确受力情况,因此在加卸载过程响应更加强烈;后者则主要感受皮肤的切向拉伸,在切向力最大的保持阶段相对强烈。

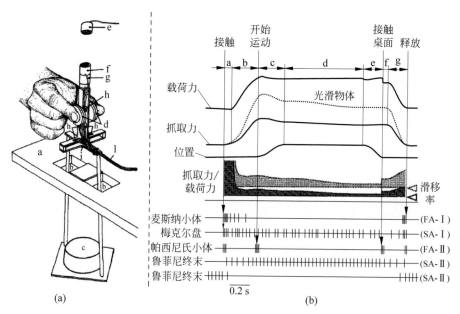

图 1.8 人手抓取过程的触觉感知研究

(a) 经典抓取力测量装置[21];(b) 抓取过程的典型抓取力曲线和触觉响应[22]

人手的灵巧抓取行为的表现之一是对不同重量和不同摩擦状态物体的

适应性抓取能力。Johansson 和 Edin[22]发现人在抓取之前会根据视觉信息和先前经验设定一个预期加载力曲线,当实际负载重量与预期不同时,会执行纠错程序(调整加载力)直到回到预期位置。Jenmalm 等[23]利用核磁共振成像手段证实这一纠错机制与小脑和大脑运动皮层的活动有关。一般情况下,相同表面不同重量的物体抓取力的加载速率是一致的。对于不同光滑程度的物体表面,越光滑的表面施加的抓取力越大,抓取力的加载速率也更高;为了避免过载,最终的加载力往往只是达到略高于避免滑移所需的临界加载力[15]。为了确定表面粗糙程度和摩擦系数哪种物理信息对抓取反馈起了决定性作用,Cadoret 等[24]同时改变织构和摩擦系数,发现界面摩擦系数是影响抓取力加载曲线的主要因素,平均抓取力和发生滑移的临界抓取力与摩擦系数的倒数呈线性关系,如图1.9(a)所示。研究人员进一步推测,相对光滑表面的接触区域存在更多的局部滑移和蠕变,如图1.9(b)所示。这种滑移和蠕变事件可以强烈地激发 FA-Ⅰ神经响应,是触觉神经进行摩擦编码和反馈控制的基础。这一观点与人造手指的多点接触实验结果相吻合[15]。然而,由于缺少人手接触滑移过程的直接实验结果,人手感知和判断界面摩擦状态的力学机制仍需更多实证。

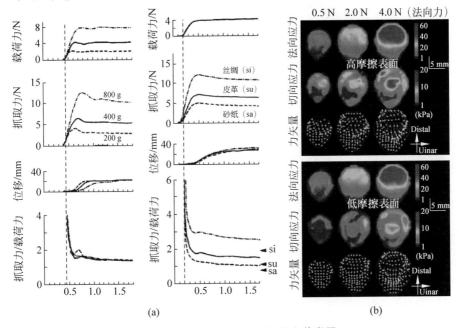

图 1.9　不同物体的抓取行为(见文前彩图)

(a)不同重量和光滑程度表面的抓取力曲线[24];(b)探针实验得到的不同表面接触力分布[15]

除了正常的抓取加载操作外,滑移信息常作为抓取临近失败的重要反馈和加载纠错指示信号。Srinivasan 等[25]研究表明,FA-Ⅰ和FA-Ⅱ信号是检测指尖滑动和新物体接触的主要信息来源,通过滑动信息的监测是抓取过程抗干扰能力的重要保证。由此可知,人手皮肤中一系列的触觉响应机制是识别手与物体接触/分离、与桌面的分离/接触、拉伸、滑移等信息的关键,触觉感知能力和纠错反应是人类能够熟练安全地操纵各种各样的物体的保证。但受实验手段的限制,目前人们对抓取过程的界面力学反馈机制缺少系统研究,特别是对应力空间分布特征和时间演化规律所蕴含的接触和摩擦状态信息缺少深入认识。

1.2.3 摩擦触觉的相关性研究

皮肤接触物体并相对滑动过程会在界面产生法向应力和切向摩擦力,这些具有空间分布和时间演变特征的力学信号被皮肤中的触觉感受器编码进而形成触觉。为了阐明界面摩擦与触觉感知之间的相关性,触觉摩擦(tactile friction)研究逐渐兴起,其目标是以界面摩擦力学信息为媒介,构建人体感受与物体表面属性之间的桥梁。Lederman 等[26]在早期研究中使用较粗糙的纹理(空间周期大于 0.5 mm)开展粗糙感知实验,发现空间周期和法向接触力决定了粗糙度的感知,与切向力无关。但是 Smith 等[20]后续在实验中发现,感知的粗糙度虽然与切向摩擦力的均值大小没有显著关系,但与其波动幅值具有强的相关性。作为验证,如果不改变表面结构,但是通过加入润滑剂降低切向力幅值的均方根,也可以有效降低感知的粗糙度,如图 1.10(a)所示。Bensmaïa 和 Hollins[27]的研究进一步表明,由帕西尼氏小体感知到的摩擦振动的能量在粗糙感知中起着不可或缺的作用,这也是后来的研究者将力学信号关注点由力的幅值转向力引起振动的原因。Tang 等[28]利用人造手指研究触觉感知过程中皮肤的振动和摩擦信号,提取了八个与振动和摩擦系数相关的特征值来表示触觉感知。Ding 等[29]同样利用人造手指和合成皮肤研究了护肤霜对皮肤摩擦学特性的影响,发现护肤霜能够显著降低摩擦力波动和振动,从而产生光滑的触觉感受。

早期触觉摩擦研究中对触觉的描述多依靠主观描述,缺少相对量化的描述方法。基于脑电图(electroencephalography,EEG)、皮肤电、功能型近外红光谱(functional near-infrared spectroscopy,fNIRS)脑成像等生理实验法在认知心理学等领域有着广泛应用,这些生理学手段能够对外界刺激

第 1 章 绪　论

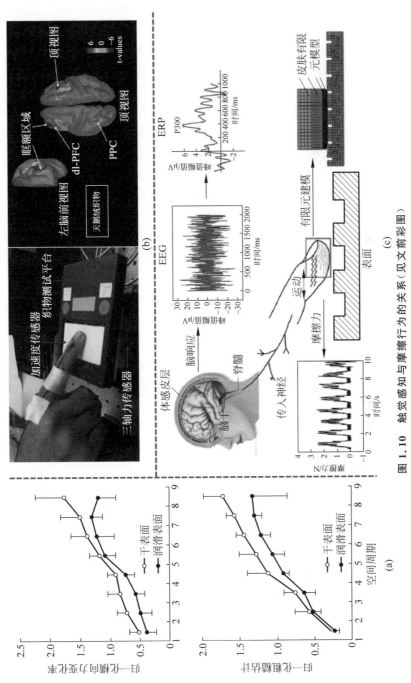

图 1.10　触觉感知与摩擦行为的关系（见文前彩图）

(a) 粗糙感知与切向力变化率的关系[20]；(b) 粗糙感知过程的摩擦、振动与脑电联合测试[31]；(c) 事件相关电位与有限元模拟的应力相关性研究[36]

引起的情绪和感觉变化进行时间和大脑皮层响应区域的量化。因此,陆续有研究人员尝试将电生理信号应用于触觉感受的评价。2000年,Horiba等[30]发表的一篇日文学术论文报道了他们将脑电事件相关电位(event related potential,ERP)方法用于评估衣物的触觉感受的研究,他们发现人在触摸舒适布料时 ERP 波形的 P300 成分(外界刺激作用 300 ms 前后脑电波形中的最大正向波)最大波幅要弱于不舒适布料,说明 P300 成分可以作为触觉感知的一个脑电指标。Camillieria 等[31]将摩擦系数波动、皮肤振动和基于脑电信号得到的脑激活区等多个指标作为触觉评价指标,研究了利用振动调控原理的触觉呈现设备模拟真实织物的可行性,如图 1.10(b)所示。Sakaniwa 等[32]利用 fNIRS 研究发现,人在进行形状感知时大脑皮层的语言和视觉处理区域被激活。国内众多研究单位也结合电生理方法在触觉摩擦方面开展了很多有价值的研究,例如:苏州大学的研究人员发现 P300 成分波幅与织物的光滑感正相关,P300 成分的潜伏期与织物触感形成速度负相关[33];中国矿业大学的研究人员发现摩擦系数大的织物诱发 P300 潜伏期短、峰值小,更快被人体感知[34];西南交通大学研究人员将 ERP 方法与有限元仿真结合,如图 1.10(c)所示,指出不同织构引起皮肤近表层 Misses 应力与 P300 组分直接相关[35-36]。

应该注意到,目前触觉摩擦研究多集中在粗糙或者纹理感知方面,缺少对抓取等过程的摩擦触觉感知与反馈的研究,因而对机械手的灵巧抓取研究指导有限。同时,即便对于粗糙感知,触觉与摩擦的相关性研究目前还只是停留在相对定性层面,没有形成一致的、系统的结论。这一方面是由于 EEG、fNIRS 等生理学测量手段跳过了触觉信号的编码与传递环节,从大脑皮层的层次对人的情感和感受描述,无法完全体现精细的触觉信息;另一方面,摩擦的非稳态行为激励振动是诱发触觉感受器响应的重要基础,目前的研究只关注了摩擦界面整体平均特征与粗糙触觉感受的相关性,缺少对界面摩擦力分布和演变情况的描述。

1.3 界面摩擦行为机理研究进展

1.2 节的内容表明,界面摩擦行为在触觉形成中具有关键作用。但摩擦本身是一个系统性问题,摩擦行为往往受多种因素影响。例如,当环境的水介质加入时,固体摩擦行为变得更加复杂,摩擦的非稳态本质也往往导致单一的摩擦力或摩擦系数不足以表征全部摩擦行为。正是因为摩擦的复杂性,人们对摩擦机理的认识也经历了从定性到定量、从宏观到微观、从静态到动态的漫长发展历程。本节将对界面摩擦润滑机理的研究进展进行介绍。

1.3.1 固体摩擦机理

摩擦是自然界普遍存在的现象之一,人类文明的发展历程也是一个不断利用和调控摩擦的过程。我们的祖先靠钻木取火告别茹毛饮血,轮子和轴承的发明成为提高生产力的重要手段。但是对于摩擦机理的认识直到15世纪才由意大利著名博物学家达·芬奇开创,随后阿蒙顿(1699年)和库伦(1780年)先后开展了系统的摩擦学实验研究,总结出了四条经典摩擦定律,即①摩擦力与载荷大小成正比;②摩擦力与(表观)接触面积无关;③摩擦力与滑动速度大小无关;④静摩擦力大于动摩擦力。这些朴素规律虽然只在特定情况下近似成立,但其反映了滑动摩擦的基本特征,其简单的表达形式如今依然是工程领域处理摩擦问题的主要方式,如图1.11(a)所示。

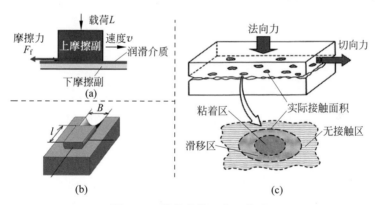

图 1.11 粘着摩擦理论示意图

(a) 宏观摩擦示意图;(b) 犁沟效应;(c) 实际接触位点的粘着效应[38]

为了从理论层面解释宏观摩擦规律,从20世纪40年代开始,英国和苏联学者分别建立了粘着摩擦理论和摩擦二项式,奠定了现代固体摩擦的理论基础[37]。二者本质上是相同的,都认为摩擦的起源同时包括机械作用和分子作用,如图1.11(b)所示。其中,英国学者Bowden和Tabor[37]建立的粘着摩擦理论认为实际接触只发生在面积占比极小的粗糙峰,这些接触位点处于塑性接触状态,如图1.11(c)所示。滑动摩擦过程就是这些接触位点粘着和剪切交替发生的粘—滑过程;总的界面摩擦力 F 是粘着点剪切力

T 和粗糙峰犁沟效应 P_e 的总和,可以表示为

$$F = T + P_e = A\tau_b + Sp_e \quad (1\text{-}1)$$

式中,A 为粘着点总面积也即实际接触面积;τ_b 为粘着点剪切强度;S 为犁沟作用面积;p_e 为机械阻力,通常与摩擦副中的软材料的屈服极限正比。对于金属摩擦副,通常认为粘着效应占据主导,由此得到摩擦系数的表达式:

$$f = F/W = \tau_b/\sigma_s \quad (1\text{-}2)$$

式中,载荷 $W = A\sigma_s$,σ_s 为软材料屈服强度。上述粘着摩擦模型不仅部分解释了经典摩擦定律的来源,还可以定性地解释有限的实际接触面积和软材料的减摩效果等摩擦现象。但是式(1-2)直接预测的金属摩擦系数偏小,一种修正方式是考虑压应力和切应力共同作用下的当量应力作为屈服应力,这样可以推导出更大的接触面积,进而得到干净金属表面空气中非常高的摩擦系数。

苏联学者克拉盖尔斯基等从疲劳理论出发,提出了摩擦二项式定律[37],认为滑动摩擦阻力包括粗糙峰啮合的机械作用和分子吸引作用,即

$$F = \tau_0 S_0 + \tau_m S_m \quad (1\text{-}3)$$

式中,S_0 和 S_m 分别为分子作用和机械的面积;τ_0 和 τ_m 分别为单位面积分子作用和机械作用的强度。根据研究,他们认为 τ_0 和 τ_m 分别包含一个常数项和载荷依赖项。经过一定的化简可以得到如下摩擦二项式的形式:

$$F = \alpha A + \beta W \quad (1\text{-}4)$$

式中,系数 α 和 β 分别由表面物理性质(载荷相关)和机械性质(载荷无关)决定。基于式(1-4)可以得到摩擦系数的表达式:

$$f = \frac{\alpha A}{W} + \beta \quad (1\text{-}5)$$

当局部接触点呈现塑性接触时,实际接触面积 A 与载荷 W 成正比,此时摩擦系数与载荷无关;当实际接触面积 A 与载荷 W 不是线性关系时,则有可能出现摩擦系数与载荷的负相关,这一点在很多实际接触面积较大的场合(如橡胶摩擦)非常常见。

不过,虽然粘着摩擦理论和摩擦二项式理论都能对宏观摩擦现象进行较好的阐释,但是宏观摩擦模型在某种程度上基于表面损伤的前提,如粘着剪切、犁沟、塑性变形等。然而,在无磨损的原子级平坦表面(如高定向石墨[39])的摩擦实验中,摩擦依然存在。这意味着微观尺度仍然存在着更本质的机理决定着界面摩擦行为。假如原子尺度表面势场是保守的,那么界面相互作用应该是能量守恒的;然而,摩擦作用是典型的能量耗散过程,因

此揭示微观尺度中的能量耗散机制是理解摩擦本质的关键。Israelachvili[40]提出的鹅卵石模型将原子级光滑的两表面间的摩擦行为抽象为球形原子在规则排列的原子阵列上移动,滑动过程的摩擦力做的功等于原子间由于粘着迟滞效应耗散的能量,如图 1.12(c)所示,这一介观尺度的模型成功将切向摩擦作用与法向粘着作用统一,其中粘着迟滞的原因可能是材料本身黏弹性、界面蠕变、刚度失稳等。Tomlinson[41]提出的独立振子模型(也称 Prandtl-Tomlinson model(PT)模型)将原子级光滑表面看作通过弹簧连接的刚性小球,虽然对表面的周期性势场本身是保守的,但是由于弹簧刚度有限,小球在跨过能垒时往往伴随着不可逆的"跳跃",从而激发原子振动,如图 1.12(a)所示。PT 模型以及其后发展的如图 1.12(b)所示的 Frenkel-Kontorova(FK)模型[42]和如图 1.12(d)所示的 Frenkel-Kontorova-Tomlinson(FKT)模型[43]不仅从原子层面揭示了摩擦能量耗散的本质原因,其包含的"声子耗散"概念成为摩擦的本质来源之一,同时也为非公度结构超滑研究提供了理论依据[39,44-45]。

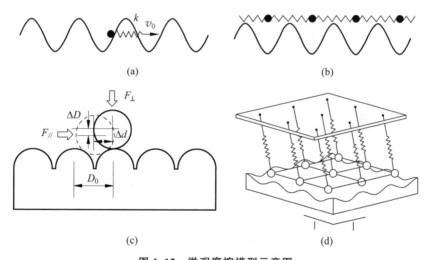

图 1.12 微观摩擦模型示意图

(a) PT 模型;(b) FK 模型;(c) 鹅卵石模型;(d) FKT 模型[43]

摩擦产生的能量最终会引起热量升高、化学反应、电子发射等现象,在原子尺度,界面摩擦产生能量主要通过声子或电子耗散。正如 PT 模型描述的,界面处原子摩擦过程会因为不可逆跳跃激发振动。研究表明,大多数体系下声子耗散模式占主导[46],界面振动可以通过声子的谐振耦合和非谐振耦合的形式向体相耗散[47]。声子耗散模式的一个典型验证是Cannara等[48]利用同位素材料的摩擦实验,如图1.13(a)所示,他们通过原子力显微镜测量了氢(H)原子和氘(D)原子钝化的金刚石表面和硅Si(111)表面的摩擦,发现氢化表面都表现出更高的摩擦力。这种振动主导的摩擦耗散模型可以表示为

$$F_{vb} = -m_{tip}\eta_{vb}v \tag{1-6}$$

式中,m_{tip}为针尖的有效质量;v为相对运动速度;η_{vb}为振动耗散常数。其近似表达为$\eta_{vb} \sim 3m\omega^4/8\pi\rho c_T^4$,其中$\rho$和$c_T$分别代表材料密度和横波波速,$m$和$\omega$分别代表吸附物的质量和富有频率,近似有$m\omega^4 \sim 1/m$。这就意味着氘表面较低固有频率降低了尖端动能消散的速率,与声子耗散理论以及实验结果一致。对于金属和半导体,除了声子的激发外,电子还可能被移动的原子拖动,通过形成电子—空穴对产生欧姆热并最终演变为声子的形式进行能量耗散[49]。可以看出,电子耗散与声子耗散通常是耦合的,一种巧妙的对二者进行区分的方法是借助超导材料。Krim等[50]利用石英晶体微天平(quartz crystal microbalance,QCM)测量了N_2分子在铅(Pb)薄膜上的摩擦耗散行为,如图1.13(b)所示。他们发现在Pb薄膜表面N_2分子摩擦耗散在超导转变温度处($T_c \approx 5K$)出现台阶式突降,认为是超导态的零电阻效应抑制了电子耗散的贡献。不过并不是所有的实验都支持这种摩擦突变[51]。Persson等[52]认为,即便超导态下金属中依然存在正常的不成对(库伯对)电子,电子耗散对摩擦的贡献应该始终存在,并不会随温度突然变化。Kisiel等[53]进行了一个更有说服力的实验,如图1.13(c)所示,他们在超高真空中利用动态原子力显微镜在Pb薄膜表面进行非接触摩擦测量,发现当样品进入超导状态后,摩擦系数下降为原来的三分之一,且摩擦系数随温度衰减与超导Bardeen-Cooper-Schrieffer(BCS)理论吻合很好,超导态时摩擦系数与距离的关系也证明了此时电子耗散受到抑制而声子耗散成为主导。总体来说,研究人员对声子耗散和电子耗散的研究还在不断推进,原子尺度能量的传递和耗散机制反映了摩擦的本质。

1.3.2 非稳态摩擦行为

1.3.1节介绍了固体摩擦的基本原理和本质,但主要描述的是稳态摩擦行为。实际的摩擦行为往往是复杂的,且存在非稳态行为。在很多系统中,即便当外部载荷和牵引速度恒定时,也可能存在粘着和划动交替出现的不平稳摩擦现象,这种现象称为"粘—滑"。粘—滑与表面的结构和性质有

第 1 章 绪 论 17

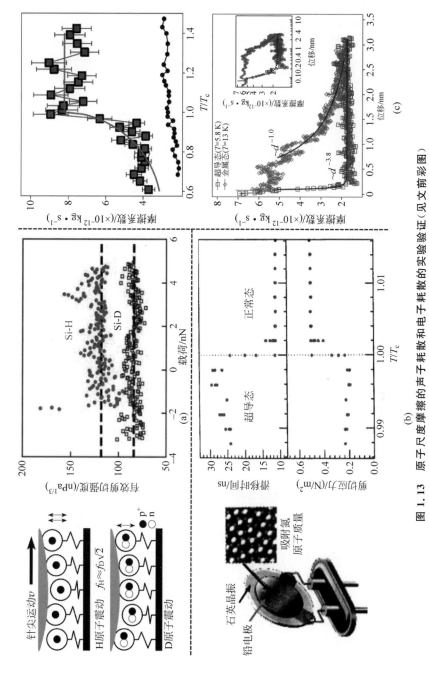

图 1.13 原子尺度摩擦的声子耗散和电子耗散的实验验证（见文前彩图）

(a) 同位素吸附的表面的摩擦行为[49]；(b) 超导态下 N_2 分子的摩擦耗散[50]；(c) 超导态下的非接触摩擦耗散[53]

关[54],系统刚度越小、载荷越大[55]、速度越小[56],越易发生粘—滑。事实上,粘—滑是摩擦过程中的基本现象。Bowden 和 Tabor 的粘着摩擦理论中就包含着滑动摩擦是众多微观粘—滑的整体表现的假设;微观摩擦的 PT 模型中能量耗散也是由原子尺度粘—滑引起的[57]。可以说,粘—滑行为一定程度上反映了摩擦的本质。

为了揭示粘—滑的产生机理,最常见的处理方式是认为摩擦系数是速度的函数,即 $\mu=\mu(v)$。对于单自由度弹簧—质量块摩擦系统,如图 1.14(a)所示,当 $\mathrm{d}\mu/\mathrm{d}v>0$ 时,该滑动摩擦是稳定的,而当 $\mathrm{d}\mu/\mathrm{d}v<0$ 时,该摩擦系统趋于失稳,产生粘—滑[58]。这样的基本模型可以非常直观地展示粘—滑的起因,也反映了粘—滑现象通常在低速重载工况下更加显著的动力学原因。但对界面摩擦系数的处理方式存在一个明显不足,即没有考虑摩擦的记忆效应或老化(aging)效应,最简单的例子就是静摩擦力与静止接触的时间显著相关。这样的处理还回避了一个问题:摩擦系数随速度的变化规律应该是怎样的。1983 年,Rice 和 Ruina[59]提出了依赖速率和状态摩擦(rate-and state-dependent friction,RSF)定律,可以对这两个问题进行统一解释。按照 RSF 定律,摩擦系数可以表示为

$$\mu(v,\phi)=\mu_0+A\ln\left(\frac{v}{v_0}\right)+B\ln\left(\frac{\phi}{\phi_0}\right) \quad (1\text{-}7)$$

式中

$$\frac{\mathrm{d}\phi}{\mathrm{d}t}=1-\frac{v\phi}{D_0} \quad (1\text{-}8)$$

式中,ϕ 为考虑摩擦历史的"状态变量",其特征量 $\phi_0=D_0/v_0$ 具有时间量纲;v_0 为参考速度;μ_0 为对应参考速度的参考摩擦系数;特征尺寸 D_0 被称为"记忆距离",代表接触点需要更新接触状态的滑动距离,通常是和接触尺寸同样的量级。RSF 定律所蕴含的思想是:粘着摩擦包含两方面竞争效应,一方面,由于热激活效应等原因,速度 v 增大会增加单位面积剪切强度或键的强度(速率依赖性)[60];另一方面,速度增大降低了蠕变效应,造成接触面积或键数量的降低(状态依赖性)[61]。两种效应共同决定了摩擦的速度依赖性的转变[62]。

RSF 定律可以很好地描述动静摩擦转化的粘—滑过程[63-64]、摩擦老化效应[65]等非稳态摩擦行为。实验表明,其展现了从微观到宏观尺度的普遍适应性[66],在纳米摩擦[60]、橡胶摩擦[62]、岩石摩擦[67-68]、地震成因[69]、冰川运动[70]等研究中有广泛应用。对于 RSF 定律物理本质的认识也在不断

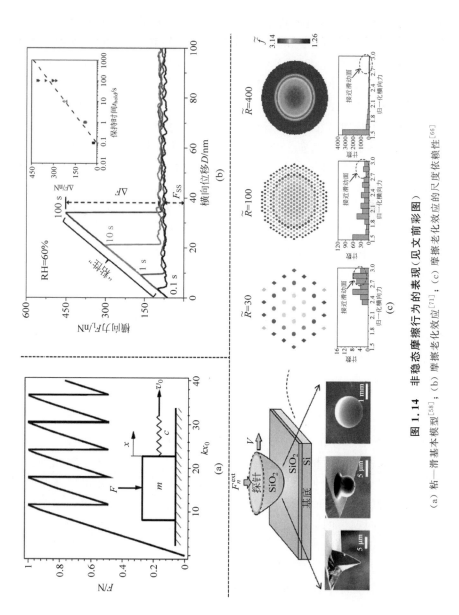

图 1.14 非稳态摩擦行为的表现（见文前彩图）

(a) 粘-滑基本模型[58]；(b) 摩擦老化效应[71]；(c) 摩擦老化效应的尺度依赖性[66]

完善。Q. Li 等[71]利用无机硅材料研究 RSF 定律中摩擦演变效应的本质，揭示随静态接触时间增强的摩擦强度并非由于传统认为的蠕变引起的接触面积增加，而是来自氢键或化学键等界面作用增强引起的"接触质量"增加，如图 1.14(b)所示。K. Tian 等[65]基于热激活的 PT 模型和化学键增强的观点将 RSF 定律应用于纳米尺度摩擦。S. Li 等[66]基于多粗糙峰接触的 RSF 模型揭示了大尺度下接触面非同步滑移是摩擦老化效应尺度依赖性的成因，如图 1.14(c)所示。

由于皮肤刚度较低，通常滑动速度也较低，皮肤的摩擦行为往往表现出非稳态特点或粘—滑特征。Dzideka 等[72]发现人手指在按压玻璃等光滑硬质材料时，由于汗腺分泌水分对角质层的软化作用，手指与硬质表面的接触面积总是要经过大约 20 s 才能趋于稳定。Derler 等[73]将手指摩擦过程中摩擦系数的变化幅度小于 10%的情况定义为平稳滑动，变化幅度超过 25%的则定义为宏观粘—滑，如图 1.15(a)所示。Zhou 等[74]和 Hirai 等[75]分析了手指从接触粘着到滑动阶段的变化过程，发现局部滑移从接触区的边缘逐渐向内部扩展，最终中心粘着点发生完全滑移引起摩擦力的波动，如图 1.15(b)所示。事实上，粘—滑不仅是界面摩擦的微观本质，也是摩擦波动的根本体现。非稳态的摩擦波动与皮肤机械感受器的振动响应特性匹配，进而编码粗糙、滑移、振动等信息，人类才能更好地感知物体形貌、接触和抓取状态等复杂触觉信息。

1.3.3 水对固体摩擦的影响

以上关于摩擦机理的介绍主要聚焦在固体干接触的情况。工程和实际摩擦体系中，总会存在一定的润滑介质。水是自然界最常见的物质之一，也是与生命关系最密切相关的物质之一。由于其广泛存在性、生物相容性和环境友好性[76]，水有时会因为环境湿度等原因不可避免地出现在摩擦界面，更多时候会作为润滑介质被添加到摩擦界面中[77]。根据界面中水的含量状态及其对摩擦的影响机制，本书主要从三个方面讨论水对固体摩擦行为的影响：少量吸附水的毛细作用[78]、水介质的润滑作用[37]及水介质调制的表面力作用[40]。

当摩擦界面中吸附少量水时，界面处断续的水膜没有完全占据接触区域，此时水膜在两个摩擦表面之间接触或靠近的局部位点就会形成弯液面，从而产生毛细作用；这一点在潮湿环境中由于水蒸气的凝结而比较常见，而毛细作用附加的粘着力在微/纳接触摩擦行为中可能扮演重要角色。考

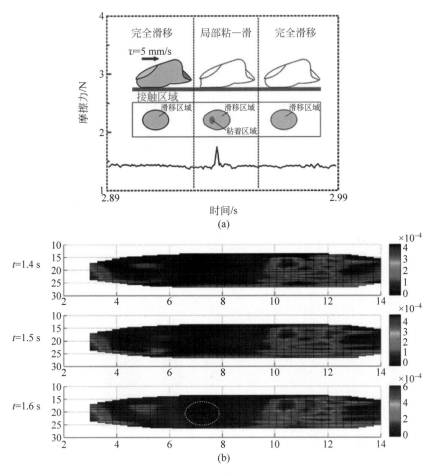

图 1.15 手指粘—滑摩擦现象（见文前彩图）

(a) 平稳滑动与粘—滑情况下的手指变形[74]；(b) 手指滑动过程的局部变形[75]

虑一个半径为 R 的球与平面接触的情况，如图 1.16(a)所示，间隙中极少量的水形成微小液桥，液桥对法向力的贡献包含两个部分，一是弯液面附加的拉普拉斯压差（$P_L = \gamma_L (1/r_1 + 1/r_2)$，$\gamma_L$ 为液体表面张力，r_1 和 r_2 为液桥两个垂直方向的曲率半径）作用，考虑液桥尺寸相对半径 R 较小的情况，其近似表达式为

$$F_{c,L} \approx 2\pi R \gamma_L (\cos\theta_1 + \cos\theta_2) \tag{1-9}$$

式中，θ_1 和 θ_2 为上下表面的接触角（contact angle, CA）。液桥的另一部分作用是作为通过三相线处液膜表面张力的合力，设液膜与球的接触半径为 x，该项作用表达式为

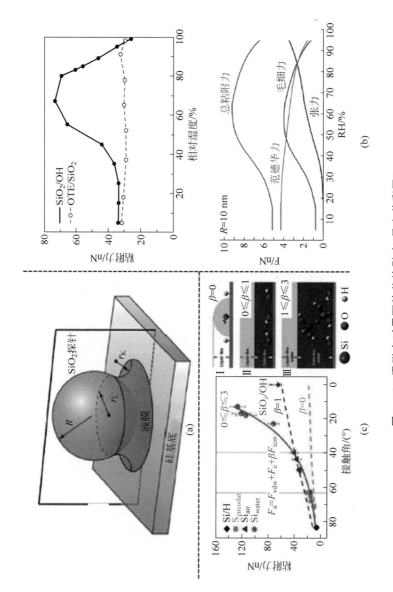

图 1.16 吸附水对界面粘着的影响（见文前彩图）

(a) 毛细液桥示意图[83]；(b) 粘附力随湿度的变化关系[79-80]；(c) 接触角与粘附力关系[82]

$$F_{c,T} \approx 2\pi x \gamma_L \sin\theta_1 \tag{1-10}$$

由于通常情况下 $x \ll R$,因此通常毛细作用中的压差作用项主导,除非接触角 θ_1 接近 90°。毛细力基本公式可以解释亲水表面在潮湿环境中粘附力增强现象。不过,在很多体系中发现界面水膜引起的粘附改变并不是随湿度单调变化的,典型的结果是其随湿度增加先增加后减小。L. Qian 等[79]研究人员结合 Kelvin 公式对液膜形状随湿度的变化进行描述,并计算由此带来的范德华力和毛细力改变,发现粘着力随湿度的非单调变化主要来自毛细力压差项的非单调性和范德华作用的单调下降,如图 1.16(b)所示。Bartošik 等[80]后来的分析采用了类似的处理方式,并考虑了对表面张力随湿度的变化进行修正,得到了类似的结论。进一步地,Asay 和 Kim 等[81]指出这样的处理方式只能定性描述随湿度的趋势但是依旧会低估粘附力,还应考虑亲水表面吸附的"类冰结构"对粘附力的额外贡献,如图 1.16(c)所示。不同亲水程度表面的红外光谱的结果也进一步支持这一假设[82]。

吸附水对粘附的贡献同样也会影响到摩擦行为,但是由于摩擦是一个动态过程,仅将粘附力作为附加载荷不足以描述吸附水的影响。吸附水影响摩擦行为的主要特点是具有明显的速度依赖性。对于粗糙多峰接触的情况,如图 1.17(a)所示,Riedo 等[84]研究认为摩擦力 F_f 的速度依赖性和毛细液膜的破坏和重构过程有关:

$$F_f = \mu(F_L + F_a) + \mu F_c f(v) \tag{1-11}$$

式中,F_L 为外载;F_a 为直接接触的粘附力;$f(v)$ 为毛细附加黏附项的速度依赖性,通过考虑构成液膜的热力学过程得到:

$$f(v) = \left(\frac{1}{\lambda\rho A} \frac{1}{\ln(1/\mathrm{RH})}\right) \ln \frac{v_0}{v} \tag{1-12}$$

式中,RH 为环境相对湿度;λ 为粗糙表面的高度分布参数;ρ 为水的分子密度;A 为液桥截面面积;v_0 为参考速度。模型预测毛细作用贡献的摩擦力随速度和湿度的关系得到一些实验的证实[84]。但是,正如湿度对粘附力的复杂影响一样,吸附水对摩擦的影响也不能仅用毛细力来概括,特别是对于微纳尺度摩擦时,接触状态不能再看作多粗糙峰接触。J. Chen 等[85]研究钝化表面和能够形成氢键的表面的摩擦速度依赖性时发现,摩擦力随湿度的增加而增加,但只有富含—OH、—COOH 和—NH$_2$ 等极性基团的表面摩擦力与速度是负相关的,不含氢键供受体位点的表面摩擦力和速度是正相关的,作者推测速度依赖性与表面氢键网络的形成与破坏有关。L. Chen 等[86]发现二氧化硅微球探针摩擦行为在相对湿度 50% 以下时呈现湿度和速度依赖性,如图 1.17(b)所示。但其在更高湿度下仅与速度相关,结合衰减全反射红外光谱结果[87],作者认为低湿度下界面吸附水形成的类冰结构主导了摩擦行为。Hasz 等[88]的摩擦实验与分子动力学仿真表明,高取向裂解石墨(highly oriented pyrolytic graphite,HOPG)表面摩擦力和粘附力随湿度增加先增加后减小的规律并不能归因于毛细力的附加载荷,低湿度水分子增加界面接触质量和高湿度下的润滑效果才是摩擦力变化的原因,如图 1.17(c)所示。总体来说,少量吸附水对界面摩擦粘附有着显著影响,其表现的湿度依赖性和速度依赖性与毛细作用密切相关。此外,不同表面性质(如亲/疏水)的吸附水结构可能也在其中扮演重要角色。

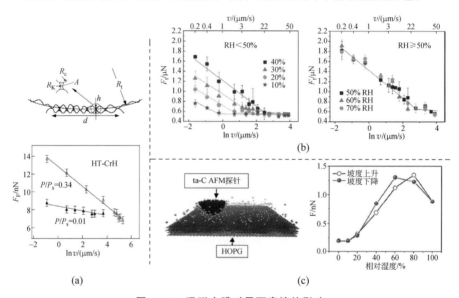

图 1.17 吸附水膜对界面摩擦的影响

(a) 多峰接触状态下毛细作用对摩擦的影响[84];(b) 潮湿环境二氧化硅界面摩擦行为[86];
(c) HOPG 的界面摩擦与湿度的关系[88]

当摩擦界面的水进一步增多、接触区完全浸泡在水环境时,液膜的边界效应逐渐消失,毛细作用不再主导。此时,如果摩擦副相对运动速度较高、外部载荷较低,水会凭借流体动压效应而成为良好的润滑剂。流体动压效应可以用雷诺(Reynolds)方程来描述,其本质是流体纳维-斯托克斯方程(Navier-Stokes equations,NS)和连续性方程在薄层流体情况下的近似[37]。雷诺方程的求解和应用研究已经非常广泛[89-91],因并非本书研究重点不再赘述。大体上,雷诺方程预测的流体在两表面间产生的法向力可

近似表达为 $F_N \sim k\eta U/h^2$，切向力近似表达为 $F_S \sim k\eta U/h$；其中 η 为液体粘度，系数 k 与流体膜几何形状有关，U 为两表面的相对运动速度，h 为液体薄膜厚度。因此，相对运动的固体表面牵引液体流动，流体形成的压力能够抵抗法向外载并将两表面分隔出一定高度，两表面间隙内液体的粘性阻力取代固体摩擦，从而减小摩擦。在最近开展的大量水基液体超润滑或超低摩擦的研究中，流体动压效应往往是关键作用机理之一[92-93]。

进一步地，考虑高压流体与固体表面形变的耦合效应和高压下液体的粘—压效应，此时的润滑状态称作弹性流体动压润滑或简称弹流润滑（elastohydrodynamic lubrication，EHL）[94-95]。弹流润滑多发生在高载高速的工况，是描述轴承、齿轮等实际零部件润滑状态的基本模型[96]。对于皮肤这类软材料，其在不太高的速度和载荷下就可能进入弹流润滑阶段，而且大变形和黏弹性特点会给弹流润滑带来一些新的问题。Y. Wang 等[97]利用多光束干涉方法测量了硬质探头快速靠近薄层橡胶时由于弹流润滑效应产生的凹坑行为，如图 1.18(a) 所示，对于同样的流体膜厚，弹性薄层的黏弹性迟滞会产生比刚性基底更强的弹流润滑效果。织构被常常用作润滑增强的一种手段，然而软材料表面的图案变形行为可能引起不同效果[98]。Y. Peng 等[99-100]在最近的工作中利用织构修饰的软材料表面得到完整 Stribeck 曲线，如图 1.18(b) 所示。他们发现织构化表面会在弹流润滑阶段出现一个峰值，这个峰值与织构引起的微尺度弹流润滑和整体的大尺度弹流润滑的转变有关。在测试了人体手指和软体机器人手指与不同弹性和尺寸的织构表面的弹流润滑行为后，他们提出了约化的摩擦系数峰值与织构参数的标度律关系。该研究对于液体环境手指粗糙感知行为研究具有一定指导意义。

总体来说，流体润滑和弹流润滑的理论框架相对比较完善，针对皮肤这类软材料的相关研究也在不断推进。不过，这些研究的假设都是固体表面被液体完全隔开，这是只有在相对高速下的润滑才会发生的情况。手指的触觉感知和抓取过程更多是在低速或微动的情况，在水介质中固体仍然存在直接或间接接触，即边界润滑状态。边界润滑状态下，液体的粘度贡献变得次要，水介质调制的范德华力或由于水介质引入新的表面力（如带电表面的双电层力、亲水表面的水合力、疏水表面之间的疏水力）成为主要界面作用形式。

范德华力是中性分子间普遍存在的作用力，大多数体系的界面粘附力、界面摩擦、表面张力、液体粘度等行为都与范德华力强度密切相关[101-102]。

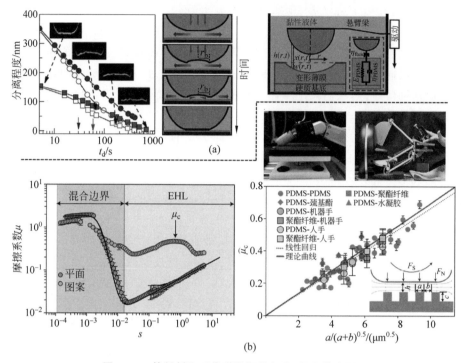

图 1.18 软材料和手指弹流润滑行为（见文前彩图）

(a) 弹性材料冲击载荷下弹流效应产生的凹坑[97]；(b) 织构化软表面的弹流润滑效应[100]

分子间范德华力作用主要包含三个来源，分别为极性分子永久偶极之间的极性力（Keesom 力）、极性分子与非极性分子之间的诱导力（Debye 力），以及非极性分子之间的色散力（London 力）。宏观物体/表面之间的范德华力是分子间力的整体体现，具有 $F=-A_{\mathrm{H}}/D^{n}$ 的形式，其中 D 为表面间距；衰减指数 n 与物体几何形状有关。Hamaker 常数 A_{H} 代表不同材料的作用强度，其正值表示吸引。按照 Lifshitz 理论[103]，物体 1 和物体 2 通过介质 3 范德华作用的 Hamaker 常数可以由材料连续介质性质来表示：

$$A_{\mathrm{H}} \approx A_{v=0}+A_{v>0}=\frac{3}{4}k_{\mathrm{B}}T\frac{\varepsilon_{1}-\varepsilon_{3}}{\varepsilon_{1}+\varepsilon_{3}}\frac{\varepsilon_{2}-\varepsilon_{3}}{\varepsilon_{2}+\varepsilon_{3}}+\frac{3hv_{e}}{8\sqrt{2}}\frac{(n_{1}^{2}-n_{3}^{2})(n_{2}^{2}-n_{3}^{2})}{\sqrt{n_{1}^{2}+n_{3}^{2}}\sqrt{n_{2}^{2}+n_{3}^{2}}(\sqrt{n_{1}^{2}+n_{3}^{2}}+\sqrt{n_{2}^{2}+n_{3}^{2}})} \quad (1\text{-}13)$$

式中，v 为分子的旋转弛豫频率；v_{e} 为材料分子的主吸收频率；ε_{i} 为物质 i 的介电常数；n_{i} 为物质 i 的折射率。Hamaker 常数中的零频率项 $A_{v=0}$ 代表范德华力极性项和诱导项的贡献,高频率项 $A_{v>0}$ 代表色散项的贡献,在真空或空气介质($\varepsilon_3=1$,$n_3=1$)的大多数体系色散项起主导作用[40]。Lifshitz 理论预测的吸引或排斥的范德华力以及延迟的 Casimir 力至今仍是物理学研究热点[104-105]。由式(1-13)可知,当水作为介质加入固体表面之间时,其高介电性质($\varepsilon_3=78.5$)会显著屏蔽固体之间的范德华力作用。

水中的两个物体除了受到范德华力作用外,还可能受到其他多种长程或短程作用力。物体在水中会因为吸附、解离等而表面带电[106],带电物体会在水或电解质溶液中吸附水中异号离子,从而形成包括吸附层(stern 层)和扩散层的"双电层"结构,如图 1.19(a)所示。当带同种电荷的两个表面靠近时,扩散层重叠使表面间离子浓度显著增加,从而形成一个随距离指数衰减的排斥力,称为双电层排斥力或双电层力。指数衰减的特征长度 κ^{-1} 称为 Debye 长度,其表达式为

$$\kappa^{-1} = \sqrt{\frac{\varepsilon\varepsilon_0 k_B T}{\sum c_i Z_i^2 e^2}} \tag{1-14}$$

式中,c_i 为价态为 Z_i 的离子 i 的浓度。可知,水中离子浓度越高,吸附离子对带电表面的屏蔽作用越明显,双电层力的作用距离越短。水溶液中远程的双电层力和近程范德华力的共同作用可以用 Derjaguin-Landau-Verwey-Overbeek(DLVO)理论来描述,其有多种等价表达形式,其中一种形式如式(3-16)所示,将在第 3 章中详细介绍。双电层力虽然作用长度较远但强度有限,特别是在近距离时往往会被范德华力抑制,因此双电层力对接触摩擦行为的影响往往是有限的。不过,带电表面吸附的离子如果具有足够强的结合水能力,则会在两表面间产生一个短程且强烈的排斥力,并显著影响界面摩擦行为。这个排斥力被称为水合力。

由于固体表面性质的差异,Israelachvili 等[40]指出类流体表面和亲水无机表面的水合力具有不同的特点和起因。所谓类流体表面,指的是磷脂、核酸、蛋白质、多糖及表面活性剂等长链大分子。理论研究表明[108,110],这类分子在水中会由于亲水头基的突出力和重叠力等排斥熵作用,产生短程排斥力,如图 1.19(b)、图 1.19(c)所示,因此这种排斥力也被称为"空间水合力"[40]。亲水端通过与水分子的水合作用增加了头基的有效尺寸,间接增加了空间水合力的强度及范围。对于亲水无机表面,典型如云母[111]、二氧化硅[112]、玻璃纤维[113]、蓝宝石[114]、氮化硅[115]等亲水表面,在高浓度碱金属电解质溶液中存在短程排斥力[116],这种单调排斥力与距离 D 经验

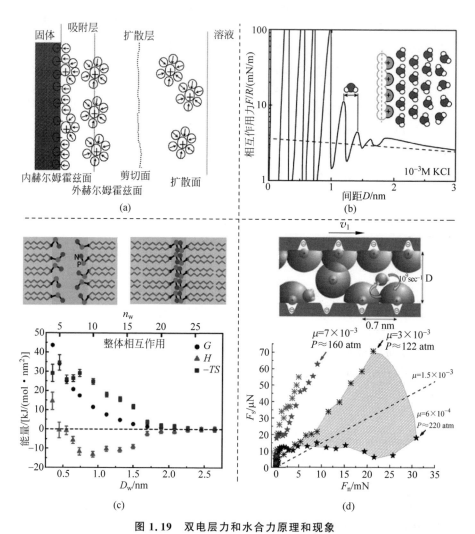

图 1.19 双电层力和水合力原理和现象

(a) 双电层结构示意图;(b) 振荡型水合力的表面力仪测量结果[107];(c) 空间水合力熵贡献的分子模拟[108];(d) 水合润滑的典型切向力和反向力关系[109]

性地满足指数关系:

$$F_H = +W_H e^{-D/\lambda_H} \tag{1-15}$$

在1:1的电解质溶液中,水合力的特征衰减长度 λ_H 为 $0.6 \sim 1.1$ nm[117]。不同碱金属溶液中的水合力强度 W_H 还符合著名的"Hofmeister 感胶离子序"($Mg^{2+} > Ga^{2+} > Li^+ > Na^+ \sim K^+ > Cs^+$)[117-118]。对于这类水合排斥

力的起因,从能量角度可以解释为当吸附水合阳离子的表面彼此靠近时,阳离子脱水增加了系统的自由能,因此需要外力额外做功从而产生排斥力。不过,除了单调排斥的短程水合力,Israelachvili 和 Pashley[107]还利用表面力仪的精细实验发现,云母表面水合力可能出现溶剂化力典型的振荡特点,如图 1.19(b)所示。后续研究人员的 AFM 实验[119-120]和分子动力学仿真研究[121-122]中也有类似报道,他们认为振荡特点和界面初级水合层与固体表面的晶格匹配性有关。正是因为水合力的复杂性,其分子起源和理论模型至今仍不完备[123]。尽管如此,因为水合力的短程排斥作用能够有效削弱范德华吸引作用,甚至产生净排斥力(承载力),同时水合层的水分子能够快速交换而保持较好的流动性[109],因此表面水合层能够提高法向承载同时有效降低剪切,即产生"水合润滑"效应。基于水合作用可以在无机亲水固体[92,124]或生物材料表面[125-126]实现 10^{-3} 量级的低摩擦系数,如图 1.19(d)所示。

相反,如果固体表面是疏水的,它们在水中可能产生一个比空气中的范德华力作用更长程也更强的吸引作用,称为疏水力或疏水相互作用[40],其作用力随距离的关系可以通过指数形式[127]或幂率关系[128]来描述,如图 1.20(a)所示。疏水相互作用的概念最早由 Kauzmann[129]引入,其对生物体的膜融合和蛋白质折叠有着至关重要的作用[130-131]。对疏水力的系统测量则由 Israelachvili 和 Pashley[132]于 1982 年基于表面力仪首次实现,后续越来越多研究显示出这一问题的复杂性。很多实验测到的长程疏水力可能是受到表面纳米气泡的液桥作用[133-134]或表面活性剂局部翻转的静电作用[135],然而这些只能看成疏水效应的"副产品"。排除这些"副产品"后疏水作用依然存在,一个比较巧妙的实验是 H. Zeng 等[136]结合原子力显微镜和干涉显微镜,对疏水气泡和疏水化云母表面之间的力和间隙进行同步测量,如图 1.20(b)所示。该实验体系的巧妙之处是,该体系下范德华作用是排斥的,因而测得的吸引力完全由疏水力引起。不过,关于疏水力更本质的分子起源目前依然没有定论,不同体系的分子模拟[137-139]也只能揭示疏水力在 1 nm 左右近距离的空化效果,但不足以揭示疏水力的长距离、强吸引的全部特点[140]。对于水中的摩擦行为来说,疏水力会极大增加粘着摩擦作用,疏水空化效果也不利于润滑膜的形成[141],因此疏水力往往会增大水中的固体摩擦[142],如图 1.20(c)所示。不过,正如事物都是具有两面性的,强吸引的疏水力也是实现水下黏附的有效方式[143]。

总体来说,水对固体摩擦行为的影响包括多个方面,微量吸附水的毛细

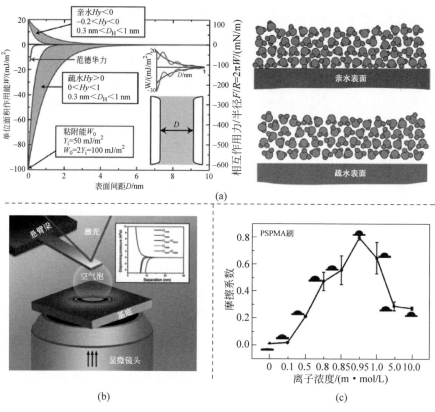

图 1.20 疏水力的描述和测量

(a) 疏水力和水合力的统一描述方式[127];(b) 气泡与疏水表面之间的疏水力测量[136];
(c) 疏水性增加引起的聚合物刷摩擦力增加[144]

作用、完整水膜的动压润滑效果,以及水介质中复杂的分子间力与表面力都是水影响固体摩擦的途径。对这些现象分析需要兼顾连续介质理论(如毛细力、DLVO 理论)和局部分子行为。以后者为例,固体表面附近的水分子具有与体相水分子显著不同的热力学状态,这正是"类冰水"、水合力、疏水力等诸多现象的起因。可以看到,水合力和疏水力的来源目前仍然存在争议,表面力对摩擦润滑的影响也需要进一步阐明。

1.4 触觉传感与灵巧机械手研究进展

对触觉摩擦机理研究的一个重要目的是将其应用于机器触觉传感设计和智能机器人触觉反馈。借助触觉传感装置,机器人或智能假肢可以对外界压力、应变、剪切、振动、滑移等环境刺激进行感知,实现对物体的操纵、与人的交互等任务[145]。基于电子传感阵列技术的电子皮肤研究是目前触觉传感研究的一个主要方向。对压力的感知可以基于压阻[146-147]、电容[148]、摩擦电[149]等阵列形式实现,其中,基于压阻原理的传感阵列布线和信号处理相对简单,基于电容原理的传感阵列灵敏度和动态响应更好。进一步,在表面修饰微结构上,可以通过降低接触刚度和增加应力集中等原理提高灵敏度[150-151]。对拉伸应变的传感也基于类似的压阻或电容原理,通过设计网状图案可以提高其灵敏性和拉伸性能[152]。对滑移的传感设计可以借助震动检测或多点感知[149],但是更根本的是期望对剪切力进行测量,这通常需要借助特殊的阵列单元簇和信号差分来实现。例如,Beccai 等[153]设计了一种四象限电容阵列单元,通过对传感单元内四个电容测量和比对来识别力的大小和方向,且具有高灵敏性和柔性,如图 1.21(a)所示;Bergbreiter 等[154]将五个导电材料块构成传感单元,通过测量中心块与四周块的接触变形引起的电阻或电容变化区分三向力,如图 1.21(b)所示;Z. Bao 团队[151]设计了一种基于金字塔形阵列的电容电极结构,通过电容分布的差异识别法向力和切向力,如图 1.21(c)所示。总体来说,以人体皮肤功能为蓝本的电子皮肤的研究,不仅有望实现对外界多种物理信息的感知[155-156],还可以具有柔软性、自修复等优异能力[152],在可穿戴设备、机器人和假肢中具有巨大的应用前景。然而,正如 Z. Bao 等[145]在综述文章中指出的,电子皮肤技术也面临着高密度大面积制备的工艺难题,多信号低延时处理的难题,以及阵列单元力标定的难题等。

除了电子皮肤技术,基于图像/视觉的触觉传感技术(以下简称视触觉传感)也在不断发展。特别是随着相机硬件性能不断提高和各种先进图像处理算法的发展,视触觉传感技术表现出的高分辨率、高重复性、抗电磁干扰、核心器件远离接触区等优势逐渐凸显[157]。虽然视触觉传感的主要劣势是体积较大、计算成本高,但其在力触觉测量中的独特优势值得进一步发展。后续章节将对视触觉传感技术进行介绍,并介绍触觉传感在机器人抓取中的应用研究现状。

1.4.1 视触觉传感技术

基于视觉的触觉研究有着其独特哲学色彩和心理学背景。1688 年,爱尔兰作家威廉·莫利纽克斯(William Molyneux)在给好友约翰·洛克(John Locke)的信中提到了一个后世称为莫利纽克斯问题(Molyneux's problem)

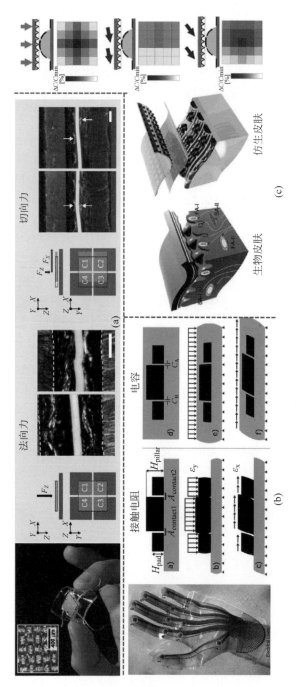

图 1.21 具有三轴力触觉感知能力的电子皮肤技术(见文前彩图)

(a) 四电容单元簇结构[153];(b) 导电状单元簇结构[154];(c) 金字塔阵列电极结构[151]

的思想实验。这个问题可以简述为：一个天生失明的人如果恢复了视力，他能否依靠视觉来识别他先前通过触觉所认识的物体？莫利纽克斯问题不仅是触觉信息和视觉信息的对应性问题——哲学家将其作为认识论的案例讨论了数百年，科学家也将其作为认知心理学和大脑可塑性问题试图给出一个答案[158]。事实上，神经科学的研究确实表明，人在通过触觉感知物体时，很大程度上需要激活大脑视觉皮层[159]；换言之，人类一定意义上是借助视觉构建的触觉信息。视触觉传感研究的基本思路也恰好如此，即，通过一定的光学媒介将力相关的触觉信息转化为可以被采集和处理图像信息。

按照实现原理的不同，视触觉传感可以大概分为两类：一类是借助受抑全内反射(frustrated total internal reflection，FTIR)[160]等原理对接触面积进行表征，另一类是通过位移推断物体的变形。其中，第一类研究通常借助玻璃、亚克力等板状波导材料，通过光源周向照明使光路在波导内发生完全内反射。当外界物体接触到波导材料表面时，接触区域的全反射被漫反射取代。此时从波导另一测拍摄图像，其接触区与非接触区就会呈现高对比度[160]。这一原理不仅是摩擦学中实际接触面积的直接测量手段之一[61]，也衍生了很多触觉传感方案[161]，如图 1.22(a)所示。一种改进形式

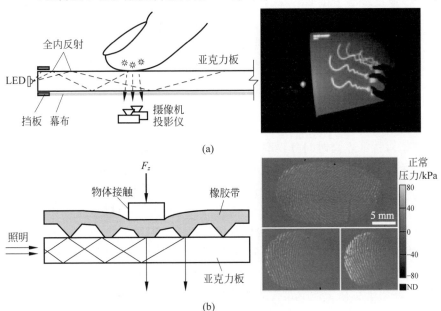

图 1.22　基于 FTIR 原理的力触觉传感（见文前彩图）
(a) 基于图像的多触点触控屏[161]；(b) 利用微织构薄膜的接触力分布传感方案[162-163]

是在波导材料上方粘贴一层带锥形微结构的橡胶薄膜。当外力作用在橡胶薄膜背面时,内侧的锥形织构与波导表面发生接触变形,通过 FTIR 原理测量每个织构的接触形状,再根据力学模型计算每个织构的受力,就可以得到整个面接触力的分布情况[162-163],如图 1.22(b)所示。

另一类基于位移测量的触觉传感方案比较多样,大体可以分为基于光电二极管的变形测量与基于相机和图像处理算法的变形测量。前者体积通常比较小,信号处理相对简单[164]。例如,Koike 等[165]在覆盖反光薄膜的弹性体中布置发光二极管阵列,通过检测 LED 光源经过薄膜反射后的路径推演出表面变形,如图 1.23(a)所示;H. Zhao 等[166]将柔性光波导植入柔性手指中,通过光电传感器检测光在波导中的能量损耗推测手指的变形和受力,如图 1.23(b)所示。

为了获得更多信息,利用相机图像捕捉变形信息的方法得到越来越多应用。其中比较有代表性的方案是,在一个弹性体近表面布置一些特征点,通过内置相机对特征点位移进行识别和追踪,达到重构表面变形场、推测接触力的目的。为了得到立体变形信息,衍生了很多解决方案。Hristu 等[172]通过考虑手指形凝胶的体积约束和变形边界约束,利用一个相机重构了凝胶表面的三维变形。2004 年,Tachi 等[173]在弹性体中埋入红蓝两层特征点,通过下方的相机分别追踪两层的变形,并结合接触力学理论得到表面的接触力信息。这一方法在 2008 年被他们用在了小型化的力触觉传感器"Gelforce"的设计中,并用于机械手的触觉反馈,如图 1.23(d)所示[169]。Tachi 等[170]还利用反射镜达到类似于双目相机立体重构的效果,如图 1.23(e)所示。在最近的研究中,Shimonomura 等[174]利用事件相机实现了对特征点高时间分辨率的变形追踪和触觉变形测量。除了利用特征点的示踪与重构,2009 年,Adelson 等[167]提出利用光度立体重构方法,实现了表面的高分辨率立体重构,这一方案后来被称作"Gelsight"并得到极大发展。其基本构造与"Gelforce"类似,利用内置的相机从底部拍摄覆盖反光层的弹性体,不同点在于他们利用布置在不同位置的 RGB 三种光源进行照明,根据不同色光在变形表面的反射强度重构出三维变形,如图 1.23(c)所示。2015 年,Yuan 等[168]又在反光层中加入了特征点,通过光流法追踪位移,并用于机械手抓取过程的滑移触觉反馈。其后,研究人员一方面对其结构进行不断优化,其中加入反射镜的版本被叫作"GelSlim"[171],另一方面也尝试利用特殊特征点(如紫外可见)来兼顾原有三维重构能力[175]。现在也有研究开始基于 Gelsight 的图像信息利用深度学习算法进行物体特征

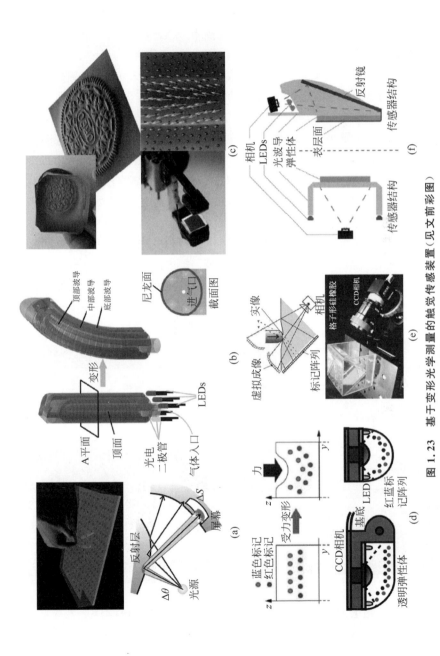

图 1.23 基于变形光学测量的触觉传感装置（见文前彩图）

(a) 光电二极管阵列的表面变形测量[165]；(b) 基于光波导能量衰减的变形测量[166]；(c) Gelsight 变形[167]和切向位移测量[168]；(d) Gelforce 接触力测量装置[169]；(e) 镜面反射的接触力测量[170]；(f) Gelsight 和 GelSilm 结构原理示意图[171]

识别[175-176]和抓取反馈控制[177]。

在细胞学领域,略早于 Gelsight 和 Gelforce 传感器的研究,1999 年 Dembo 等[178]采用现在称作牵引力显微技术(traction force microscopy,TFM)的方法对细胞运动过程对基底的作用力进行了测量。其基本思想与上述触觉传感器非常类似[179],在柔性凝胶的近表层嵌入荧光示踪颗粒,通过下置显微镜测量细胞在凝胶上方运动时的变形,再结合已知的凝胶弹性属性进行接触力求解[180],如图 1.24(a)所示。通过调节凝胶弹性模量可以满足不同范围的测力需求,该方法在如图 1.24(b)所示的细胞动力学[181-182]、如图 1.24(c)所示的摩擦[183]和粘附[184]、如图 1.24(d)所示的动物爬行[185-186]等研究中都有应用。最初 TFM 常忽略细胞法向力的作用,只测量剪切应变和应力。通过引入共聚焦显微镜,才实现了对法向变形和法向应力的测量[186-187]。不过,由于共聚焦显微镜的扫描频率有限(通常需要数秒),因此三维力输出时时间分辨率通常不高。相比于触觉传感器,TFM 的空间分辨率和力的求解精度非常高,这得益于(共聚焦)显微镜本身的高分辨率及 Alamo 等[182]和 Xu 等[186]提出和完善的考虑基底厚度的力学模型(具体细节将在 4.2.3 节讨论)。比较 TFM 技术与 Gelsight 等触

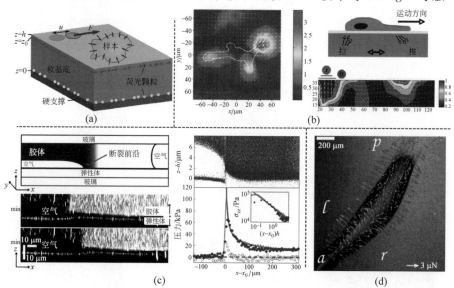

图 1.24　牵引力显微技术原理和应用(见文前彩图)

(a) 牵引力显微技术原理示意图[180];(b) 细胞运动过程牵引力[181,187];(c) 胶体薄膜的粘附应力[184];(d) 蛞蝓的爬行力[185]

觉传感技术可知,TFM 得到的力准确性和空间分辨率很高,但测量范围一般较小,三维力的时间分辨率较差;触觉传感技术以力和滑移行为的定性测量为主,实时性好,但空间分辨率和力的准确性不高。两者虽然属于不同领域,但是技术路线殊途同归,技术特点上的差异也能够很好的优势互补。

1.4.2 触觉反馈的灵巧手

人手卓越的灵巧抓取能力对机器手的设计和抓取具有重要指导意义。随着机器人在精密操作、人机交互等方面的应用日趋增多,对异形体、轻脆体的灵巧抓取需求也逐渐增加,催生了众多灵巧机械手研究。图 1.25 展示了许多公司开发的以多自由度控制为目标的典型多指灵巧手和以柔性接触为目标开发的典型软体灵巧手。前者主要实现了与人手的形似以及精密位姿控制,后者则是牺牲负载能力换取抓取安全性和顺应性[188]。触觉反馈是人手灵巧抓取的重要保证,依赖精细触觉反馈的机械手可以兼顾抓取力和适应性,可以极大提升机械手的灵巧性和智能化[157]。

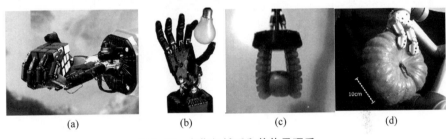

图 1.25 多指机械手和软体灵巧手

(a) OpenAI 公司开发的可以复原魔方的机械手;(b) Shadow 公司开发的灵巧机械手;(c) 基于功能材料的软体气动机械手[189];(d) 基于仿生粘附材料的机械手[190]

最简单的触觉传感是对法向力的感知,这样可以通过预设抓取力实现对轻脆物体的抓取,还可以结合力位控制进行形状和软硬感知。典型研究如 H. Liu 等[191]将压力传感阵列覆盖机械手表面,通过压力分布控制抓取力和抓取姿态,如图 1.26(a)所示;M. Tavakoli 等[192]将柔性电容传感器引入索驱动机械手的指尖和手掌,实现不同姿态的物体抓取操作,如图 1.26(b)所示;D. Xu 等[193]将 BioTac 仿生手指与 Shadow 机械手结合,前者内置了压力、振动和温度传感器,通过这些触觉信息来实现物体的识别分类,如图 1.26(c)所示;H. Zhao 等[166]利用硅胶材料制作了柔性气动机械手,内嵌光波导,实现对手指变形和受力的推测,进而实现物体形状、纹理和软硬的识别及对物体的灵巧抓取,如图 1.26(d)所示。这些基于触觉反馈的机械手均展现出了一定的抓取灵巧性,但是这种灵巧性依赖于给定的抓取力,与人手相比(见 1.2.2 节)缺乏对未知物体抓取状态感知能力。

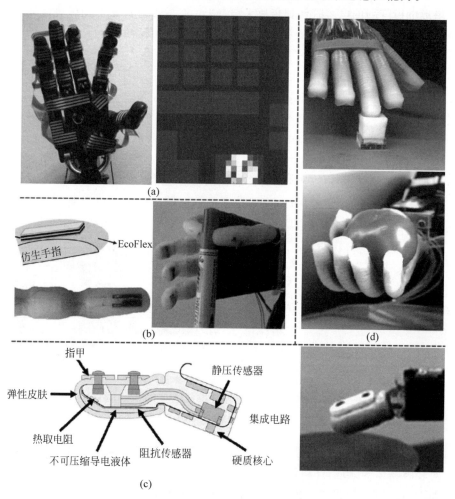

图 1.26 基于压力触觉传感的机械手

(a) 压力传感器阵列的机械手[191];(b) 柔性电容传感的欠驱动机械手[192];(c) 基于 BioTac 仿生手指的机械手[193];(d) 内嵌光波导反馈的软体机械手[166]

人或机械手往往利用摩擦力抓取物体。人在抓取时会施加合适的抓取力,保证既能稳定抓又不至于把物体压碎,体现出高度灵活性。理想的法向抓取力应该使界面摩擦力略大于重力。为了实现这一点需要对界面摩擦信息进行感知。初级的摩擦感知是对界面摩擦力感知,可实现对外界载荷扰动下的稳定抓取,这就要求触觉传感器至少能够区分法向力和切向力。在这方面,最近比较有代表性的研究工作有 Z. Bao 团队[151]利用基于金字塔形电极阵列的电容式触觉传感装置,演示了其帮助机械手完成精细装配的能力,如图 1.27(a)所示;Y. Yan 等[194]利用基于软磁性材料的多轴力传感装置,演示了机械臂对受外力扰动的鸡蛋和不断注水的水杯的稳定抓取能力,如图 1.27(b)所示。

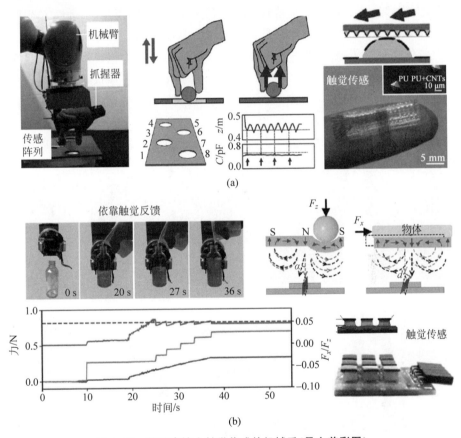

图 1.27　基于摩擦力触觉传感的机械手(见文前彩图)

(a) 电容式摩擦触觉传感及其在机械手装配中的应用[151];(b) 磁极式摩擦触觉传感及其在动态抓取中的应用[194]

单纯依靠摩擦力的反馈可以实现既定物体的可靠抓取,但这仍然依赖于界面摩擦系数的先验信息。更高级的摩擦触觉感知应该能够对抓取过程的滑移进行预判,使机械手可以及时调控法向抓取力,实现不依赖先验信息的任何状态下对任何物体的稳定抓取。为了实现这一目标,目前采用的解决方案有两大类[195]。最基本的是基于振动特征对宏观滑动的判断,判据包括加速度信号[196]和法向力波动[197]等。然而,宏观滑动其实是抓取失败的标志,如果抓取力不能及时调整就会导致物体跌落,因此宏观滑移识别应该作为抓取反馈的最低保障而非预判信息。摩擦微滑理论认为,在开始滑动的早期,接触区呈现滑移区与粘着共存的情况[198];随着滑动趋势的增加,滑移区逐渐增大直至粘着区完全消失,宏观滑移发生。因此,对初期滑移区(incipient slip)的识别是预判宏观滑移的关键。初期滑移的识别主要依赖视触觉传感器,其常用判据是基于宏观滑动前的接触形状[199-200]或接触面积[201-202]的突变。例如,Ueda 等[199]提出球——平面接触区的偏心率是滑移程度的重要标志;Cutkosky 等[201]发现粘着失效前实际接触面积会达到峰值并快速下降,如图 1.28(a)所示。不过接触区形状的变化通常并非线性,只有临近宏观滑动时才比较明显。初期滑移的另一类判据是基于

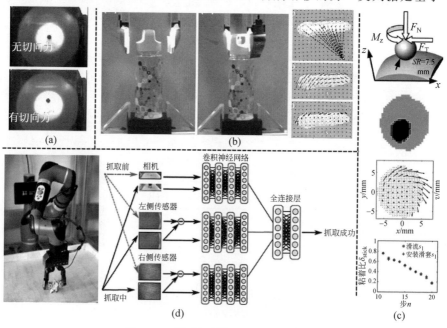

图 1.28　滑移识别与灵巧机械手应用

(a) 基于接触区变形的滑移判据[199];(b) 考虑转动的滑移判据与应用[204];(c) 基于摩擦系数和相对位移迭代判据[205];(d) 基于深度学习的灵巧抓取[177]

界面相对位移,通常需要假设传感器表面与接触物体刚体位移不一致的区域为滑移区[203]。S. Dong 等[204]利用 GelSlim 传感器,认为中心区域的点为粘着区,结合刚体动力学同时考虑平动和转动,成功应用于机械手拧杯盖等操作任务,如图 1.28(b)所示;W. Yuan 等[168]基于 Gelsight 传感器,略去对粘着区的识别,直接将特征点阵列位移场的不均匀性作为早期滑移的标志,并提出熵判据进行量化;Sui 等[205]通过测量接触力分布计算了摩擦系数分布,将小于平均摩擦系数的区域作为初始粘着区,再结合相对位移方法确定真实粘着区,如图 1.28(c)所示。不过,相对位移法应用的基本条件是认为接触物体的刚度远大于视触觉传感器本身,这样才能将粘着区位移作为刚体位移。目前,随着机器学习[206]和深度学习[177]的不断发展,将视触觉传感器的图像信息直接用于机械手灵巧抓取训练成为新的研究方向,如图 1.28(d)所示。

1.5　问题分析与研究内容

1.5.1　问题分析

通过国内外关于摩擦触觉感知机理与灵巧抓取应用的研究现状可以看出,触觉不仅是人体重要的感知交互功能,也是机器人实现抓取灵巧性和交互性的重要基础。界面摩擦行为是触觉形成的重要力学基础,揭示摩擦触觉感知的界面力学机理,对如今不断发展但仍有不足的机器触觉和灵巧手研究具有重要指导意义。然而,由于研究对象和研究领域的差异,现有生物学和心理学研究无法对机器触觉和智能机器人的发展进行直接指导。由于力学测量手段的限制和对界面局部非稳态摩擦行为关注的不足,目前的触觉摩擦研究尚未对人手摩擦触觉感知规律进行有效揭示,对触觉传感设计与灵巧机械手开发的指导也比较有限。

具体来说,如图 1.29 所示,目前存在的不足和需要开展的研究方向如下:

1. 皮肤摩擦行为的定量描述及水介质中摩擦机理有待完善

皮肤摩擦是研究触觉感知行为的重要基础。虽然目前已经开展了一些皮肤摩擦行为规律研究,但是由于皮肤独特的多层结构和大变形特点,其力学行为和摩擦行为的定量描述仍然不够完善。此外,考虑到皮肤出汗、环境水分等因素,人手在感知和抓取物体过程中,水介质中的摩擦行为往往不可

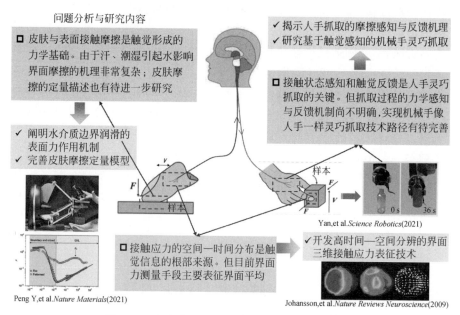

图1.29　国内外研究现状分析与拟开展研究方向

避免。目前的研究对摩擦行为中少量水的毛细作用、大量水膜的流体动压效应已经有较为充分的认识;但是,水介质还会对固体间表面力产生复杂影响,进而对边界润滑行为产生显著影响。因此水介质对边界润滑影响的表面力机制有待进一步揭示。

2. 界面接触应力高分辨率测量手段有待进一步发展

皮肤界面接触应力的空间—时间分布特征是触觉信息的根本来源,但是触觉摩擦相关性研究只关注了界面力的平均特征。这是因为目前的界面力测量手段很难对界面三维接触应力的空间分布和时间演化进行有效表征。因此,亟须发展具有高时间和空间分辨率的界面三维接触应力测量方法。

3. 对人手灵巧抓取过程的摩擦触觉感知与反馈控制机制认识不足

灵巧机械手不断发展,期望能够实现与人手一样的灵巧抓取能力。但是目前对人手抓取过程的摩擦状态感知的力学原理仍然缺少了解,对人手的触觉反馈的控制机制也缺乏系统描述。这就导致了应用于灵巧手的力触觉传感设计缺少必要指导,实现机械手灵巧抓取技术路径也缺少必要参考。因此需要系统开展人手抓取过程的摩擦触觉感知机理与反馈控制规律研究,用于指导触觉传感设计和机械手灵巧抓取应用。

1.5.2 研究内容

针对上述难题,本书将从理论研究、技术研究、应用研究三个方面展开工作:以水介质中固体摩擦行为机理为理论基础,以界面接触力的高时空分辨表征方法为技术支点,系统研究皮肤摩擦行为规律和人手灵巧抓取过程的摩擦触觉感知与反馈控制机理,并将其应用于摩擦触觉传感装置开发和基于触觉反馈的机械手灵巧抓取应用。如图 1.30 所示,具体研究内容和框架如下:

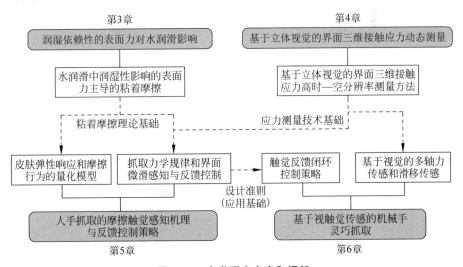

图 1.30 本书研究内容和框架

第 3 章以润滑性作为固—液界面相互作用的热力学度量,研究水介质中表面力作用对固体摩擦行为的影响,揭示多种表面力的竞争机制在边界润滑中的重要作用,提出润湿性影响边界润滑的粘着摩擦本质,建立边界润滑条件下润湿与摩擦之间的定量模型。这部分工作是后续皮肤摩擦建模和水介质物体抓取的理论基础。

第 4 章针对现有接触力测量技术在应力维度和时空分辨率上的不足,提出了一种基于双目视觉和弹性力学模型的界面三维接触应力高分辨测量方法,利用这一方法,实现了对干粘附表面粘着应力监测、滚动摩擦的粘着阻力和弹性阻力的可视化、蜗牛空间爬行的多尺度吸盘机制的揭示等。该方法也为后续摩擦触觉感知研究和触觉传感装置设计提供技术支撑。

第5章首先构建皮肤的多层结构弹性模型和摩擦基本力学模型，对皮肤摩擦的载荷、方向、织构参数依赖性进行了有效量化。基于界面力和接触应力的同步测量，研究人手对不同重量、不同摩擦系数表面灵巧抓取的行为规律，系统地揭示了增量式抓取加载策略和基于界面滑移率感知的闭环控制方法。该触觉感知机理是后文设计触觉传感装置和实现机械手灵巧抓取的基本准则。

第6章基于视触觉传感技术设计了多轴力传感装置和滑移触觉传感装置，借鉴人手的反馈控制策略，构建了机械手灵巧抓取的触觉反馈控制范式，实现了机械手在无先验信息、动态载荷条件下，对未知表面状态物体的灵巧稳定抓取。

第 2 章　实验装置及方法

2.1　引　言

　　本书以揭示摩擦触觉机理并将其应用于力触觉传感的开发和机械手灵巧抓取为目标开展系统性研究。为了实现上述目标,首先要开展界面摩擦行为研究,从定量的角度揭示表面力对界面摩擦润滑行为的影响。这部分机理研究需要构建纯粹的实验体系,选取成分简单、表面纳米级光滑的硅片、蓝宝石片、硅橡胶为主要研究对象。界面的分子间力作用与材料的物理化学性能密切相关,因此本书综合利用三维白光干涉形貌仪、X 射线光电子能谱分析仪(X-ray photoelectron spectroscopy,XPS)、扫描电子显微镜(scanning electronic microscope,SEM)研究了材料表面的形貌结构和化学成分。固体表面与液体的接触角可以反映固—液界面基本热力学特征,可以利用视频接触角测量仪记录液滴与表面的接触角来进一步测算不同界面相互作用组分。

　　界面力的测量是本书工作的核心之一。本书涉及多种力学测量装置,其中简单宏观摩擦行为研究借助通用摩擦磨损试验机;界面微观摩擦粘附行为和细致的分子间力表征借助原子力显微镜(atomic force microscope,AFM)。除此之外,为了满足环境氛围控制和特定运动形式的力测量需求,本书搭建了定制化的摩擦测试系统,以实现控制湿度的摩擦测试、滚动摩擦测量及手指摩擦测试等。图像采集分析是本书的重要技术手段之一。本书利用高速摄像机记录手指与表面接触行为,用图像匹配算法测量物体表面变形场,利用双目相机的视差原理重构表面三维信息。本章内容会对其中涉及的硬件系统、基本图像处理算法和数字图像相关算法(digital image correlation,DIC)进行介绍。

　　上述实验装置和方法会贯穿全书,本章将详细介绍其结构功能、测量原理与相关算法实现。

2.2 实验材料选择

2.2.1 摩擦材料的准备

本书的摩擦实验的目的是揭示摩擦润滑中分子间力和表面力的贡献，因此需要构建简单、清晰、具有单一变量的实验体系。在摩擦材料选择上，以结构简单稳定、表面光滑的材料为主。大多数金属材料和高分子材料通常易氧化，其表面粗糙度也难以控制，本书的摩擦实验主要选用了半导体领域和光学领域常用的单晶硅片和单晶蓝宝石盘。其中，所用硅片为 P 型掺杂(111)晶面，尺寸为 2 cm 见方，表面粗糙度在 0.3 nm 以下，采购自浙江立晶科技有限公司。在进行摩擦实验之前，需要首先在丙酮溶液中对原始晶片进行超声清洗，然后在超纯水(电导率 18.2 MΩ·cm，由美国 Thermo Fisher Scientific 公司的超纯水仪 GenPure xCAD 制取)中超声清洗来去除表面残留。

在进行 AFM 实验前，通常还要进行进一步清洗以去除表面微小残留，并对硅片的表面化学性质进行调控。本书采用的方法是，首先将硅片在食人鱼溶液(piranha 溶液，由 98% 的浓硫酸和 30% 的过氧化氢溶液按 7∶3 的体积比混合)中浸泡 10 min 以去除微小有机残留物，再将处理后的硅片浸入 40% 的 HF 溶液 25 min 以去除原始氧化层。此时的硅片呈现疏水性(接触角 CA>90°)。将此时的硅片进行氧等离子体处理(使用德国 Diener 公司的 Femto 型氧等离子体清洗机)，通入 15 sccm 的 O_2 气流，功率设为 80 W，持续 30 s，可以使硅片表面富羟基化，呈现超亲水性(接触角 CA 接近 0°)。需要指出的是，这种亲水性在空气中是不稳定的，本书利用了这种不稳定性，通过在 70℃ 真空干燥箱中加热(以下简称"退火")促进疏水性恢复，从而获得一系列接触角介于 0°～90° 的不同亲疏水程度的硅片。图 2.1 展示了接触角随退火时间的变化规律，其中浸泡在超纯水中的硅片其接触角通常可以较长时间保持稳定。

蓝宝石，即 α-Al_2O_3，因其稳定的结构、优异的机械性能、光学透明度、红外传输能力而被广泛使用。如图 2.2 所示，蓝宝石独特的六方—偏三角面体晶体结构[207]，导致其具有多个力学、电学、热学、光学性质存在显著差异的晶面取向(见表 2.1)，其中 C(0001)、M(10-10)、A(11-20) 和 R(1-102) 四个低能表面性能相对稳定，它们也是在工业中应用最多的晶面。实验中所用蓝宝石尺寸为 2 cm×2 cm×0.2 cm，表面粗糙度约 0.2 nm，采购自上

第 2 章　实验装置及方法　　47

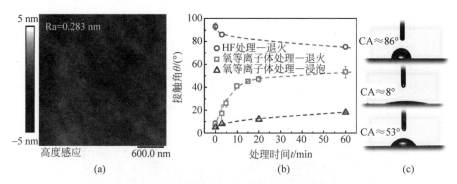

图 2.1　实验所用硅片性质（见文前彩图）
(a) 硅片 AFM 形貌图；(b) 不同处理方式对硅片接触角的影响；(c) 典型接触角图像

海多朴光学材料有限公司。摩擦实验中的上摩擦副材料选用氮化硅球，直径约为 12.8 mm，采购自北京中材人工晶体研究院有限公司。实验前，上述材料均需先后在丙酮和超纯水中超声清洗约 10 min。

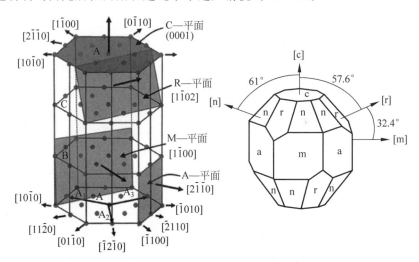

图 2.2　蓝宝石的晶格结构和晶面定向[208]

表 2.1　蓝宝石不同晶面的硬度[207,209]

晶 面 类 型	维氏硬度 HV/GPa
C 轴(0001)	23
A 轴(11-20)	22
M 轴(10-10)	23
R 轴(1-102)	22

在 AFM 摩擦实验中,分别选取硅针尖探针和二氧化硅胶体探针进行形貌测试和力学测试。其中,硅针尖探针采购自日本 Olympus 公司,型号 AC160,其末端针尖为金字塔形,如图 2.3 所示;胶体探针是通过将二氧化硅胶体微球用环氧树脂粘在无针尖悬臂探针(美国 Nanosensors 公司,型号 TL-CONT)制备,所用二氧化硅胶体颗粒直径约为 22 μm。

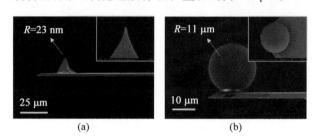

图 2.3　AFM 探针扫描电镜图
(a) 硅针尖探针;(b) 二氧化硅胶体探针

2.2.2　硅胶样品的制备

本书后续的仿生手指摩擦实验和力触觉传感装置的制作都需要用到硅胶材料。美国 Dow Corning 公司 184 牌号硅胶的主要成分为聚二甲基硅氧烷(polydimethylsiloxane,PDMS),其化学性质稳定、透明、无毒、不易燃,还拥有较好的机械强度,适宜制作软体结构。通过调节主剂和交联剂比例在 20∶1 至 10∶1 之间变化,可以实现弹性模量在 0.6~2.0 MPa 的调节。为了得到更低弹性模量的透明硅胶,还采购了深圳市宏业杰科技有限公司 9400B 牌号的硅胶,将液态的 A 组分和 B 组分进行 1∶1 混合,充分搅拌固化后得到的硅胶弹性模量为 20~40 kPa。实验中将两种硅胶材料按一定比例混合固化成形,就可以得到较宽范围的弹性模量的硅胶块体。

为了得到特定形状的硅胶块体,使用前需进行成型倒模等工艺操作。具体操作如下:①将硅胶组分按需要比例进行称重混合,并充分搅拌;②将混合好的液体硅胶放入真空腔中约 20 min,去除混合过程中引入的小气泡;③将混合好的液体硅胶浇注到特定形状的模具容器中,在常温环境固化 24 h 或 70℃干燥箱中固化 2 h。规则柱状硅胶块体在本书研究中使用较多,其常用模具为培养皿或其他形状的开口容器。但这类模具在使用中有若干不足:①硅胶块体厚度由浇注的液体硅胶量决定,因此厚度很难严格保证;②固化过程如果模具没有严格调平,会出现块体上下表面不平行;

③由于表面张力的存在，块体上表面通常不会是严格意义的平面；④这类模具通常为完整容器，硅胶固化后直接脱模较为困难。为了解决上述问题，本书设计了如图 2.4 所示的块体硅胶专用模具。模具采用左右对称开合的腔体结构，以便后期脱模，腔体内壁预设了不同间隔的竖直方向平行沟槽，在使用时可根据需要在不同间隔处分别插入玻璃板，硅胶液体在两块玻璃板之间浇注成型。这样，得到的硅胶块体工作表面是与玻璃板接触的脱模面，其厚度、平行度和表面光洁度均可得到充分保证，且与固化时模具整体的微小倾斜无关。

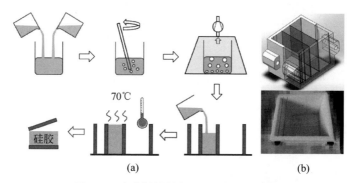

图 2.4 硅胶材料制备流程和模具示意图
(a) 硅胶样品制备流程示意图；(b) 块体硅胶专用模具示意图及实物

由于硅胶块体的弹性模量受混合比例和固化参数影响较大，实际硅胶的弹性模量可根据刚性球体的压入实验确定，如图 2.5 所示。具体方法和原理如下：①将半径为 R 的刚性小球（弹性模量远大于硅胶材料，如轴承钢、氮化硅等）通过悬臂结构固定在力传感器上，将力传感器固定在精密位移台上；②首先选择刚性材料块体（如轴承钢、氮化硅等）进行悬臂参数标定，将小球随位移台以较低速度缓慢下压样品块至预设压力值，再以同样的速度缓慢回撤，记录此过程的力—位移数据；③接触过程的力—位移曲线主要为悬臂梁变形，对此部分进行线性拟合得到悬臂的刚度系数 k（单位为 N/m）；④将刚性材料替换为待测硅胶块体材料，同样记录小球压入和回撤过程的力 F 随位移 x 的变化曲线，要求最大变形深度小于硅胶块体厚度的 1/10；⑤回撤部分的力—位移曲线包含了硅胶弹性变形和悬臂梁变形，首先要对这部分数据进行基准平移，定义开始接触/分离时的初始位移为 0，可求得硅胶真实压入深度 $d = x - F/k$；再根据 Hertz 接触模型 $F = 4/3 E^* R^{1/2} d^{3/2}$，通过曲线拟合可得等效弹性模量 $E^* = E/(1-\nu^2)$；最后可以假设硅胶材料的泊松比ν约为0.5,得到弹性模量。实验中,为了减小粘着和摩擦给Hertz模型带来的偏差,需加入无水乙醇等液体作为润滑剂。

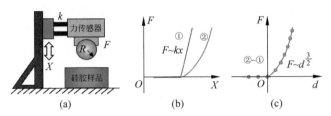

图 2.5　硅胶块体弹性模量测量方法

(a) 实验装置原理示意图;(b) 刚度标定①和样品测试②得到的力—位移曲线;(c) 坐标校正后的力与压入深度曲线,可根据接触模型拟合弹性模量

2.3　表面测试分析方法

表面物理化学性质的分析测试是进一步研究材料宏观和微观表面力学机理的基础。以下章节将对本书中需要用到的表面形貌、化学成分和润湿性测试的装置和方法进行介绍。

2.3.1　表面形貌分析方法

对表面形貌和尺寸的微观尺度分析主要基于光学显微镜(日本KEYENCE公司,型号 VHX-6000),其具有超景深成像功能,最大放大倍数可达1000倍。微纳尺度结构观测可借助扫描电子显微镜(美国FEI公司,型号QUANTA 200 FEG),其主要利用极狭窄的电子束去扫描样品,通过电子束与样品的相互作用产生的二次电子逐点成像突破光学显微镜的衍射极限,可对微观织构形貌和尺寸进行表征。上述方法只能得到表面二维信息,三维白光干涉表面形貌仪(美国ZYGO公司,型号NexView)可实现大尺寸范围的表面三维成像。其原理与迈克尔逊干涉仪类似,但参考镜安装在压电微驱动装置上以便进行高度扫描,通过识别最佳干涉位置即可对测量表面进行三维重构。该方法可对大范围表面的粗糙度、磨痕轮廓以及完整三维形貌进行表征。

三维白光干涉表面形貌仪的高度分辨率可以达到0.1 nm,但水平分辨率仍然受到光学分辨率限制。对小范围表面的精细三维成像可通过原子力显微镜(美国Bruker公司,型号Dimesion ICON)实现。AFM的成像模式基于扫描管的高度反馈系统,如图 2.6 所示,以最常用的轻敲模式为例,探针在外界激励下处于振动状态,当探针扫描样品表面时,形貌高度变化会引起探针与表面距离的改变,距离改变引起探针—样品相互作用力改变,进而引起探针振幅的改变。控制系统以振幅信号为反馈值调节扫描管高度,通过记录每点处扫描管竖直高度和水平位置,再通过对整个面的扫描就可以得到完整的三维形貌。由于轻敲模式下探针没有与表面直接接触,因此对样品损伤很小,也避免了表面水膜的影响,在微观成像中应用较多。

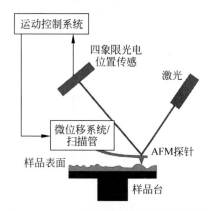

图 2.6 AFM 成像模式基本原理示意图

2.3.2 表面成分分析方法

材料的表面化学组成对界面性质有着重要影响。本书采用 X 射线光电子能谱(日本 Ulvac-PHI 公司,型号 Quantera Ⅱ)对不同表面处理的硅片表面的化学成分、价态和分子组成进行了定性或半定量分析。其基本原理是利用特定频率的单色 X 射线辐照样品表面,光子被样品中某一元素原子轨道的外层电子吸收后,会辐射一定动能的光电子,通过测量光电子动能就可以根据爱因斯坦光电效应方程计算光电子结合能,对应特定原子轨道就可以分析物质的元素种类。当原子所处化学环境不同时,电子结合能也会发生相应改变,对应能谱图中的化学位移,通过进一步的峰拟合和退卷积等操作可以得到元素化学态和分子结构。通过统计不同元素能谱中的峰面积,并考虑不同元素的灵敏因子,XPS 也可以定量地计算不同元素的含量比。需特别说明的是,尽管 X 射线穿透样品可以很深,但是只有近表面的原子才能辐射光电子从而被检测到,其有效探测深度在几纳米以内,因此 XPS 是一种典型的表面分析手段。本书使用的力学测试和表面分析仪器信息见表 2.2。

表 2.2　本书使用的力学测试和表面分析仪器信息

测试类型	设备名称	型号及生产厂家	功　能
力学测试	通用摩擦试验机	UMT-5 美国 Bruker	测量干接触和润滑条件下摩擦副的摩擦系数
	原子力显微镜	Dimension ICON 美国 Bruker	测量表面微观相互作用力
形貌及成分分析	高分辨光学显微镜	VHX-6000 日本 KEYENCE	测量表面的二维形状
	三维白光干涉形貌仪	NexView 美国 ZYGO	测量表面的三维形貌
	X 射线光电子能谱分析仪	Quantera Ⅱ 日本 Ulvac-PHI	测量表层的元素组成、价态和分子结构
	扫描电子显微镜	Quanta 200 FEG 美国 FEI	测量表面的微纳形貌
	原子力显微镜	Dimension ICON 美国 Bruker	测量表面的微纳形貌
固液界面特性分析	接触角测量仪	OCA 25 德国 Dataphysics	测量固—液界面接触角

2.3.3　表面润湿性分析方法

表面润湿性是固—液界面的亲和力的体现，也是固—液界面微观相互作用的宏观体现。接触角是润湿性的度量，其大小体现了固—液界面吸引作用与液体内聚作用的竞争结果。将水接触角 $\theta < 90°$ 的表面称为亲水表面，$\theta > 90°$ 的表面称为疏水表面；进一步地，将 $\theta < 5°$ 的表面称为超亲水表面，$\theta > 150°$ 的表面称为超疏水表面[210]。接触角的测量可以通过光学方法捕捉液滴在固体表面轮廓计算实现，典型商用仪器包括德国 Dataphysics 公司的 OCA 25 型视频接触角测量仪。

理论上，固体和液体的表面能和界面能决定了最终的热力学平衡状态，它可以由 Thomas Young[211] 在 1805 年提出的经典润湿公式 $\gamma_{lg} \cos\theta + \gamma_{sl} - \gamma_{sg} = 0$ 描述，其中 γ_{lg} 为液—气界面能（g 为真空或空气时也可以称为液体表面能 γ_l），γ_{sl} 为固—液界面能，γ_{sg} 为固—气界面能（g 为真空或空气时也可以称为固体表面能 γ_s），θ 为热力学平衡接触角。理论接触角对于理想表面应该是唯一确定的，然而，真实固体表面由于局部缺陷、粗糙度、污染等原因,会出现接触角迟滞现象。所谓迟滞是指液滴接触角可以在一定范围内稳定存在,其中最大的接触角称为前进角 θ_A,最小的接触角称为后退角 θ_R。实验中,前进角可以通过向固体表面放置的液滴中缓慢加注液体得到。加注过程,液滴三相线最初会保持不变,接触角逐渐增大,直到液滴三相线突然向外蠕动,此时的最大接触角即为前进角。同理,从液滴中不断抽取液体,直至三相线发生收缩时的最小接触角即为后退角,如图 2.7 所示。

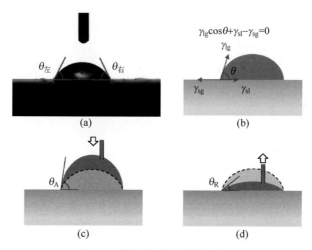

图 2.7 接触角测试原理和方法

(a) 通过液滴在固体表面轮廓计算接触角;(b) 界面张力和接触角关系;(c) 前进角测量方法;(d) 后退角测量方法

2.4 界面力学实验分析方法

2.4.1 可控环境的摩擦磨损实验装置

摩擦磨损实验是本书工作的基础,一般材料之间的黏附摩擦测试可以通过美国 Bruker 公司开发的 UMT-5 型通用摩擦磨损试验机实现。其原理如图 2.8(a)所示,下试样(通常为块体或圆盘)安装在转盘上随电机一起进行旋转运动,上试样(通常为球)通过悬臂夹具固定在二维力传感器上,并整体随竖直方向精密位移台运动实现加载、卸载和力控等操作。在进行摩擦测试前,需进行下试样调平操作,避免斜面支撑力的横向分量影响;还需进行上试样对中操作,保证实际所需回转半径。根据摩擦过程实时记录(最大支持 100 Hz 采样)的摩擦力和载荷可以计算摩擦系数 $\mu = F_f/F_n$,其中

F_f为横向摩擦力,F_n为法向载荷。同样,也可以记录法向力在加载卸载过程的力—位移曲线,进行宏观粘附力测试。

摩擦磨损实验中,环境温度和湿度的变化可能会对分子吸附、液体粘度、固体表面氧化等产生显著影响,进而影响摩擦磨损行为。本书基于UMT-5型试验机改造的可控环境的摩擦磨损装置,如图2.8(b)和(c)所示,具有温湿度及氧含量检测和调控功能,包括五个基本模块:①实验腔体,由耐腐蚀、保温性好的聚四氟乙烯(polytetrafluoroethylene,PTFE)材料制作,在摩擦磨损测试区域周围构造准密闭空间;②温度模块,由热电偶、PTC陶瓷加热片、温控器组成,用于实验腔体内控温;③湿度模块,由湿度传感器测量腔体内环境湿度,通过单片机控制的电磁阀调节干、湿两路气体通道的通断时间,实现腔体内湿度控制;④目标气氛模块,用于检测和控制目标气氛含量(如氧气);⑤数据采集模量,基于Labview的上位机软件来实现相应环境参数传输、设置、监测、存储等功能。

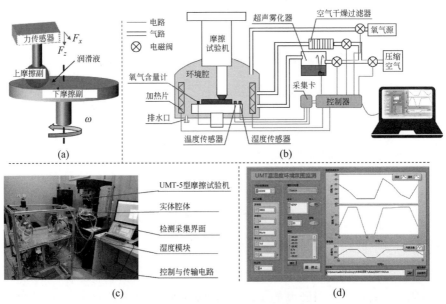

图 2.8 可控环境的摩擦磨损装置

(a)摩擦实验原理图;(b)可控环境的摩擦试验机原理示意图;(c)可控环境的摩擦磨损装置实物;(d)上位机程序界面

2.4.2 原子力显微镜及实验方法

原子力显微镜是一种测量微纳尺度表面形貌和界面相互作用力的仪

器。其基本原理是,利用微型悬臂作为力敏感元件,其末端的受力与变形符合胡克定律;悬臂的微小变形由光束偏转法测量,固态二极管发出的激光在悬臂梁背面反射,并由位置敏感检测器(position sensitive detector,PSD)测量。位置敏感检测器由四象限的光电二极管组成,通过差分放大器输出计算得到法向和横向偏移量。悬臂梁末端可以修饰为针尖或胶体材料,用来测试其与样品表面的相互作用力。探针系统安装在微位移系统,可实现亚纳米级精度的 x、y、z 方向移动和扫描。本书中所用原子力显微镜为美国 Bruker 公司的 Dimension ICON 型 AFM。

AFM 成像模式是基于测到探针与表面的相互作用的反馈控制,其原理已在 2.3.1 节进行了介绍。AFM 界面力的测量可分为法向力测量和横向力测量。其中,法向力测量是为了得到探针针尖或胶体与样品表面之间相互作用力与表面距离的函数,也常被称为力—位移曲线测量;力—位移曲线测量被广泛用于研究原子间化学键力、范德华力、卡西米尔力、液体中的溶剂化力、双电层力等。其基本测量方法是控制探针法向靠近表面到特定力阈值,再控制探针以一定速度从表面回撤,得到悬臂的偏转量和压电位移之间的函数。通过 z 向悬臂刚度(spring constant,单位为 N/m)和光偏转灵敏度(sensitivity,单位为 m/V)的标定,可以换算得到表面相互作用力与表面距离之间的函数。其中,悬臂刚度可以基于热扰动法拟合悬臂梁一阶共振峰得到,灵敏度可以从探针与蓝宝石等硬质表面的力—位移曲线的斜线段斜率得到。上述标定方法在大多数商用 AFM 软件中都能够直接实现。

横向力测量是为了研究探针材料与样品材料的微观和原子尺度摩擦行为。横向力测量通过控制悬臂以特定法向载荷接触样品表面,并在垂直于悬臂方向进行横向扫描;摩擦力会对悬臂梁形成扭转力矩从而引起测量光束的横向偏转。因此,横向力测量除了需要进行悬臂法向刚度和光偏转灵敏度标定,还需要标定横向系数(单位为 N/V),即 PSD 测到的横向偏移电压值与横向力的转换系数。常用的横向系数标定方法包括悬浮热解石墨标定法[212-213]和楔形光栅标定法[214-215]。其中,悬浮石墨标定法利用 HOPG 薄片的抗磁性在永磁体底座上形成悬浮钉扎系统,标定过程需记录探针与悬浮 HOPG 静摩擦接触并共同横向移动单位长度的偏转信号(单位为 V/m),再根据 HOPG 悬浮钉扎系统的等效弹簧刚度(单位为 N/m,由一阶振动频率和质量得到)直接得到横向系数,如图 2.9(a)所示。该方法的数据后处理方便,对不同类型探针都能较好适用,缺点是无法用于液相环境标定。楔形标定法需要用到具有楔形沟槽结构的反射光栅,记录探针在光栅平面部分和斜坡部分的横向偏转,根据部分摩擦系数相等建立力平衡方程组,联立求解可得横向系数,如图2.9(b)所示。楔形标定方法可用于液相标定,但后处理较为繁琐,需要提取对应位置的去程(trace)和回程(retrace)摩擦曲线,选择平面区域和斜面区域位置,提取摩擦曲线的特征量,并求解方程组。本书编写了横向系数半自动标定程序,并设计了图形用户界面(graphical user interface,GUI)方便上述操作,如图2.9(c)所示。

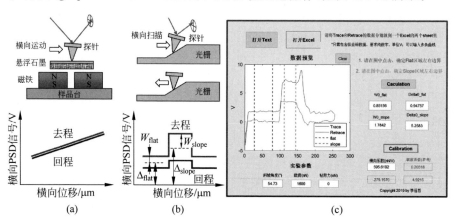

图 2.9 AFM 横向系数标定原理

(a)悬浮热解石墨标定法原理示意图;(b)楔形光栅标定法原理示意图;(c)基于楔形光栅标定法的 GUI 界面

2.5 图像采集分析系统

图像手段可非接触地测量丰富的表界面信息。近年来,相机系统硬件性能的不断提高以及各种先进图像算法的不断发展,为基于图像的界面力学研究提供了更多可能。

2.5.1 结构与硬件组成

对接触面的光学图像分析依赖于透明材料,因此适用材料通常为玻璃、硅橡胶(polydimethylsiloxane,PDMS)、有机玻璃(polymethyl methacrylate,PMMA)等。被测材料安装在运动位移台(日本 SIGMAKOKI 公司,OSMS20-85 型)上,通过连接控制器(日本 SIGMAKOKI 公司,SHOT-702 型)实现程序控制法向加卸载和横向摩擦运动。光源的布置有两种，一种是与相机同侧，采用反射式照明，适合整个表面观测；另一种基于受抑内全反射原理，在透明材料的周向照明，适合接触区观测。

相机的选择需根据任务类型确定所需帧率、分辨率及配套镜头。对于高帧率测量需求，本书采用的相机为德国 Optronis 公司的 CL600×2/M 高速相机，其全画幅在 1280×1024 分辨率下的帧率为 500 fps、在 640×480 分辨率下的帧率可达 1920 fps。对于立体视觉拍摄需求，本书所用双目相机为武汉莱纳机器视觉公司的 LenaCV CAM-AR0135-3T16 型可变基线相机模组，其在硬件层面调制双目图像传感器时序同步，并拼接双目凸显为一帧图像输出，通过 USB 3.0 接口连接 PC 机进行通信，全画幅双目拼接图像在 2560×1024 分辨率下的帧率为 30 fps、在 1280×480 分辨率下的帧率可达 90 fps。对于微观拍摄需求，可将其替换为两个小型数码显微相机（深圳超眼科技有限公司的 Supereyes B011 型数码显微镜搭配 L10 型号镜头），通过 USB 接口连接 PC 机，工作距离为 10~40 mm，最大放大倍数为 500。通过编写的基于 Matlab 平台的 GUI 上位机程序，两个显微摄像头可实现同步双目捕捉。

本书基于视觉系统主要进行了两类力—图像同步测量实验，如图 2.10 所示。第一类为手指摩擦实验，手指和相机系统的空间位置固定，位移台带动透明摩擦副材料进行相对运动，同时记录过程的力学和接触区图像信息。其优势在于接触区图像在视野中不变，便于原位观察演变信息。第二类是摩擦、动物爬行等测量实验，相机系统与透明介质材料固定，被测物体与上表面接触，其优势在于相机与支撑结构相机一体可以避免反复标定，适用于多样化的接触测量需求。

2.5.2 基本图像处理算法

相机系统采集的原始图像，需要经过必要的图像处理。这不仅是图像信息的存储、传输和表示的需要，也是为了方便人们进行理解及进一步的机器自动理解。根据输出信息的不同，图像处理可以分为三个层次：低级图像处理输出结果仍为图像，主要包括图像降噪、增强、锐化等修饰处理；中级图像处理输出图像属性，主要包括图像特征提取等；高级图像处理输出为图像语义信息，主要包括图像相关的人工智能算法。

由于实际成像系统、传输介质和记录设备都并非理想，数字图像在形成、传输和记录过程往往会受到噪声污染。滤波是基本的图像预处理操作

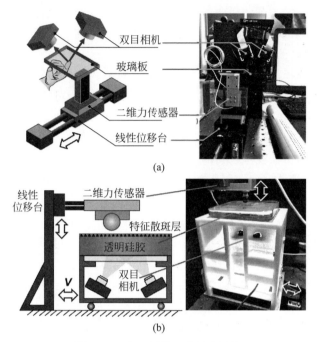

图 2.10　力—图像同步采集系统
(a) 空间固定相机模式下的手指摩擦实验装置；(b) 内嵌相机模式下的接触应力测量实验装置

之一，其目的是在尽可能保留图像细节特征的基础上，对高频图像噪声进行抑制。滤波操作包括实域滤波和频域滤波。其中，频域滤波是利用噪声的高频特点，对图像矩阵进行二维傅里叶变换或小波变换，在频率域对高频信息进行抑制，再通过逆变换得到滤波后的图像。实域滤波则是通过特定滤波算子的卷积操作，根据所用滤波算子的不同可分为高斯滤波、均值滤波等线性滤波和中值滤波、双边滤波等非线性滤波。其中，双边滤波算法能够在降噪的同时尽可能保留边缘信息，是一种非常简单实用的降噪算法，典型案例如图 2.11 所示。原始图片为引入随机噪声的校园风景图，高斯滤波虽然可以通过局部平均消除噪声，但是也会对图中其他信息进行模糊；双边滤波算法考虑空间距离和灰度距离两个权重，在图像平坦区域进行高斯滤波，在图像梯度较大区域保护边缘信息，从而实现保持边缘同时降噪平滑的自适应滤波效果。

边缘特征是图像信息的主要成分。进行图像边缘检测之前通常需要对彩色图像进行灰度化处理，常用图像灰度化方法是利用人眼对绿色敏感度

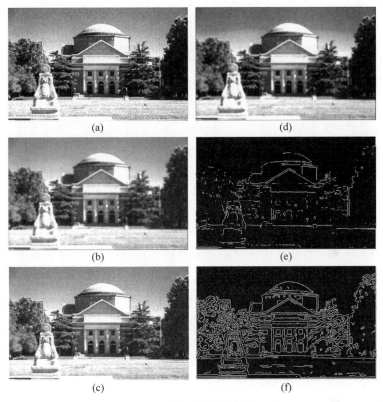

图 2.11　图像滤波与边缘算法示例

(a) 引入白噪声的原始图像；(b) 高斯滤波处理后的图像；(c) 双边滤波处理后的图像；(d) 高斯滤波后的灰度图像；(e) Sobel 算子边缘提取图像；(f) Canny 算子边缘提取图像

注：图 2.11(b) 中高斯卷积核尺寸为 10，衰减半径为 5；图 2.11(c) 中卷积核尺寸为 5，空间衰减半径因子为 3，亮度衰减半径因子为 0.1。

高、对蓝色敏感度低的特点对 RGB 三通道信息进行加权平均。图像边缘检测的基本原理是捕捉灰度突变的位置，这一过程可以通过合适的微分算子的卷积实现。基础的边缘检测算子包括 Roberts 算子、Prewitt 算子和 Sobel 算子等，它们都能利用灰度梯度得到边缘信息。但是这些基础算子对噪声较为敏感，提取的边缘线也可能不够完整。Canny 算子是一种较为先进、也较常用的边缘提取算法，它理论上能够提取最优的图像边缘[216]。其实现思路是：①利用高斯滤波对图像进行降噪处理；②计算图像的梯度大小和梯度方向；③针对一般梯度图像边缘粗宽、噪声大等问题，结合方向信息对梯度图像进行非极大值抑制；④使用双阈值对边缘像素进行连接，剔除可能存在的伪边缘，典型案例如图 2.11 所示。对高斯滤波之后的灰度图像进行边缘提取，Sobel 算子得到的边缘轮廓稀疏且不连续，Canny 算子可以提取到较为连续的轮廓特征，并且轮廓厚度通常只有 1 个像素。

图像匹配是机器视觉领域的经典问题之一，根据匹配原理可以分为基于灰度匹配、基于特征匹配和基于关系匹配三个层次。其中灰度匹配是通过定义二维滑动窗口，以窗口图像与模板图像的某种"距离"最小作为匹配判据，常用的匹配算法包括误差平方和、归一化互相关等。基于灰度匹配的主要优点是原理简单、计算量较小。基于特征匹配包括关键点检测、关键点特征描述和关键点匹配三个步骤。关键点通常为图像中的稳定结构点或事件点，通常根据亮度特征和边缘特征确定，理想的关键点需要具有旋转不变形、尺度不变形、强度不变形和仿射不变形等特点。常用关键点检测算法包括 Harris 角点、尺度不变特征转换（scale-invariant feature transform，SIFT）算法等。关键点描述需满足不变性与独特性，方便对不同图像中检测到的特征点进行相似性匹配。典型描述符（如 SIFT 特征使用的基于梯度的定向直方图描述符）的原理是将关键点及其邻域划分为 4×4 的网格区域，统计每个区域的 8 个方向的梯度信息，用这样的 128 维向量表达关键点位置、尺度和方向信息。关键点匹配过程需要选择合适距离度量，比较描述符之间的距离，寻找最佳匹配。基于关系匹配主要基于深度学习中的语义关系匹配，在此不再赘述。

随着深度学习技术的发展，各种先进图像处理算法层不出不穷。其中，卷积神经网络（convolutional neural network，CNN）是深度学习中的常用模型之一，在图像分类识别等任务中应用广泛。神经网络的基本组成包括输入层、隐藏层和输出层，其中输入层一般为预处理（包括去均值、归一化等）之后的图像张量，输出层根据回归、分类等不同任务，对应不同维度数组输出。CNN 网络的特点在于其隐藏层由若干卷积层、激活函数、池化层组成的基本网络单元组成。其中，卷积层由卷积核组成，以一定滑动步长对上一层数据进行卷积运算（严格意义上为互相关运算），达到对上层图像信息特征提取的目的；激活层为某种非线性函数，典型的如 ReLU、sigmoid 等，否则神经网络模型仅仅是一系列线性变换；池化层是一种下采样操作，可以在保留数据特征的同时降低数据维度。若干隐藏层单元最后通过一个全连接层连接到输出层，实现最终信息融合的效果。图 2.12 展示了卷积神经网络开山之作、最早的深度学习网络之一的 LeNet-5 网络模型，它可以实现对手写字符的高效识别[217]。该网络结构的每个卷积层均包含了卷积函数、池化函数和激活函数三个模块,奠定了 CNN 网络的基本模式。相比传统神经网络处理时逐像素全连接网络,LeNet-5 通过卷积的局部感受野和权值共享机制,以及层与层之间稀疏连接的特点,能够以较小的训练参数实现高维特征提取;配合池化层的信息蒸馏能力,降低了图像平移和变形的敏感性,最终实现深层语义的输出。

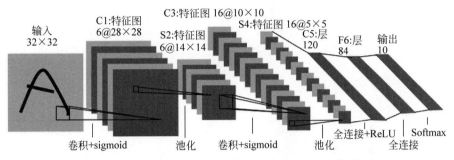

图 2.12　典型卷积神经网络 LeNet-5 结构示意图[217]

2.5.3　基于图像的形变场测量

图像方法因其高精度、非接触测量的特点,在力学测量中具有独特优势。其中,DIC 方法具有对表面形变场非接触测量能力,在工程技术和力学研究等领域中具有广泛应用[218]。DIC 测量的一般步骤是在被测物体表面布置高对比度的随机散斑,采用一台或多台相机对其进行图像采集,在后处理中利用散斑图案的特征匹配,获得不同受力状态下相对于初始未变形状态的形变特征,如图 2.13 所示。

待测表面的散斑是图像信息处理的重要特征来源,需要具有高对比度、随机分布等特点。理想的散斑占据 3～5 像素[220]。在表面布置散斑的方式有多种,本书主要使用喷漆和转印两种方法。前者使用广州保赐利化工有限公司生产的哑光黑型手喷漆,在距离目标表面 1～2 m 处向目标上方喷射,自动飘落的雾化油漆可以得到均匀细小的散斑;后者采用程序生成的随机散斑图案,打印到魔术文身贴纸上,再转印至目标表面。其中,喷漆法可以得到微米级尺寸散斑,但是散斑质量非常依赖制备工艺[221];转印法散斑质量稳定,尺寸可控,但很难得到 100 μm 以下的高质量散斑。

采集到散斑图像后,可以通过跟踪变形前后图像中同一像素点位置变化来获得表面的变形信息。2.5.2 节介绍过,图像匹配的方法主要包括基于灰度匹配和基于特征匹配。为了得到全局的变形场,DIC 算法采用灰度

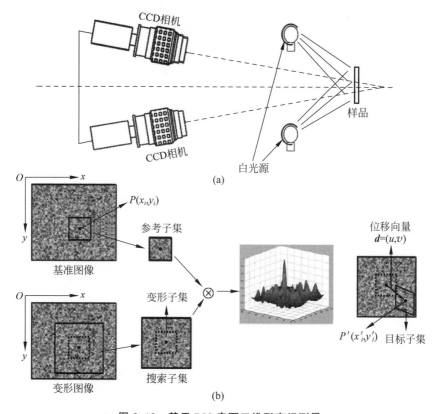

图 2.13 基于 DIC 表面三维形变场测量

(a) 三维形变场测量装置结构示意图；(b) 基于图像特征匹配的形变场计算原理[219]

相关性匹配，首先在未变形图像上选择大小为 $m \times n$ 区域单元作为参考子集 $f(x,y)$，在变形后图像中以相同区域大小确定搜索子集 $g(x,y)$ 进行遍历，计算每个搜索子集与参考子集的相关系数，取相关系数极值点对应位置为目标子集中心点位置。为了考虑参考子集内可能的变形，还需要给定子集内像素点的位移运动模式，较为常用的假设为常应变。相关系数的计算有多种类型，常用的零均值归一化互相关函数表达式为[218]

$$C = \sum_{i=1}^{m}\sum_{j=1}^{n} \frac{[f(x_i,y_j)-f_m] \times [g(x'_i,y'_j)-g_m]}{\sqrt{\sum_{i=1}^{m}\sum_{j=1}^{n}[f(x_i,y_j)-f_m]^2}\sqrt{\sum_{i=1}^{m}\sum_{j=1}^{n}[g(x'_i,y'_j)-g_m]^2}}$$

(2-1)

式中，f_m 和 g_m 分别为对应参考子集和目标子集的灰度均值。通过去均值

第 2 章 实验装置及方法

和归一化操作，这类互相关函数对图像灰度值的整体变化不敏感，具有较高的计算精度和鲁棒性。需要注意的是，子区大小的选择对相关计算的效果影响较大，如果子区太小散斑信息太少，会使计算误差较大；如果子区太大，相邻的子区间差异不明显，会造成误匹配。本书选取的子区大小为半径 13 像素区域，子集匹配迭代计算的收敛误差值设为 5×10^{-7}。本书所用的三维 DIC 算法主要基于 Matlab 平台（美国 Mathworks 公司 2018 版本）的开源工具包 MultiDIC[222] 及其内嵌的二维 DIC 开源工具包 Ncorr[223] 实现。

2.6 本章小结

本章主要从实验装置与方法原理两方面，详细介绍了本书中实验材料的制备工艺和属性、设备的功能和原理以及数据分析方法。主要内容如下：

（1）在宏观和微观摩擦实验中，选择不同晶面蓝宝石盘和表面处理的硅片作为摩擦副，利用通用摩擦实验机和 AFM 等设备研究表面能和表面力对界面摩擦润滑行为的影响。使用三维白光干涉形貌仪、SEM、AFM、XPS 等研究分析表面形貌和成分，据此分析界面摩擦机理。通过各种界面力学实验装置，研究摩擦触觉的规律和人手抓取物体的行为规律。借助图像捕获和各种图像处理算法，实现对界面接触和形变信息的测量。

（2）本书充分利用各种力学表征手段与图像测量手段开展研究工作。第 3 章使用摩擦实验机和 AFM 设备研究不同表面能的硅片和蓝宝石片的界面摩擦粘着性能，并使用 SEM、XPS、接触角测量仪等分析界面物理化学性质，揭示表面力在水润滑中的关键作用。第 4 章使用硅胶材料和图像方法，设计了一种可以测量动态界面三维接触应力的方法和装置。第 5 章基于力学测试系统和图像分析方法，研究人手摩擦触觉感知机理和抓取行为规律。第 6 章综合利用上述方法，设计力触觉传感装置并应用于机械手灵巧抓取。

第 3 章　润湿依赖性的表面力对水润滑影响

3.1　引　言

摩擦在自然界中广泛存在,但实际摩擦的体系常常会存在一些润滑介质。由于水在自然界的普遍存在性和生物依存性[76],水对固—固摩擦行为的影响非常普遍和重要。以人手抓取物体的过程为例,由于皮肤内丰富的汗腺,手指表面过多的汗液会引起打滑;在潮湿环境中,手指皮肤会吸水软化并产生褶皱,在一定程度上起到了增加摩擦的作用;在水中抓取光滑鱼类时,往往需要更大的力才能稳定抓取。水对摩擦行为的影响有多种方式。少量水吸附在固体表面时,两固体的粗糙峰之间会形成微小液桥引起毛细作用,通过附加粘附作用增大摩擦,界面吸附水也可能呈现不同于体相水的性质,通过额外的氢键作用增加摩擦。当摩擦界面充满水介质时,液桥的边缘效应消失;当固体相对运动较快时,会引起动压润滑效应或弹流润滑效应,固体表面被水完全隔开从而显著减小摩擦。这两种情况已经有广泛而系统的研究(详见 1.3.3 节)。

当摩擦界面充满水介质,而固体表面相对运动速度不太快或者接近静止时,两个固体会出现部分或全部的直接接触的边界润滑状态;边界润滑状态也是人手在水介质中进行表面触觉感知和抓取物体等行为时的主要状态。相对于干接触状态,边界润滑状态下的水分子会显著影响两个表面之间的范德华力,并可能引入包括氢键作用、双电层力、水合力、疏水力等其他表面力作用。这些表面相互作用力是影响物体间摩擦力和粘附作用的根本因素。然而,各种表面力的来源本身就很复杂且存在争议,其对摩擦润滑的影响机理更需要进一步阐明。

本章将以表面润湿性这个固—液界面相互作用的热力学度量出发,通过理想摩擦材料构建合适的实验体系,控制表面润湿性单一因素的变化,系统研究表面力对不同润滑状态、特别是边界润滑状态的重要影响和机理,为后续皮肤粘着摩擦模型构建和水环境的抓取研究提供理论支持。

3.2 润湿性对不同润滑状态的影响

3.2.1 固—液界面作用的热力学度量

水介质不仅会影响固—固表面间原有范德华力作用,还会引入多种其他形式的表面力。这些表面间的相互作用对界面摩擦、黏附和润滑行为有着重要影响。对固体表面润湿性的调控可以在不改变表面形貌和体相性质的情况下,对介质中的表面力进行调控。润湿性是固—液相互作用的热力学度量,固体和液体的表面能和界面能决定了固—液界面的热力学稳定状态,它可以由 Thomas Young[211] 在 1805 年提出的经典润湿公式(以下称为 Young 方程)描述:

$$\gamma_{lg}\cos\theta + \gamma_{sl} - \gamma_{sg} = 0 \tag{3-1}$$

式中,γ_{lg} 为液—气界面能(g 为真空或空气时也可以称为液体表面能 γ_l);γ_{sl} 为固—液界面能;γ_{sg} 为固—气界面能(g 为真空或空气时也可以称为固体表面能 γ_s);θ 为液滴在固体表面上的接触角。该公式可以从自由能理论或三相线处受力平衡等多个角度来理解,其重要意义在于将润湿性与物质的表面能或界面能联系起来,而后者则与表面力密切相关。

Young 方程与粘着功的概念结合可以得到著名的 Young-Dupre 方程,它描述了固—液界面作用强度(粘附功)与接触角的关系[224]:$W_{sl} = \gamma_l(1+\cos\theta)$。可以看到,固—液界面的亲和力可以通过特定液体(如水)的接触角来表征。除了材料本身的体相性质外,表面基团(如羟基等亲水基团)、表面电性(如电润湿)、表面粗糙度等也会影响接触角大小[40]。其中表面粗糙度影响的是表观接触角,并没有改变固—液界面作用强度;电润湿需要借助外场调控,一般需要导体材料;表面处理可以在只改变表层原子基团的情况下对表面能进行显著改变,是进行表面力调控的理想手段。本书采用氧等离子处理和空气退火,可实现硅片和 PDMS 的接触角从超过 90°到接近 0°的调节。

理想情况下,接触角的测量可以采用直接放置液滴得到(见 2.3.3 节),但是这样得到的接触角并非 Young 方程所描述的热力学平衡接触角,只有热力学平衡接触角才能反映固—液界面的热力学性质和界面相互作用。但是实际工况下,由于真实表面并非理想表面,接触角迟滞现象的存在使得平衡接触角并不能直接得到。一种可行的近似方法是 R. Tadmor[225] 提出的通过接触角迟滞数学模型计算平衡接触角。该迟滞模型通过引入与固体表

面缺陷相关的线能量因子 k 来描述接触角迟滞行为,考虑液滴铺展的热力学过程的能量平衡,可得

$$\gamma_l \frac{dA_{lv}}{dA_{sl}} + \gamma_{sl} - \gamma_{sv} - k\frac{dL}{dA_{sl}} = 0 \tag{3-2}$$

式中,γ_l,γ_{sl},γ_{sv} 分别代表液—气、固—液、固—气界面的界面能;A_{lv},A_{sl},A_{sv} 分别代表液—气、固—液、固—气界面的面积;L 为三相接触线的长度。假设液滴体积不变、液滴与固体的接触形状为球冠形状,根据几何关系可得

$$\frac{dA_{lv}}{dA_{sl}} = \cos\theta \tag{3-3}$$

$$\frac{dL}{dA_{sl}} = \left(\frac{\frac{\pi}{3}(2 - 3\cos\theta + \cos^3\theta)}{V\sin^3\theta}\right)^{1/3} \tag{3-4}$$

代入方程(3-2)可得

$$\gamma_l\cos\theta + \gamma_{sl} - \gamma_{sv} - k\left(\frac{\frac{\pi}{3}(2 - 3\cos\theta + \cos^3\theta)}{V\sin^3\theta}\right)^{\frac{1}{3}} = 0 \tag{3-5}$$

注意,当 $k=0$,即不考虑固体表面缺陷引起的线接触能时,式(3-5)可退化为不考虑接触角迟滞的经典 Young 方程,此时的平衡接触角记为 θ_0。特别地,若假设固体表面的缺陷均匀,其对前进角 θ_A 和后退角 θ_R 的阻力作用应该是相等的,则最大的前进角和最小的后退角对应的 k 应该数值相等但符号相反。在此假设下,可将平衡接触角表达为

$$\theta_0 = \arccos\left(\frac{\Gamma_A\cos\theta_A + \Gamma_R\cos\theta_R}{\Gamma_A + \Gamma_R}\right) \tag{3-6}$$

式中,定义 $\Gamma_A = \sin^3\theta_A/(2-3\cos\theta_A+\cos^3\theta_A)^{\frac{1}{3}}$;定义 $\Gamma_R = \sin^3\theta_R/(2-3\cos\theta_R+\cos^3\theta_R)^{\frac{1}{3}}$。据此计算的不同表面处理的硅片表面的平衡接触角如图 3.1 所示。注意到考虑通过多次平均得到的静态接触角到与通过接触角迟滞得到的理论接触角仅有极小偏差,因此本实验中静态接触角的多次平均代替平衡接触角的处理并不削弱研究结论的可靠性。

在得到平衡接触角后,为了根据 Young 方程或 Young-Dupre 方程求得各体系表面能,还需要明确表面能与界面能的关系。一般来说,由于中性物质之间的相互作用可以用 Lifshitz 理论的范德华力描述[40],且对于大多

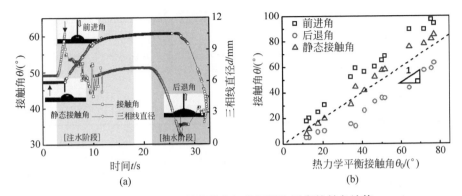

图 3.1　硅片表面的接触角迟滞测量和平衡接触角计算

(a) 通过向液滴中缓慢注水—抽水的步骤测量前进角和后退角；(b) 基于接触角迟滞模型计算的热力学平衡接触角与测量接触角的比较

数物质色散项（记为 d）主导的情况下，固—液界面能可以表示为 $\gamma_{sl} = (\sqrt{\gamma_s^d} - \sqrt{\gamma_l^d})^2$。但是，这种计算方式没有包含氢键等强极性作用组分，当涉及水这类极性物质的表面能和界面能计算会不准确。为了解决这一问题，Van Oss、Chaudhury 和 Good 等[226]提出，极性介质中极性固体之间的相互作用需要考虑范德华色散作用和（Lewis）酸—碱极性相互作用（记为 p）。按此理论，物质的表面能主要包含范德华力色散项和酸—碱极性项，即 $\gamma = \gamma^d + \gamma^p$，其中 $\gamma^p = 2\sqrt{\gamma^+ \gamma^-}$，$\gamma^+$ 代表极性项中的（Lewis）酸组分，γ^- 代表极性项中的（Lewis）碱组分。固—液界面能也可以表示为 $\gamma_{sl} = \gamma_{sl}^d + \gamma_{sl}^p$，其中极性项 $\gamma_{sl}^p = 2(\sqrt{\gamma_s^+} - \sqrt{\gamma_l^+})(\sqrt{\gamma_s^-} - \sqrt{\gamma_l^-})$。不同于界面能的范德华力色散项 γ_{sl}^d 一定为正值，界面能的酸—碱极性项 γ_{sl}^p 是可以为负的。考虑到固—液界面的粘附功同样包含两部分，Young-Dupre 方程将具有如下形式

$$W_{sl} = \gamma_l(1+\cos\theta) = 2(\sqrt{\gamma_s^d \gamma_l^d} + \sqrt{\gamma_s^+ \gamma_l^-} + \sqrt{\gamma_s^- \gamma_l^+}) \quad (3-7)$$

基于方程(3-7)，可以测量三种已知色散项参数和酸—碱极性参数的三种液体（以下称为探针液体）在某一固体表面的平衡接触角，从而计算出固体的表面能组分（γ_s^d，γ_s^+ 和 γ_s^-）。本书选用 α-溴苯（非极性液体）、乙二醇（极性液体）和水（极性液体）作为探针液体，其表面能参数如表 3.1 所示，在不同表面处理的硅片和不同蓝宝石晶面上的所测接触角如表 3.2 所示。据此，可求得不同亲疏水硅片表面的表面能参数如图 3.2 所示。

表 3.1　三种探针液体的表面能参数[227]

液体类型	表面能 γ/(mN/m)	色散项 γ^d/(mN/m)	极性项 γ^p/(mN/m)	酸组分 γ^+/(mN/m)	碱组分 γ^-/(mN/m)
水	72.8	21.8	51	25.5	25.5
乙二醇	48	29	19	1.92	47
α-溴苯	44.4	43.5	0.9	(0.45)	(0.45)

注：括号中参数为估计值。

表 3.2　三种探针液体在不同表面的接触角

表面类型	水/(°)	乙二醇/(°)	α-溴苯/(°)
HF 处理的硅片	88.6 ± 0.9	60.3 ± 3.5	22.3 ± 3.4
氧等离子处理的硅片	8.1 ± 0.4	12.5 ± 2.1	15.0 ± 1.2
退火 5 min 的硅片	18.5 ± 3.9	9.1 ± 1.7	16.2 ± 0.8
退火 10 min 的硅片	31.7 ± 3.2	12.9 ± 1.6	18.2 ± 2.1
退火 15 min 的硅片	44.8 ± 1.9	17.64 ± 4.3	21.9 ± 1.8
自然氧化硅片	77.4 ± 5.8	47.7 ± 4.7	26.5 ± 4.0
蓝宝石 C 晶面	53.1 ± 2.1	40.9 ± 1.5	24.5 ± 1.2
蓝宝石 A 晶面	83.6 ± 4.1	52.8 ± 3.2	23.3 ± 1.8

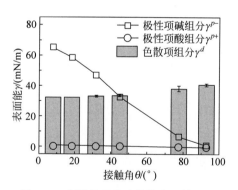

图 3.2　表面处理后硅片的表面能组分

根据图 3.2 可知，不同表面处理的硅表面的范德华色散项 γ^d 几乎保持不变。考虑到基于 Lifshitz 理论预测的范德华力作用强度主要由材料的介电常数和折射率等体相参数决定，这与本书采用表面处理主要影响表面化学基团而对体相性质影响不大的假设一致。极性项中，(Lewis)酸组分 γ^+ 远小于碱组分 γ^-，这意味着硅片表面接触角的改变主要由 γ^- 单一组分决定，这就为通过控制单一表面能变量研究表面力在摩擦润滑中的作用提供了理想实验对象,并为后续章节借助润湿性量化表面能的贡献提供了有效手段。

3.2.2 润湿性影响的 Stribeck 曲线

3.2.1 节已经初步建立了润湿性这一宏观热力学参数与固—液界面能和表面能之间的关系,并提供了研究表面力在摩擦润滑中的作用的理想实验对象。本节将在宏观摩擦实验中系统开展表面力在不同润滑状态的影响研究。实验对象上,考虑到抛光硅片通常较为薄脆,不宜进行高载荷的宏观摩擦实验;同时硅片和蓝宝石片弹性模量(数十到数百 GPa)较高,接触压强较大,水润滑环境需要高速才能到达动压润滑区间。为了得到描述完整润滑状态的 Stribeck 曲线,本节将采用 PDMS 硅橡胶作为实验材料,其表面光滑(纳米量级),弹性模量较低(兆帕量级),具有一定强度,其经过氧等离子体和退火处理,也可以呈现和硅片同样的表面能调控范围,是理想的宏观摩擦实验材料。

实验装置采用 UMT-5 型摩擦磨损试验机,上摩擦副为直径 12.7 mm 的氮化硅陶瓷球,下摩擦副为厚度 10 mm 的 PDMS 块体,通过硬球压入实验得到的等效弹性模量约为 2 MPa。PDMS 块体本征接触角约为 110°,经过改变氧等离子体处理时间和退火时间,可得到接近 20°和 70°接触角的两种相对稳定的不同表面能表面。实验中为了等效地增加试验工况,使用纯水(室温粘度 0.85 mPa·s)和质量占比 75% 甘油水溶液(室温粘度 32.5 mPa·s)作为润滑剂。在实验过程中,将 50 μL 润滑液加入接触区,载荷控制在 2 N,对应的最大接触压力约为 0.3 MPa。通过调整下摩擦副转速调节上下摩擦副相对滑动速度从 0.25 mm/s 到 40 mm/s 变化,每个速度保持 60 s,这一过程中摩擦系数可以达到相对稳定,且摩擦表面未发生明显形貌变化。所有实验均在室温 25℃和相对湿度 40% 左右的环境中进行,这一点可通过 2.4.1 节介绍的可控环境的摩擦实验装置实现。

为了得到完整的 Stribeck 曲线,对同一表面的水润滑和甘油水润滑溶液结果进行归一化处理,处理的原则参考轴承数的定义,以粘度与速度的乘积作为横坐标,以摩擦系数作为纵坐标,结果如图 3.3 所示。根据摩擦系数的变化趋势,润滑状态可分为边界润滑、混合润滑和动压润滑三个阶段。其中,动压润滑阶段,润滑液将上下表面完全分隔开,流体行为主导了摩擦行为,不同表面能的 PDMS 表面的润滑性能一致;在相对低速的混合润滑和边界润滑区间,固体表面相互作用逐渐主导,不同表面的摩擦性能表现出明显差异,更亲水的表面具有更低的摩擦系数。

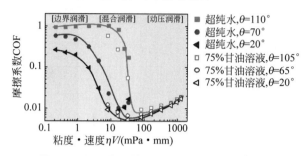

图 3.3 不同润湿性 PDMS 表面 Stribeck 曲线

理论上,固体表面能或固—液界面能对摩擦润滑的影响可能通过多种途径。其一,在动压润滑阶段,低的固—液界面相互作用可能引起边界滑移,从而降低流体动压效果[228]。其二,在边界润滑和混合润滑阶段,两摩擦副表面间距可能只有纳米量级,此时的液体处于受限空间[229-230],不同表面能的表面对液体分子的束缚能力可能存在差异,导致受限空间的液体粘度可能与体相存在显著差异。其三,不同表面在水介质中的表面力存在显著差异,典型如亲水表面的水合力和疏水表面的疏水相互作用。其中,研究人员对于边界滑移的影响已有广泛认识,对滑移长度与表面能(润湿性)的关系[231]及滑移长度对流体动压润滑的影响[232]都有一定研究;此外,边界滑移发生条件比较苛刻,通常在超疏水表面、高速重载工况才能发生明显的边界滑移。因此 3.3 节将从更加微观的视角,针对表面能对受限粘度和表面力的潜在影响,对润湿性如何影响边界润滑进行深入研究。

3.3 润湿性对边界润滑的影响

3.3.1 边界润滑的润湿依赖性

本节将利用原子力显微镜对不同亲疏水表面的硅片在水环境的摩擦性能及表面间相互作用进行系统研究。通过在氢氟酸(HF)中浸泡、氧等离子体处理、70℃空气中加热"退火"等一系列操作,可以得到不同接触角和表面能的硅片表面。如图 3.4(a)所示,通过 AFM 扫描图像可知,上述表面处理过程中没有引起明显的污染、损伤和粗糙度变化。为了分析表面处理如何引起表面性质的改变,对三种典型表面进行 XPS 分析,按照环境碳的标准结合能 284.6 eV 进行数据校正,得到 Si、O、C 元素的能谱图。用 Si $2p$ 和

O 1s 的发射峰面积分别除以它们的灵敏度因子 0.368 和 0.733,可以得到其表面元素的原子含量比。对于 HF 浸泡、氧等离子体处理和退火后的硅片表面,测得的 O/Si 原子含量比分为 0.17、1.76 和 0.59。

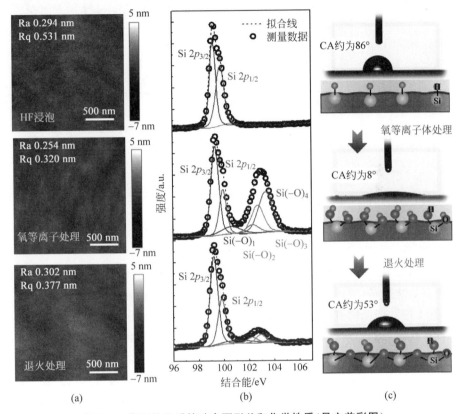

图 3.4 表面处理后的硅表面形貌和化学性质(见文前彩图)

(a) 不同表面处理的硅表面 AFM 图像;(b) 不同表面处理的 Si 2p 轨道 XPS 精细峰;(c) 不同表面处理的硅片接触角

通过对 XPS 测到的信号峰进行分峰处理,可以进一步分析原子的价态,推测其化学组成。测到硅片表面的 Si 2p 信号峰如图 3.4(b)所示,通过去卷积可以得到 Si $2p_{2/3}$、Si $2p_{2/1}$、Si(—O)$_1$、Si(—O)$_2$、Si(—O)$_3$ 和 Si(—O)$_4$ 等多个高斯信号峰[233]。其中,所有三种硅片表面都包含 Si 样品特征的 Si $2p_{2/3}$(结合能约 99.1 eV)和 Si $2p_{2/1}$(结合能约 99.6 eV)信号峰。对于 HF 浸泡处理后的硅表面几乎没有 Si(—O)$_x$ 成分;经过氧等离子体处理的硅表面比退火处理的硅表面具有更丰富的 Si(—O)$_3$ 和 Si(—O)$_4$ 成分,成分比例见表3.3。由此可以推测,HF浸泡可以去除硅片表面原生氧化层,氧等离子体处理后的硅片表面 Si 原子吸附过饱和羟基。在空气中加热退火的过程,一部分过饱和的羟基发生脱水缩合转化为更稳定的 Si—O—Si 结构[234]。正是表面亲水羟基的密度变化引起硅表面的润湿性和表面能的显著,这也再次证明了本书假设的上述表面处理通过改变表面化学基团而非体相性质来调控表面能。

表 3.3 基于 XPS 数据的 Si—O 键成分百分比

结合能/eV	$Si(—O)_0$	$Si(—O)_1$	$Si(—O)_2$	$Si(—O)_3$	$Si(—O)_4$
	99.1 & 99.6	101.2	102.3	102.8	103.4
HF 浸泡 Si—O 键百分比/%	97.65	2.35	—	—	—
氧等离子处理 Si—O 键百分比/%	45.6	6.92	5.36	15.94	26.18
退火处理 Si—O 键百分比/%	79.9	7.31	4.79	6.34	1.66

微观力学测试借助 AFM 实现。选用二氧化硅(直径 22 μm)胶体探针作为上摩擦副,上述不同润湿性的硅表面作为下摩擦副。热扰动法标定的 AFM 探针法向刚度约为 0.42 N/m,通过改进楔形法标定的水环境中侧向力系数约为 170 nN/V。实验中探针和样品浸泡在超纯水液体环境中,如图 3.5(a)所示,在横向力模式下,扫描尺寸为 1 μm×1 μm,扫描速度为 2 μm/s,载荷在 6.4~122.4 nN 线性变化,记录每一载荷下至少 20 条摩擦回滞环,如图 3.5(b)所示,其平均半宽作为摩擦力测量值。

图 3.5(c)展示了不同接触角的硅片表面摩擦力的变化趋势。较小接触角的硅片表面产生较小的摩擦力,且摩擦力随施加的载荷线性增加(经典 Amontons 摩擦定律),但不同表面的斜率不同;通过对数据的线性拟合可以得到摩擦系数,如图 3.5(d)所示。零载荷下的摩擦力并不为零,这是因为附加的粘附力作用;通过将摩擦载荷曲线外推,延长线与横坐标的交点即为附加粘附力,该结果与后文通过法向提拉方法测得的粘附力一致。实验结果表明,接触角从大约 8°到大约 86°的变化范围内,摩擦系数从 0.03 增加约一个数量级到 0.27。此外,更加亲水的基底表面摩擦曲线往往更加平滑;考虑到不同表面粗糙度几乎没有差别,摩擦力曲线的剧烈波动可能是因为更强界面粘着作用。

第 3 章　润湿依赖性的表面力对水润滑影响　　73

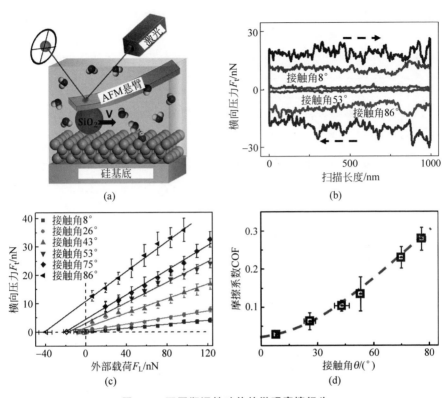

图 3.5　不同润湿性硅片的微观摩擦行为

(a) 水环境中 AFM 摩擦试验示意图；(b) 摩擦测试的典型回滞环，其半宽代表摩擦幅值；(c) 摩擦力与载荷关系，实线是线性拟合线；(d) 线性拟合的摩擦系数与硅片接触角的关系图

3.3.2　水中粘附力的润湿依赖性

界面粘附力的测量可以通过法向力—位移曲线得到。通过控制 AFM 探针以 10 nm/s 的驱动速度靠近硅表面，达到预设接触力（约 30 nN）后，AFM 探针以相同的驱动速度从表面撤回。记录这一过程的法向力和位移的函数，取靠近表面位置处法向力的极小值的相反数即为最大脱附力，也就是通常说的"粘附力"。在水溶液测量力—位移曲线时往往涉及相对长程的双层电力，如图 3.6(a) 所示，因此测得的粘附力的基准因为排斥力而提升，按通常定义的粘附力可能是负的。为了明确这种差异，我们定义了表面处双电层力幅值与表面分离点附近力的极小值之间的差值为"净粘附作用"，如图 3.6(b) 中插图所示。净粘附作用随着接触角的增加而增加，呈现出与

摩擦系数相似的变化趋势。特别地，如果统计接触角的余弦与粘附力的大小会发现，二者呈现出良好的负线性关系，如图3.6(b)所示。理解这一现象背后的数学原理是揭示其物理本质的关键。

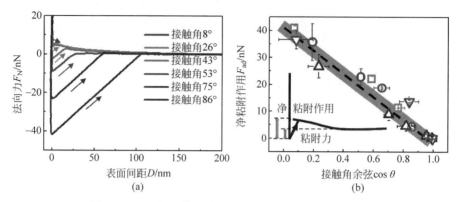

图3.6　不同润湿性硅片在水中的粘附力（见文前彩图）

(a) AFM测得回撤过程法向力—位移曲线；(b)净粘附作用与接触角余弦的关系图

注：图中虚线为线性拟合，插图为一般意义的"粘附力"和本书定义的"净粘附作用"的示意图

3.3.3　润湿性影响边界润滑的热力学模型

本节将基于热力学模型推导表面能和润湿性与粘附力和摩擦力的数学关系。前文已经介绍，对于极性表面间的相互作用，需要考虑范德华色散作用（记为 d）和（Lewis）酸—碱极性相互作用（记为 p）[227]。考虑浸泡在极性液体介质 l 中的固体表面 s 和固体表面 b，这一体系的自由能可以表示为 $\Delta G_{slb} = \Delta G_{slb}^d + \Delta G_{slb}^p = (\gamma_{sb}^d - \gamma_{sl}^d - \gamma_{bl}^d) + (\gamma_{sb}^p - \gamma_{sl}^p - \gamma_{bl}^p)$；其中，按照3.2.1节介绍的组合规则[226]，将界面能的色散组分和极性组分别通过表面能表达，可以得到：

$$\Delta G_{slb}^d = -2\sqrt{\gamma_s^d \gamma_b^d} + 2\sqrt{\gamma_s^d \gamma_l^d} + 2\sqrt{\gamma_b^d \gamma_l^d} - 2\gamma_l^d \tag{3-8}$$

以及

$$\Delta G_{slb}^p = -2\sqrt{\gamma_s^+ \gamma_b^-} - 2\sqrt{\gamma_s^- \gamma_b^+} + 2\sqrt{\gamma_s^+ \gamma_l^-} + 2\sqrt{\gamma_s^- \gamma_l^+} + 2\sqrt{\gamma_b^+ \gamma_l^-} + 2\sqrt{\gamma_b^- \gamma_l^+} - 2\gamma_l^p \tag{3-9}$$

将式(3-8)、式(3-9)和式(3-7)联立，可得到系统自由能与固—液界面接触角的关系：

$$\Delta G_{slb} = -2(\sqrt{\gamma_s^d \gamma_b^d} + \sqrt{\gamma_s^+ \gamma_b^-} + \sqrt{\gamma_s^- \gamma_b^+}) + \gamma_l(\cos\theta_1 + \cos\theta_2)$$
$$= \Delta G_{sb} + \gamma_l(\cos\theta_1 + \cos\theta_2) \tag{3-10}$$

式中，ΔG_{sb} 为固体表面 s 和固体表面 b 在真空或空气中的自由能；θ_1 和 θ_2 分别为液体 l 在固体表面 s 和固体表面 b 上的接触角。考虑体系粘附功 $W_{slb}=-\Delta G_{slb}$，代入式（3-10）可以得到：

$$W_{slb}=W_{sb}-\gamma_l(\cos\theta_1+\cos\theta_2) \tag{3-11}$$

得到粘附功后，可以根据约翰逊-肯德尔-罗伯茨（Johnson-Kendall-Roberts，JKR）模型或德贾金-穆勒-托波罗夫（Derjaguin-Muller-Toporov，DMT）模型计算实验测得的球体与平面之间的粘附力。本实验体系为硬质材料之间的粘附作用，其 Tabor 数[235]较小，DMT 模型预测的粘附力（$F_{ad}=2\pi RW_{slb}$，R 为球体半径）可以提供较好的描述；如果进一步考虑真实球体和平面的粗糙接触，DMT 模型可以修正为 $F_{ad}=2\pi RW_{slb}f(R_{rms})$，其中 $f(R_{rms})$ 表示表面粗糙度的函数[236]。这样，结合式（3-11）就可以建立测量的净粘附力与表面润湿性的关系。

在边界润滑状态下，流体动压效应并不显著，摩擦阻力主要来自固体表面之间的机械阻力和分子吸引力。这一特点可由经典摩擦二项式定律描述，摩擦力可表示为 $F_f=\alpha A+\mu(L+F_{ad})$，其中，$L$ 是外力载荷；F_{ad} 是粘附作用引起的附加载荷；A 是界面实际接触面积；μ 是机械阻力的载荷依赖性；α 代表分子吸引力的贡献，其物理意义由 Jacob N. Israelachvili 在其经典著作《分子间力与表面力》[40]中进一步阐释为表面间粘着迟滞 $\Delta\gamma$ 的贡献（$\alpha\approx k\Delta\gamma$）。特别地，对于粘着主导的粘着迟滞显著的情况下，该项可近似等价为表面分离过程的粘着相互作用（$\Delta\gamma\approx W_{slb}$）。将上述关系代入摩擦二项式，可以推导出摩擦系数和粘附功之间的线性关系：

$$\text{COF}=\frac{\partial F_f}{\partial L}=k\frac{\partial A}{\partial L}W_{slb}+\mu \tag{3-12}$$

对于随机粗糙表面，实际接触面积 A 随外载 L 线性增加[237]，这也是 Amontons 定律描述的摩擦力随外载线性增加的主要原因。结合式（3-11）可知，润湿性影响的摩擦系数变化，最终归因于粘着功随润湿性的变化。

特别需要说明的是，式（3-11）描述的是润湿性与粘附功的通用数学模型。一般情况下，W_{sb} 项可能也是表面润湿性的函数，此时润湿性与粘附功的关系较为复杂。对于某些体系，该项与表面润湿性呈现弱相关，此时粘附功将与润湿性呈现简单负线性相关，结合式（3-12）可知，这些体系的边界润滑的摩擦系数与润湿性也将呈现简单负线性相关。这里给出两种符合条件的典型体系：第一种情况（记为体系Ⅰ）是固体表面呈现惰性，即不与液体发生反应或特殊化学吸附，当表面加入不同液体时，W_{sb} 项为常数，接触角

θ 随液体表面能而改变。第二种情况(记为体系Ⅱ)是两个表面可视为具有相同极性的单极性表面的情况,此时 W_{sb} 项中的极性项 $W_{sb}^p = \sqrt{\gamma_s^+ \gamma_b^-} + \sqrt{\gamma_s^- \gamma_b^+}$ 可以忽略,而色散项 W_{sb}^d 仅与体相性质有关,此时的体系粘附功可以表达为

$$W_{slb} = 2\sqrt{\gamma_s^d \gamma_b^d} - \gamma_1(\cos\theta_1 + \cos\theta_2) \qquad (3\text{-}13)$$

本书实验体系对应第二种情况,表面处理仅改变固体表面化学性质,同一种液体的接触角 θ 主要随固体表面的极性分量而改变。在这种体系下,即便固体表面存在水合力或疏水相互作用等非范德华作用,它们也包含在酸—碱极性相互作用中[238],式(3-13)仍然适用。

3.3.4 热力学模型的实验验证

首先利用文献中的实验结果对 3.3.3 节描述的模型适用性进行论证。Bongaerts 等[239]测量了水和不同种类油润滑的 PDMS 橡胶的润滑行为(对应体系Ⅰ),发现边界润滑的摩擦系数随液体接触角的减小而减小。Yoon 等[128]测量了疏水处理的玻璃球和二氧化硅表面之间的粘附相互作用(对应体系Ⅱ),发现当两个表面的接触角在 0°~109° 改变时,表面相互作用从排斥力逐渐变为吸引力;他们同时指出疏水处理的二氧化硅的 Hamaker 常数仅增加 10%,对应体系Ⅱ要求的 W_{sb}^d 不变的假设。图 3.7 展示了这些文献中的实验结果,粘附力和摩擦系数均呈现了模型预测的与接触角余弦 $(\cos\theta_1 + \cos\theta_2)$ 的负线性相关性。

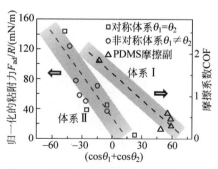

图 3.7 基于文献数据的热力学模型验证

在本书中,由图 3.2 结果可知不同硅表面色散分量 γ^d 几乎保持不变,这意味着表面处理对体相性能的影响可以忽略;而在表面能极性项中,$\gamma^- \gg \gamma^+ \approx 0$,羟基化硅表面可以看作单极性表面,此时式(3-7)描述的

Young-Dupre 方程可简化为

$$\gamma_1(1+\cos\theta) = 2(\sqrt{\gamma_s^d \gamma_1^d} + \sqrt{\gamma_s^- \gamma_1^+}) \tag{3-14}$$

可以看出,此时接触角完全由表面能中的 γ_s^- 项主导。已知水的表面能 γ_1 为 72.8 mN/m,色散组分 γ_1^d 为 21.8 mN/m,不同接触角的硅表面能色散分量 γ_s^d 采用测量的平均值 35.1 mN/m,利用测量数据可对式(3-14)进行验证,如图 3.8(a)所示。单极性表面的实验体系符合体系 II 的假设,可以得到粘着功和粘附力与接触角余弦($\cos\theta_1 + \cos\theta_2$)满足负线性相关性,这就解释了图 3.6(b)中的线性关系;进一步地,结合式(3-12)可知,边界润滑条件下摩擦系数与接触角也将呈现负线性关系,如图 3.8(b)所示。

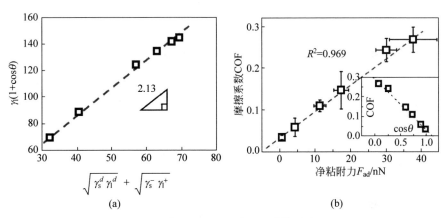

图 3.8 基于实验数据的热力学模型验证

(a) 单极性表面假设的验证;(b) 摩擦系数与粘附力的线性关系,以及摩擦系数与接触角余弦的负线性相关性

上述模型提供了半定量化的、通过润湿性估计摩擦粘附力的能力。通过预先测量两个甚至一个接触角下的粘附力和摩擦系数,就可以计算出其他接触角下的粘附力和摩擦系数。以本实验数据为例,基本实现步骤如下:

(1) 将式(3-11)带入粗糙修正的 DMT 模型 $F_{ad}=2\pi RW_{slb}f(R_{rms})=f_1 W_{slb}$,可以得到固—液—固体系粘附力表达式 $F_{slb}=f_1 W_{sb}-f_1\gamma_1(\cos\theta_1+\cos\theta_2)=F_{sb}-f_1\gamma_1(\cos\theta_1+\cos\theta_2)$,其中 F_{sb} 为两表面在真空或空气中的粘附力。

由此可知,对于粘附力的估计只需预先确定一个参数 f_1,该参数是表面几何形状和表面粗糙度的函数。这里举例介绍如何确定参数 f_1。将水表面能确定为 γ_1 取为 72.8 mN/m,上表面的接触角 θ_1 通过相同材料的二

氧化硅板确定为30°,不同润湿性的硅片在空气中的粘附力测量值F_{sb}非常接近,平均为71.98±11.21 nN。根据接触角$\theta_2=8°$的硅在水中粘附力测量值F_{slb}可确定参数f_1为0.53(单位为μm),进而可以计算不同接触角下的粘附力F_{slb}。

(2) 根据上一步计算的粘附力F_{slb},可以确定体系粘附功$W_{slb}=F_{slb}/f_1$;代入式(3-12)即可计算摩擦系数COF=$f_2 W_{slb}+\mu$。

由此可知,摩擦系数的通过需要预先确定两个待定参数f_2和μ,它们分别与粘着作用和机械阻力对摩擦的贡献有关。我们通过接触角$\theta_2=8°$和$\theta_2=86°$的摩擦结果确定参数f_2为0.0035(单位为m/mN),参数μ为0.03(无量纲),进而可以计算不同接触角下的摩擦系数。通过上述步骤估计的粘附力和摩擦力见表3.4。

表 3.4 粘附力与摩擦系数的估计值与实验值比较

接触角/(°)	粘附力测量值/nN	粘附力估计值/nN	粘附功W_{slb}/(mN/m)	摩擦系数测量值	摩擦系数估计值
8	0.6±0.4	(0.6)	1.1	0.034±0.005	(0.034)
26	4.3±0.5	4.1	7.8	0.058±0.022	0.057
43	11.4±1.7	10.6	20.0	0.109±0.014	0.100
53	17.3±2.1	15.6	29.4	0.147±0.045	0.133
75	30.1±2.9	28.8	54.4	0.243±0.028	0.220
86	37.7±6.8	36.1	68.2	0.268±0.030	(0.268)

注:括号中值作为初始已知量计算其他估计值。

3.4 摩擦润湿依赖性的物理本质与应用

3.4.1 润湿依赖性的表面力机制

3.3节建立了润湿性影响边界润滑的热力学模型,本节将对数学关系背后的物理本质进行研究。根据式(3-12)可知,润湿性主要通过影响粘着功W_{slb}来影响摩擦润滑行为;而根据粘着功的定义$W_{slb}=\gamma_{sl}+\gamma_{bl}-\gamma_{sb}$可知,在润湿性影响中,较小甚至是负的界面能$\gamma_{sl}$(或$\gamma_{bl}$)是降低粘附功的关键。正如前文介绍的,固—液界面能主要包含范德华力色散项和(Lewis)酸—碱极性项,考虑单极性假设可表达为

第3章 润湿依赖性的表面力对水润滑影响

$$\gamma_{sl} = \gamma_{sl}^d + \gamma_{sl}^p = (\sqrt{\gamma_s^d} - \sqrt{\gamma_l^d})^2 + \gamma_l^p - 2\sqrt{\gamma_s^- \gamma_l^+} \qquad (3\text{-}15)$$

式中,对于范德华力色散项 γ_{sl}^d,只有同种材料之间的界面能为零,其他情况均为正值;而对于酸—碱极性项,当固—液界面之间存在强极性作用时(即 $\sqrt{\gamma_s^- \gamma_l^+}$ 很大时),γ_{sl}^p 是可以为负的。在本书的研究体系中,具有丰富—OH 等亲水基团的硅表面能够通过氢键作用(或电荷—偶极等其他相互作用)紧密吸附水分子。这是一种强极性相互作用,就可能产生负的固—液界面能[238]。负的固—液界面能会降低固—液—固体系的粘附功,甚至产生负的粘附功,也即产生排斥力。从分子水平上看,当亲水化的两固体表面彼此靠近时,由于空间压缩表面吸附的水分子将倾向于脱离;但是由于强的氢键作用,这些结合水的脱附需要额外能量输入,也即需要外力克服界面排斥力做功。这正是通常认为的水合排斥力的来源[116]。

为了证明这一点,本书通过 AFM 测量了水环境中二氧化硅胶体探针接近不同润湿性硅片表面过程的法向力—距离曲线,如图3.9所示。其中,图中纵坐标采用法向力除以探针半径的归一化的法向力 F_n/R 以对应 Derjaguin 近似[240]。探针在距离表面较远时,首先受到长程排斥作用。这是由于羟基化的表面在水中会发生部分解离而使表面带电(Si—OH ⇌ Si—O$^-$ + H$^+$),带电表面在低浓度电解质的水中会产生较为明显的双电层排斥力。当探针进一步靠近表面时,大多数不太亲水的表面会经历一个由排斥力向吸引力的转变,在某一临界位置时,探针会自发快速靠近表面,这一现象称为"跳进"。跳进是由于表面靠近过程范德华引力克服双层排斥力、法向力增加的梯度大于系统刚度引起的失稳现象。据此可以给出失稳判据,即范德华力随距离的变化梯度大于 AFM 探针弹簧刚度系数 $|\partial F_n/\partial D| > K_n$,其中跳进过程法向力由范德华力主导 $F_n = F_{vdW} = A^* R/6D^2$,其中 A^* 为等效的 Hamaker 常数(单位为 J),K_n 为探针的法向弹簧刚度(单位为 N/m)。据此可以估算跳进发生的临界间距 $D_j = (A^* R/3K_n)^{1/3}$。由此可知,跳进距离越远,代表表面吸引作用越强。特别地,当二氧化硅微球靠近接触角为8°的硅表面时,跳进现象完全消失。

为了量化上述力学行为,可以基于 DLVO 理论对表面作用力进行拟合。DLVO 理论包含了双电层力和范德华力的作用,它有很多等价表达形式,其中一种基于表面电势的表达式为

$$F/R = 80\pi\varepsilon_0\kappa[2\psi_1\psi_2 \operatorname{cosech}(\kappa D) + (\psi_1^2 + \psi_1^2) \times \{1 - \coth(\kappa D)\}] - A^*/6D^2 \qquad (3\text{-}16)$$

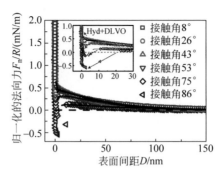

图 3.9　探针接近表面过程的典型法向力—距离曲线。其中实线是基于 DLVO 理论的拟合线，插图为局部放大，箭头指代"跳进"现象

式中，ε_0 是真空介电常数，单位为 C^2/Jm；ψ_1 和 ψ_2 是两表面的表面电势，单位为 V；κ^{-1} 是德拜长度，单位为 m，其描述了双电层作用的衰减长度，由电解质浓度决定。对 ψ_1，ψ_2，κ^{-1} 和 A^* 的拟合值在表 3.5 中给出。表面电势随接触角的降低而增加，这与亲水表面更多可解离的羟基基团有关。实验中，德拜长度拟合值约为 40 nm，对应 5.8×10^{-5} mol/L 浓度的 1∶1 价态盐浓度；这一浓度比电阻率 18.2 MΩ（等价于 4×10^{-7} mol/L 浓度的 1∶1 价态盐浓度）的超纯水离子浓度高，这可能是实验中不可避免地引入了容器表面离子或溶解的 CO_2 的影响。特别需要指出的是，拟合的等效 Hamaker 常数也随着接触角的减小而减小；特别是对于接触角为 8°的亲水表面几乎变为零，这表明表面间吸引力随着表面亲水性的增加而减弱，这与跳入距离的减小相一致。因此，这里的 A^* 不是通常表征范德华力作用强度的 Hamaker 常数，而是除双电层力外的其他可能存在表面力综合作用的等效 Hamaker 常数。

表 3.5　不同润湿性硅片表面的 DLVO 力拟合参数

接触角 $\theta/(°)$	表面电势 ψ_1/mV	表面电势 ψ_2/mV	德拜长度 κ^{-1}/nm	等效 Hamaker 常数 $A^*/(\times10^{-20}$ J$)$
8	−62.0	−62.0	36.76	0.07
26	−60.5	−60.5	33.44	0.2
43	−59.2	−59.2	31.95	0.5
53	−61.1	−56.3	42.19	0.6
75	−41.0	−41.0	52.36	1.0
86	—	—	—	(5.0)

注：空缺数据是双电层力较弱无法有效拟合；括号中数据是根据跳进距离的估计值。

这里得到的等效 Hamaker 常数随润湿性的变化，与 3.3 节论证的粘附功 W_{slb} 与润湿性的关系是等价的。事实上，粘附功是连接表面自由能和表面力的重要桥梁，即 $W_{\text{slb}} = W_{\text{slb}}^d + W_{\text{slb}}^p = -(V^d(D_0) + V^p(D_0))$，其中 D_0 是表面间平衡接触位置，$V(D)$ 是包含色散成分和极性成分的两个平面之间的相互作用势函数，对应的表面力可表达为 $F(D) = -\partial V(D)/\partial D$。根据式(3-13)可知，$W_{\text{slb}}$ 随接触角 θ 的减小而减小。如果假设相互作用势中的色散项和极性项都可以采用类似 Hamaker 处理方式来描述 $V(D) = -A^*/12\pi D^2$，就可以自然导出 A^* 随 θ 减小而减小。需要说明的是，DLVO 理论预测的接触角为 8°的硅表面作用力曲线在小间距时出现了明显低估，范德华吸引作用几乎消失而被近程排除力所取代。对这一段数据的拟合需要添加一个额外的指数排斥项 $F/R = He^{-D/\lambda_H}$（图 3.9 中用 Hyd+DLVO 指代），其中拟合的强度系数 $H = 1.5$ mN/m，衰减长度 $\lambda_H = 0.8$ nm，这种纳米尺度指数衰减规律正是水合排斥力的典型特征。

虽然宏观的排斥作用仅能在非常亲水的表面（如 CA 为 8°的情况）观测到，但对于不太亲水的表面，相对较弱的水合排斥力依然存在，其被相对较强的范德华吸引力克服从而整体表现出吸引力，这一点反映在等效 Hamaker 常数随接触角的变化上。事实上，实验得到的等效 Hamaker 常数包含范德华吸引作用和水合排斥作用分量（或其他短程力）的共同贡献，表示为 $A^* = A^d + A^p$。Senden 等[241]基于 Lifshitz 模型计算的硅/水/二氧化硅体系的非迟滞的 Hamaker 常数 $A^d = 1.92 \times 10^{-20}$ J，这一数值大于大多数亲水表面的 A^*。随表面润湿性变化的 A^* 主要源于水合排斥组分贡献 A^p 的变化，也就是说即便在整体表现为吸引的情况下，水合力的存在依然起到了削弱范德华力势阱深度的作用[40]，如图 3.10 所示。横向摩擦过程可以看作随机粗糙表面从一个势阱位置移动到另一个势阱位置，在这种情况下，粘着滞后是能量耗散的主要来源。通常认为，在水介质中的固体粘着作用因为水分子的屏蔽作用而较弱；但本书的研究结果非常直观地表明，粘着摩擦仍然是边界润滑主导机制。

3.4.2 润湿性对受限粘度的可能影响

前文所有关于润湿性影响边界润滑的研究，均假设低速下流体动压效应可以忽略、边界润滑主要由固体表面间相互作用主导。这一假设符合目前普遍观点。然而，在边界润滑状态，固体表面间会达到纳米量级，此时处于受限空间的水的有效粘度可能与体相状态的水相差很多。为了论证的严

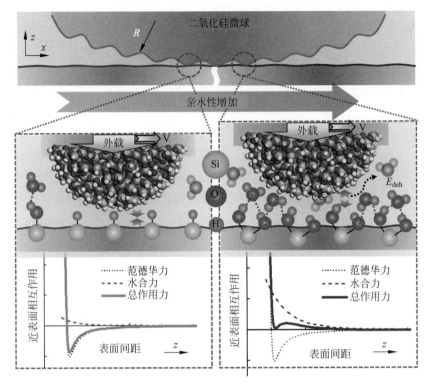

图 3.10　不同润湿性表面的表面力和摩擦机理示意图。图中 E_{deh} 表示结合水脱离表面所需能量,二氧化硅微球的水合层未画出

谨性,本节内容将对此进行评估。

为了测量固体表面纳米尺度受限空间水的粘度,本书利用探针小球缓慢靠近固体表面时自发"跳进"过程进行测量[242-243]。该过程的动力学方程可以表达为

$$m\frac{d^2 D}{dt^2} + \frac{6\pi R^2 \eta_e}{D}\frac{dD}{dt} + K_n(D_j - D) = F_n(D) \quad (3-17)$$

等式左边三项分别代表这一过程的惯性力、粘性阻力和悬臂弹性力,等式右边为法向吸引力;式中参数 $m = m_b + 0.2427 m_c$,是胶体探针的有效质量(m_b 为胶体颗粒质量,m_c 为悬臂梁质量)[244];η_e 是靠近固体表面的等效粘度,其他变量含义与前文一致。考虑典型参数 m 约为 10 ng,K_n 约为 0.42 N/m,A^* 约为 2×10^{-20} J,D 约为 10 nm 的情况,可以估算惯性项和弹性项均可以忽略。由于跳进过程的速度远高于悬臂驱动速度,失稳跳进

过程粘性阻力成为主导。这样,通过对式(3-17)化简就可以得到间距 $D_x=(D_i+D_j)/2$ 处的平均等效粘度:

$$\eta_e = \frac{A^* \Delta t}{18\pi R(D_j^2 - D_i^2)} \tag{3-18}$$

式中,Δt 为探针从 D_j 到 D_i 跳进过程的时间。接近过程的探针驱动速度为 1 μm/s,表面间距达到临界距离 D_j 时,靠近速度急剧增加,跳进现象发生,如图 3.11 所示。实验中以大约 2.57 ms 的时间分辨率来记录探针靠近表面过程的法向力和位置。由于跳进过程通常持续不到 5 ms,因此每次测试仅使用不超过 3 个有效点。结合表 3.5 中的等效 Hamaker 常数,通过式(3-18)即可求得不同润湿性表面上、不同表面间距下的有效粘度。

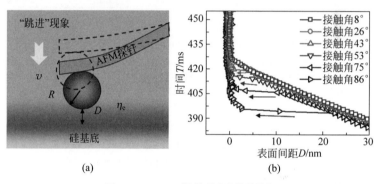

图 3.11 AFM 探针的"跳进"现象
(a) 失稳"跳进"过程示意图;(b) 跳进过程的时间—距离曲线

图 3.12(a)展示了在不同润湿性硅片表面得到的有效粘度,不同表面之间没有表现出明显差异,且大小与水的体相粘度值 0.8 mPa·s 相当,这一数值与类似测量方法得到的结果一致[242,245]。然而,需要指出的是,纳米受限尺度的水的粘度精确测量仍是一个存在争议的话题。通过实验手段和模拟手段得到的水或一价盐溶液的有效粘度可以从数毫帕秒[243,245-250]到数百帕秒[119,251-254]不等。为了阐明其中差异,图 3.12(b)总结了近年来的一些典型的实验和模拟结果,可以看出这些数据分布非常离散。究其原因,一方面,狭窄空间内的水分子可能会呈现更加有序排列和更稳定的结构[87],因此可能产生更高的粘度;另一方面,这种有序结构可能对表面粗糙度和固体晶格参数匹配性非常敏感,因此并不总会稳定存在[120,230]。大体上讲,比体相值高几个数量级的粘度值只在表面间距 1 nm 以内的情况下出现;在更大间距下,受限粘度与体相值保持同一量级[245]。本书的测

量结果也服从这一趋势,间接证明了测量方法的可靠性。对于本书关注的不同润湿性表面间的受限粘度,Deborah 等[253]报道了在不同润湿性表面 1 nm 以内距离的等效粘度,尽管其测量值高于体积值,但所测等效粘度同样对润湿性不敏感,这与本书结果一致。

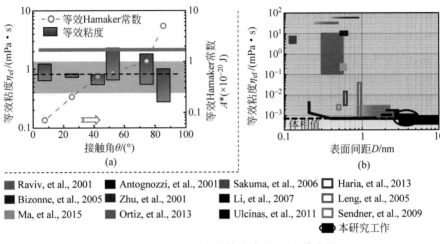

图 3.12　受限空间水的等效粘度(见文前彩图)

(a) 本书测量的不同润湿性表面等效粘度和等效 Hamaker 常数;(b) 文献中报道的水或一价盐溶液的等效粘度与受限间距的关系,其中实心块为实验结果,空心块为分子模拟结果

需要说明的是,在已经报道的众多实验中,只有少数利用云母等原子级光滑表面或纳米尺度探针尖端得到了亚纳米距离内水的高粘度。此外,分子动力学模拟几乎从未得到过比体相粘度值高数个量级的结果,这似乎暗示了实验手段得到的高剪切响应可能并不能完全归因于粘度效应。当接触尺度较大并具有一定表面粗糙度时,即便纳米受限尺度存在粘度增加,其对摩擦润滑的影响可能也比较有限。为了直接评估粘度效应对边界润滑的影响,实验中将滑动速度增加了 10 倍,但得到的摩擦力没有明显变化,如图 3.13 所示,这种与常见的固体摩擦或一般边界润滑现象一致。因此可以认为,流体粘性力在润湿性主导的边界润滑中并非主导因素。

3.4.3　模型对界面力学行为的指导

前文的研究论证了润滑性作为表征固—液界面作用的有效度量,并揭示了润湿性影响边界润滑的热力学模型及其背后的表面力机制。虽然本研究主要用了 PDMS、硅片等少数材料,但润湿相关界面力学行为却是广泛存

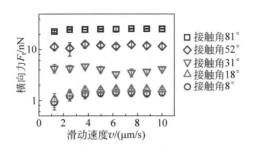

图 3.13　不同润湿性表面的摩擦力与滑动速度关系

在的。本节将利用已发现规律对其他体系的润滑和粘附行为进行解释。

磷酸(H_3PO_4)润滑条件下的Si_3N_4球与蓝宝石衬底超低摩擦行为(通常定义为摩擦系数COF<0.01的状态,也被称为超滑)已被广泛报道,其可归因于润滑液随着水分挥发导致的粘度增加及摩擦诱导的二氧化硅低剪切层。进一步地,我们利用UMT-5型摩擦磨损试验机开展了不同蓝宝石晶面的润滑实验。实验采用直径为12.7 mm的Si_3N_4球,在pH约为1.5的H_3PO_4溶液润滑条件下,控制25℃环境温度和40%的环境湿度。采用旋转运动形式,载荷为3N,转盘转速为160 rpm,回转半径为5 mm,对应滑动线速度约为84 mm/s。如图3.14所示,摩擦结果显示,H_3PO_4润滑的情况下,经过初期700 s左右的跑合阶段,蓝宝石(11-20)晶面的(简称A晶面)比蓝宝石(0001)晶面(简称C晶面)更容易达到超低摩擦状态。通过变速实验,可以得到类似Stribeck曲线的摩擦系数曲线。可以看出,H_3PO_4润滑情况下,两种晶面的摩擦系数的差异在相对低速的边界润滑或混合润滑阶段始终存在,而在进入高速阶段后逐渐趋于一致。在水润滑情况下,A晶面的摩擦系数同样小于C晶面,但是由于水的粘度较低,测试速度范围内没有完全进入动压润滑状态。

为了研究蓝宝石两种晶面润滑性能差异的主要原因,首先需要对表面形貌因素进行考察。蓝宝石A晶面和C晶面的初始粗糙度十分接近,分别为0.137 nm和0.219 nm。利用Hertz接触理论对最大接触压力进行估计,等效弹性模量取380 GPa的较大值,计算的初始最大接触压力约为1.27 GPa。考虑到蓝宝石不同晶面相差无几的高硬度水平(22~23 GPa,详见表2.1),实验中蓝宝石晶面的磨损通常非常微弱[255]。在本书的实验中,经过仔细识别后才在水润滑摩擦后的C晶面上看到非常浅的磨痕,这可能是由较高的摩擦力和局部粗糙峰所致。与未磨损区域(粗糙度Ra=

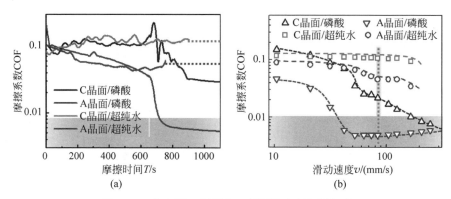

图 3.14 蓝宝石 A 晶面和 C 晶面的宏观润滑行为

(a) 摩擦系数随时间的演变规律；(b) 稳定润滑状态下摩擦系数随速度的变化规律,虚线标记的速度对应实验(a)

0.219 nm)相比,磨痕处的粗糙度(Ra=0.479 nm)只有略微增加,如图 3.15 所示。因此,蓝宝石晶面表现出的润滑性能差异并非表面形貌差异引起。

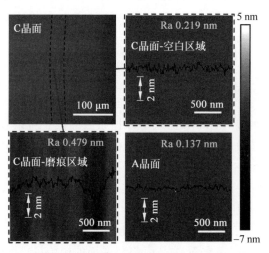

图 3.15 蓝宝石 A 晶面和 C 晶面的表面形貌图(见文前彩图)

为了得到更细致的界面力学信息,同样利用 AFM 进行了微观的摩擦和粘附行为分析。与上文的硅表面力学测试参数一样,探针选用二氧化硅胶体探针；横向力测试中扫描尺寸为 $1~\mu m \times 1~\mu m$,扫描速度为 $2~\mu m/s$；法向粘附力测试中预压约为 30 nN,探针驱动速度约为 10 nm/s；测试液体环境包括纯水和 pH 约为 1.5 的 H_3PO_4 溶液。测试结果如图 3.16 所示,

第 3 章　润湿依赖性的表面力对水润滑影响

摩擦力均随施加的载荷呈现线性增加，但 A 晶面上的斜率（即摩擦系数）小于 C 晶面；此外，当二氧化硅微球与蓝宝石表面从靠近到分离过程，不同晶面在液体环境中也呈现出明显不同的粘附力。总体来说，对于同种液体环境，蓝宝石 A 晶面总是显示出比蓝宝石 C 晶面更低的粘附力和摩擦系数。

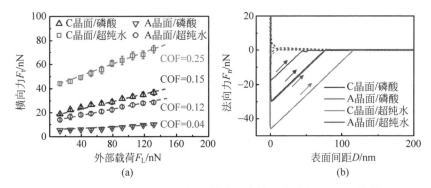

图 3.16　蓝宝石 A 晶面和 C 晶面的微观摩擦和粘附行为（见文前彩图）
（a）AFM 测试的摩擦系数随外载的变化规律；（b）AFM 测得分离过程法向力—表面间距曲线

事实上，由于原子排列和表面羟基化程度的不同[256]，蓝宝石不同晶面的表面能存在显著差异，其显著特征之一是就是润湿性的差异。水在蓝宝石 C 面的静态接触角（约 85°）大于 A 晶面（约 50°）；由于液滴蒸发，蓝宝石表面上水的接触角会随着时间的推移而略有下降，这种下降主要表现为液滴在竖直方向的微小形变，如图 3.17(a)、图 3.17(b)所示。而对于 H_3PO_4 这类酸性溶液，其液滴在蓝宝石表面会经历初始快速下降阶段，然后才像水滴一样缓慢下降，这种下降表现为液滴在竖直和水平两个方向的变形。纯水和酸性溶液的这种差异可以通过液滴与固体的润湿面积来证实，水滴在蓝宝石表面的润湿面积几乎没有变化，说明三相线没有发生移动；而磷酸液滴润湿区域则迅速铺展，表现为明显的动态润湿行为，如图 3.17(c)所示。这可能是因为氢离子与表面作用抑制了羟基电离，因此蓝宝石表面在刚接触酸性环境时羟基化程度变高，润湿性更加显著（HCl 溶液表现出类似动态润滑行为，这里未做展示）。对于本书的关注要点，相对稳定状态下磷酸液滴在蓝宝石 A 晶面（约 20°）接触角要比 C 晶面的（约 60°）小得多，表现出与固体表面更强的亲和性。根据前文的研究，较强的固—液界面吸附作用将会削弱固体表面之间的吸引作用。

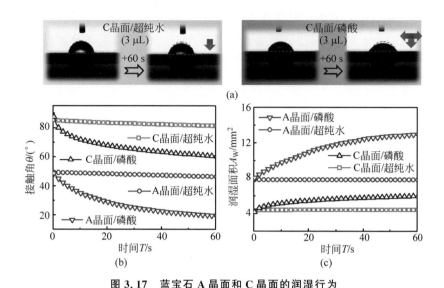

图 3.17　蓝宝石 A 晶面和 C 晶面的润湿行为
(a) 液滴形状在蓝宝石晶面上的演变图；(b) 液滴接触角随时间变化曲线；(c) 液滴润湿面积随时间变化曲线

蓝宝石 A 晶面和 C 晶面表面能的色散分量和极性分量也可以根据 3.2 节介绍的方法得到，采用的探针液体的接触角在表 3.2 中给出。A 晶面和 C 晶面的表面能色散分量分别为 $\gamma_A^d=33.6$ mN/m 和 $\gamma_C^d=38.8$ mN/m，比较接近；而极性项与硅表面类似，(Lewis)酸性成分几乎为 0，而 (Lewis)碱性能量分别为 $\gamma_A^-=32.9$ mN/m 和 $\gamma_C^-=38.8$ mN/m。这说明极性项差异是两种晶面润湿性差异的主要原因，意味着其遵循与硅表面的摩擦润滑行为类似的规律。综上所述可以推测，蓝宝石 A 晶面在水或酸性溶液中呈现更弱的粘附相互作用是其边界润滑和混合润滑状态下的摩擦系数更小的主要原因，同时也是其高速下更容易达到超低摩擦状态的另一重要原因。这一结论的发现对理解和设计超润滑系统具有指导意义。

利用润湿性影响水介质中表面粘着机制，还有望对机械手的水下抓取提供重要参考。事实上，基于粘附作用的水下夹持器受到广泛关注和研究，但是人们常用的粘附胶带含有丰富的氢键等亲水基团，在水中会很快失去粘附而无法使用；研究人员参考贻贝的水下粘附机制，开展了很多引入多巴胺等官能团的水下粘附研究[143]。然而，根据式(3-11)提供的粘附功与润湿性的关系可以预计，仅使用固有疏水表面也能够实现基于水下物体粘附的拾取操作。在实践中,平坦完整的表面接触顺应性很差,同时界面水不易排出。受壁虎脚趾的多级结构启发,可以将疏水的(聚乙烯硅氧烷)硅橡胶修饰出蘑菇状微结构阵列(间距约为 60 μm)作为粘附功能表面。这种硅胶表面被裁剪为 1.2 cm×1.2 cm 尺寸的小块,通过弹簧装置固定在线性位移台上;粘附表面以 2 mm/s 的速度缓慢接近目标砝码,达到约 1 N 的预压力后,粘附表面以相同的速度向上移动,可以轻松实现对水下 200 g 砝码粘附拾取,如图 3.18 所示。粘附表面的宏观接触角达到 140°,可以通过范德华力和疏水力产生较强的粘着力,同时表面织构的存在也起到了排水和增大实际接触面积的作用。作为对比,对微结构化的硅胶进行氧等离子体处理,它将呈现接触角接近 0°的超亲水状态,此时表面由于水合作用失去了水下粘附的能力。

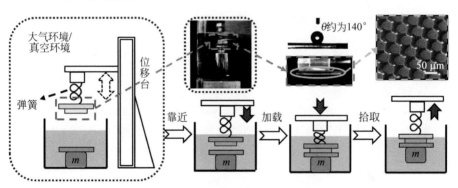

图 3.18　水下粘附拾取实验示意图

为了评估水下粘附中除表面力外真空吸盘力和毛细力的可能影响,上述实验分别在空气和低真空环境(机械泵产生的真空腔室)中开展,但拾取结果几乎没有差异,如图 3.19 所示。在低真空条件下,压力接近饱和蒸汽压,液态水沸腾不断产生气泡。小气泡更倾向于附着在疏水表面上,这可能会导致额外的毛细管力。考虑到水在 20℃时的饱和蒸汽压约为 2 kPa,即此时毛细力作用中拉普拉斯压差的上限为 2 kPa;而水下粘附系统测得的最大粘附强度可以达到 40 kPa(理论值可以更高),吸附气泡引起的毛细力的潜在贡献约为 5%。可以认为,润湿性影响内表面力作用(包括范德华力和疏水相互作用)是水下粘附的主要原因。上述水下粘附演示案例可以为更加复杂的水下抓附的实现提供参考。

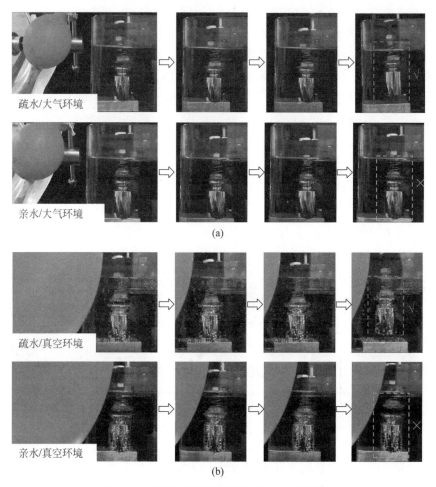

图 3.19 水下粘附拾取演示实验(见文前彩图)
(a) 大气环境;(b) 真空环境

3.5 本章小结

本章目标是揭示表面力在水润滑中的重要作用。本章首先将润湿性与不同组分的固体表面能和固—液界面能建立关系,然后系统研究了不同润湿性的表面在不同润滑状态下的摩擦表现,特别关注了润湿性对边界润滑的重要影响,进一步推导了润湿性影响边界润滑条件粘着和摩擦行为的热

力学模型,最后揭示了模型所反映的物理本质是水介质中多种表面力的竞争作用。主要结论如下:

(1) 利用表面处理的硅片构建理想摩擦体系,排除表面能之外的其他诸如粗糙度、弹性模量、硬度等因素的影响。通过将硅片表面接触角从 90°调节到 0°,可以将摩擦系数降低一个数量级。通过微观界面力学分析发现,这种摩擦系数的改变主要与固体表面间粘着相互作用有关,与固体表面水的粘度效应关系不大。

(2) 通过将表面能拆分为范德华色散项和(Lewis)酸—碱极性项,结合热力学模型和粘着迟滞理论,建立了润湿性与水介质界面粘附力和摩擦系数的定量关系。特别是对于单极性表面体系,摩擦系数与接触角的余弦$(\cos\theta_1 + \cos\theta_2)$将满足简单负线性关系。这得到了本书和其他文献数据的支持。

(3) 润湿性影响润滑行为的本质是范德华吸引作用和依赖于润湿性的水合排斥作用的竞争决定了固体表面间的粘着作用,这种粘着作用主导了边界润滑条件的摩擦耗散。利用润湿性影响摩擦粘附机制,可以为实现蓝宝石表面超低摩擦和不依赖特殊官能团的水下粘附抓取提供理论指导。

本章研究表明,水润滑条件下的界面粘着作用依然具有主导作用。对润湿性影响水介质固体摩擦粘附行为的揭示和定量描述,不仅能够加深对水润滑本身的理解,更能够为各种水环境中的摩擦和粘附行为调控提供重要理论支撑。

第 4 章 基于立体视觉的界面三维接触应力动态测量

4.1 引　　言

　　物体的接触是自然界中广泛存在的基本物理现象,界面接触应力的空间分布和时间演变特征,是理解地震起源、动物运动、机械传动、人体触觉感知等现象和行为的基础。通常的力学测量手段(如应变式力传感器、天平、原子力显微镜等)本质上是测量接触界面上力的平均。近年来,随着柔性电子和微纳制造技术的发展,以模仿人类皮肤触觉感知能力为目标的电子皮肤技术获得了长足发展[145]。一方面,这类传感装置基于压阻[146-147]、电容[151]等原理,通过复杂的电极阵列结构,可以以一定的空间分辨率实现法向力和剪切力分布的测量,但复杂的制造工艺和布线设计也给这类传感器带来了在信号处理、力校准和高分辨测量等方面的困难。另一方面,利用光学方法可以将接触力学信息转变为图像信息,特别是在高分辨率相机模组和先进图像处理算法高速发展的今天,光学方法具有独特优势。目前较为成功的利用光学方法测量界面接触应力的技术是牵引力显微镜[181-182],通过跟踪嵌在柔性基板中的荧光粒子的平面运动来实现界面剪切力的测量,借助共聚焦显微镜的逐层扫描功能,牵引力显微镜也可以以较低的时间分辨率(数秒或数分钟)来测量细胞的三维牵引力[186-187]。对于更加一般情况的大变形和动态测量场景,牵引力显微镜就不再适用。

　　本章以高时间和空间分辨率的界面三维接触应力测量为目标,基于双目立体视觉和三维数字图像相关技术,结合弹性力学接触应力数值计算算法,提出了一种可以实现高时间(本章原型装置约为 10 ms)和空间分辨率(本章原型装置约为 10 μm)的界面三向接触应力动态测量方法。在验证实验中,利用这一方法实现了仿生微阵列表面的多阶段粘脱附应力测量,对滚动摩擦来源中的黏弹性阻力贡献和粘着迟滞贡献的直观成像。进一步地,将这一方法应用于蜗牛爬行机理研究发现,蜗牛腹足的踏板波的吸盘效应和分段密封效应对法向力的调节,是蜗牛能够在水平、竖直甚至倒置状态爬行的关键。本章提出的方法为后续章节的触觉摩擦研究和触觉传感装置提供了技术支撑,也为更加普遍的物理学、生物学和机器人学等领域界面力学相关研究提供了有效手段。

4.2 基本原理与设计原型

本章提出的测量方法基本原理与传统牵引力显微镜原理类似,都是利用透明弹性体作为接触介质,当外力施加在弹性体表面时,通过内置相机拍摄弹性体近表面处的变形场,结合弹性力学方程求解施加在表面的应力场。为了满足接触界面动态三维应力测量的需求,本方法做了几点重要改进。其一,在表面三维形变场获得方法上,利用双目相机提供立体视觉信息,克服共聚焦显微镜扫描速度慢的不足;这种改进也为本方法进一步发展为触觉力传感器提供了可能。其二,在图像处理算法上,使用数字图像相关算法来构建高分辨率的表面三维形变。其三,在利用形变求解接触力时,不同于常用的傅里叶空间求逆的方法,本书提出了基于实空间的迭代方法,显著提高了接触力求解的数值稳定性。

4.2.1 装置结构与组成

为了利用立体视觉实现接触应力测量的目标,首先要构建力学结构和图像采集系统。如图 4.1 所示,其整体结构布局为典型的多层结构,整体设计思路与人体皮肤结构具有相似之处。力学主体采用 20 mm 厚的透明弹性块体(硅橡胶,杨氏模量有 0.04 MPa 和 0.095 MPa 两种,制备工艺见 2.2.2 节),对应皮肤主体的真皮层。弹性块体的表面覆盖一层薄白色反光层(该反光层通过液态硅胶混合质量分数 5%的二氧化钛纳米颗粒经过匀胶和固化得到),避免外界环境光干扰内部光路,其作用可以对应皮肤表皮层的屏障作用。靠近反光层的下一层是特征散斑层,它的作用是跟随上表面变形,为表面形变场构建提供高质量的图像特征,其作用类似于皮肤的触觉感受器感知皮肤拉伸和振动。整个弹性块体粘合在透明玻璃板上,商用双目相机固定在板下方,通过 USB 3.0 接口与个人计算机相连,通过上位机软件可以实现 640 像素×480 像素、90 fps 帧率的双目图像采集。特别地,由于测量时双目相机工作距离较近、基线长度较短,为了得到更好的双目拍摄效果、兼顾重叠视野和有效景深,需要调节两相机安装角度和位置,使两相机光轴与垂直方向成约20°的角度,并使两光轴交点落在特征散斑层上。

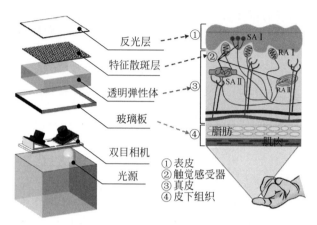

图4.1　界面三维接触应力测量装置结构示意图

图4.2展示了不同视野的原型装置图。整体结构框架采用光敏树脂3D打印,相机安装位置离表面距离可以调节以适应不同焦距的测量需求。为了实现小尺度的测量需求,还可以搭配显微镜头。测量质量的关键因素之一是特征散斑层的质量。理想的散斑应该是大小均一、随机分布,每个散斑占据3~5个像素,因此对于不同测量视野需要搭配不同大小的散斑。本实验中,较大视野(约60 mm)的散斑直径约为200 μm,通过程序随机生成再转印到弹性体表面。对于显微镜头下较小视野(约6 mm),散斑直径约为10 μm,通过雾化的喷漆获得。

4.2.2　测量流程与原理

当外力作用在弹性块体的上表面时,力学信息被转变为表面变形信息。内置的双目相机可以捕获近表面特征层的变形,借助弹性力学模型,就可以重构出施加在表面的外力场,如图4.3所示。其中,通过相机拍摄的特征散斑层图像得到三维变形信息的过程可以基于预先标定的双目相机参数,通过三维DIC算法实现。本书工作采用的三维DIC算法主要基于Matlab平台的开源工具包MultiDIC以及其内嵌的二维DIC算法工具包Ncorr,算法细节在此不再详述,基本实现思路见2.5.3节。

在得到近表层变形场后,还需要经过一些预处理得到高质量的变形图,

第 4 章 基于立体视觉的界面三维接触应力动态测量

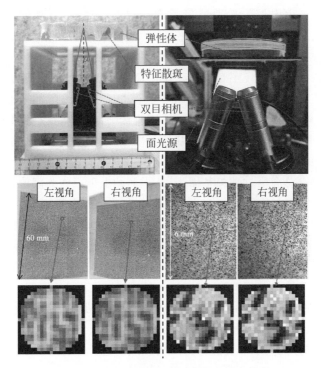

图 4.2 界面三维接触应力测量的原型装置

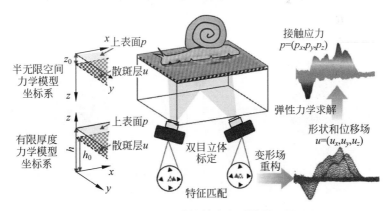

图 4.3 界面三维接触应力测量原理图

作为后续应力求解的输入。数据预处理的目标是消除图像采集和特征匹配过程带来的高频噪声和数据空白；保证变形区主要集中在测试区域中心，边缘区域为未变形区域；变形场的局部坐标系中 z 轴垂直于未变形区域，主要切向变形方向与 x 轴或 y 轴重合。综上，预处理需要包含滤波、基面校正、坐标校正、区域裁剪等步骤。其中，滤波操作采用中值滤波器。中值滤波是一种简单非线性平滑操作，可以在去除噪声的同时，尽可能保护保留原始数据特征。基面校正和坐标校正的原因是双目标定得到的世界坐标系与弹性体变形场的局部坐标系并不一定重合。为了进行坐标校正，需要先对变形场的未变形基面进行提取。采用直接平面拟合可以得到一个近似基面，但在变形较大时，这样得到的基面会出现微弱偏差。考虑变形区域只占测量区域的小部分，采用两次平面拟合的方法可以逼近理想基面：第一次拟合得到平面总会穿过理想基面，以此平面的上下限作为阈值，选取阈值内的数据点进行第二次平面拟合，就能得到非常接近理想基面的平面。以此平面作为弹性体局部坐标系 x-y 平面，创建旋转矩阵和平移矩阵就可以得到局部坐标下的理想变形场如图 4.4 所示。区域裁剪是将原始非标准的测量区域修正为标准矩形区域便于后续计算。双目立体重构后的三维点图往往近似矩形区域但并不严格，基于这一特点，本书采用的矩形区域自动裁剪策略为：分别遍历横向和纵向数据点数量，得到两个方向上数据点数量与横纵位置的函数 $F(x)$ 和 $F(y)$；再分别计算两个函数的差分 $\mathrm{d}F(x)$ 和 $\mathrm{d}F(y)$，取差分函数中突变点即为需要裁减的边界点，如图 4.5 中的 x_i, x_j 和 y_i, y_j 所示。

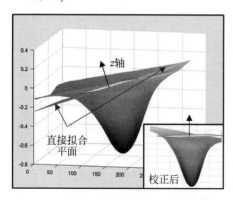
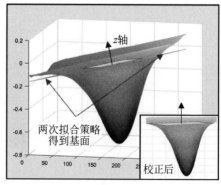

图 4.4　基面提取与坐标校正原理示意图

得到校正后的三个方向的变形场后，就可以基于弹性力学模型计算施加在表面的接触力了。理论上，对于形状、边界条件和本构方程都确定的弹性力学体系，变形与外力具有唯一对应关系。在实践中，当外力产生的变形和接触尺度都远小于弹性体厚度时，一种合理的假设是认为弹性体是均匀

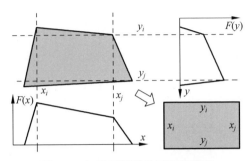

图 4.5 矩形区域裁剪原理示意图

半无限大空间。在这种情况下,近表层的变形矢量场 $u_i(i=x,y,z)$ 可以表示为表层接触力场 $p_j(j=x,y,z)$ 与一个影响系数矩阵 K_{ij} 的卷积[257]。这样根据变形场 u_i 求解外力场 p_j 的问题就转变为一个去卷积的数学问题,可以通过在傅里叶空间求逆[181,258],或者通过本书提出的实空间卷积迭代实现。当外力引起的变形量或者外力作用区域尺寸与弹性体厚度相当时,采用半无限大假设将带来一定误差。对此,Alamo 等[182]和 Xu 等[186]分别提出和完善了一种考虑弹性基底有限厚度的力学模型,可以在傅里叶空间对接触力场 p_j 进行显式求解。三种求解方法的细节和特点将在 4.2.3 节详细阐述。

4.2.3 接触应力的求解算法

已知一个厚度为 h、横向尺寸足够大、弹性模型为 E、泊松比为 ν 的弹性体,对其下表面进行固定约束,上表面自由。在上表面施加外力 p,靠近上表面的下方 z_0 处(或距离下表面 h_0 处, $h_0 = h - z_0$)将产生一个位移场 u。本书对接触力求解的问题其实就是如何根据测得的 u 反解外力 p 的问题。

已知各向同性的线弹性介质的平衡方程可以表示为[257]

$$(1-2\mu)\Delta u + \nabla(\nabla \cdot u) = 0 \tag{4-1}$$

式中, $u = (u_x, u_y, u_z)$ 为矢量位移场;∇ 为梯度算子;Δ 为拉普拉斯算子。当变形量和接触尺寸远小于弹性体厚度 h 时,上述问题可以转变为半无限大空间问题,此时方程(4-1)具有 Boussinesq 完备解。基于点载荷作用下的 Boussinesq 解[257],根据线性系统的可加性,任意力场 $p = (p_x, p_y, p_z)$ 作用下的近表层变形场 u 可以表示为卷积形式,即著名的 Green 函数形式:

$$u_i(x, y, z_0) = K_{ij} * p_j(x, y, 0) \quad (i, j = x, y, z) \tag{4-2}$$

下标遵循爱因斯坦求和约定,运算符"*"代表卷积;z_0 表示测得的变形场位置到上表面的距离,即反光层的厚度;K_{ij} 为影响系数矩阵,其物理意义为 j 方向的单位点载荷产生的 i 方向变形量。K_{ij} 的显式表达列举如下:

$$\begin{cases} K_{xx} = \dfrac{1+\mu}{2\pi E}\left[\dfrac{2(1-\nu)R+z_0}{(R+z_0)R}+\dfrac{2R(\nu R+z_0)+z_0^2}{R^3(R+z_0)^2}x^2\right] \\[2mm] K_{xy} = \dfrac{1+v}{2\pi E}\left[\dfrac{2R(\nu R+z_0)+z_0^2}{R^3(R+z_0)^2}xy\right] \\[2mm] K_{xz} = \dfrac{1+v}{2\pi E}\left[\dfrac{z_0 x}{R^3}-\dfrac{(1-2v)x}{(R+z_0)R}\right] \\[2mm] K_{yx} = \dfrac{1+v}{2\pi E}\left[\dfrac{2R(\nu R+z_0)+z_0^2}{R^3(R+z_0)^2}xy\right] \\[2mm] K_{yy} = \dfrac{1+v}{2\pi E}\left[\dfrac{2(1-v)R+z_0}{(R+z_0)R}+\dfrac{2R(\nu R+z_0)+z_0^2}{R^3(R+z_0)^2}y^2\right] \\[2mm] K_{yz} = \dfrac{1+v}{2\pi E}\left[\dfrac{z_0 y}{R^3}-\dfrac{(1-2v)y}{(R+z_0)R}\right] \\[2mm] K_{zx} = \dfrac{1+v}{2\pi E}\left[\dfrac{(1-2v)x}{(R+z_0)R}+\dfrac{z_0 x}{R^3}\right] \\[2mm] K_{zy} = \dfrac{1+v}{2\pi E}\left[\dfrac{(1-2v)y}{(R+z_0)R}+\dfrac{z_0 y}{R^3}\right] \\[2mm] K_{zz} = \dfrac{1+v}{2\pi E}\left[\dfrac{2(1-v)}{R}+\dfrac{z_0^2}{R^3}\right] \end{cases} \quad (4\text{-}3)$$

式中,$R=\sqrt{x^2+y^2+z_0^2}$。特别地,对于矩阵 K_{ij} 的零点位置,$x\to 0,y\to 0$,$R\to z_0$。当反光层厚度较小时,z_0 的取值对 K_{ij} 中的 $1/R$ 和 $1/R^3$ 项影响很大,因此对反光层厚度的确定显得非常必要。图 4.6(a)展示了利用光学显微镜拍摄的反光层截面图,其典型厚度为 80~120 μm。利用 4.4.2 节的变形数据,改变 z_0 值得到的不同法向应力计算结果如图 4.6(b)所示,采用的厚度参数趋于 0 时,应力的影响系数矩阵 K_{ij} 的中心位置将趋于无穷大,因此形成同样的变形场所需的应力很小;当 z_0 增大到 0.05 mm 以上时,厚度参数对应力计算结果影响逐渐减小。如果没有特别说明,后文的厚度参数 z_0 一般取测量平均值 0.1 mm。

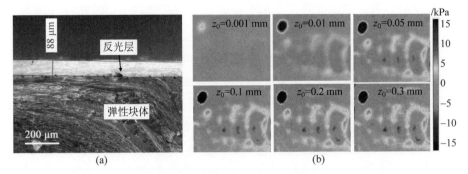

图 4.6 反光层厚度参数对接触力计算结果的影响（见文前彩图）
(a) 反光层的截面显微图片；(b) 不同厚度参数对应力计算结果的影响

在傅里叶空间，卷积运算可以转化为矩阵乘积，利用这一特点可以对式(4-2)进行简化。以位移场为例，对其进行 xy 空间的二维傅里叶变换(fast Fourier transform, FFT)可得

$$\hat{u}_i(k_x, k_y, z_0) = \sum_{x=-\infty}^{+\infty} \sum_{y=-\infty}^{+\infty} u_i(x, y, z_0) e^{-j2\pi(k_x x + k_y y)} \quad (4\text{-}4)$$

式中，k_x 和 k_y 为傅里叶空间波数。类似地，可以得到 $\hat{\boldsymbol{K}}_{ij} = \text{FFT}(\boldsymbol{K}_{ij})$ 和 $\hat{\boldsymbol{p}}_i = \text{FFT}(\boldsymbol{p}_i)$。对式(4-2)两边分别进行傅里叶变换，可得

$$\hat{u}_i(k_x, k_y, z_0) = \hat{\boldsymbol{K}}_{ij} \cdot \hat{\boldsymbol{p}}_j(k_x, k_y, 0) \quad (i, j = x, y, z) \quad (4\text{-}5)$$

式中，运算符"·"定义为矩阵对应元素点乘。这样，对于傅里叶空间的某一特定波数，$\hat{u}_i$ 可以表示为 $\hat{\boldsymbol{K}}_{ij}$ 与 $\hat{\boldsymbol{p}}_j$ 的矩阵乘积：

$$\begin{bmatrix} \hat{u}_x \\ \hat{u}_y \\ \hat{u}_z \end{bmatrix} = \begin{bmatrix} \hat{\boldsymbol{K}}_{xx} & \hat{\boldsymbol{K}}_{xy} & \hat{\boldsymbol{K}}_{xz} \\ \hat{\boldsymbol{K}}_{yx} & \hat{\boldsymbol{K}}_{yy} & \hat{\boldsymbol{K}}_{yz} \\ \hat{\boldsymbol{K}}_{zx} & \hat{\boldsymbol{K}}_{zy} & \hat{\boldsymbol{K}}_{zz} \end{bmatrix} \begin{bmatrix} \hat{p}_x \\ \hat{p}_y \\ \hat{p}_z \end{bmatrix} \quad (4\text{-}6)$$

理论上，只需遍历傅里叶空间的波数 k_x 和 k_y，得到每个波数下矩阵 $\hat{\boldsymbol{K}}_{ij}$ 的逆 $\hat{\boldsymbol{K}}_{ij}^{-1}$，就能得到对应的 $\hat{p}_i = \hat{\boldsymbol{K}}_{ij}^{-1} \hat{u}_j$，再对 $\hat{p}_i$ 进行逆傅里叶变换(inverse fast Fourier transform, iFFT)就可以最终得到实空间的外力场 $\boldsymbol{p}_i$：

$$\boldsymbol{p}_i(x, y, z_0) = \frac{1}{(2\pi)^2} \sum_{x=-\infty}^{+\infty} \sum_{y=-\infty}^{+\infty} \hat{p}_i(k_x, k_y, z_0) e^{j2\pi(k_x x + k_y y)} \quad (4\text{-}7)$$

然而在实践中，矩阵 $\hat{\boldsymbol{K}}_{ij}$ 往往会是病态的，直接求逆可能会造成数值不

稳定。特别是对于傅里叶空间中大波数($k=\sqrt{k_x^2+k_y^2}$)的情况,其对应的矩阵$\hat{\boldsymbol{K}}_{ij}$条件数往往很大,这就意味着在求逆过程中高频率的变形误差将会被显著放大。因此,直接求逆运算之前往往需要人为选择低通滤波器,计算的结果也就很大程度上依赖于低通滤波器的选择:截止波数选择过小不能达到理想的去卷积效果,截止波数过大会引入高频噪声,甚至会出现矩阵$\hat{\boldsymbol{K}}_{ij}$不可逆的情况。

为了解决数值稳定性问题,借鉴粗糙接触数值计算中的迭代思路[198,259],本书提出了一种基于实空间卷积迭代的数值求解方法,基本思路是将去卷积计算问题转化为极值求解问题。具体来说,寻找满足卷积关系$\boldsymbol{K}*\boldsymbol{p}=\boldsymbol{u}$的外力场$\boldsymbol{p}$,等价于寻找能使势函数$W(\boldsymbol{p})$达到极小值的外力场$\boldsymbol{p}$,其中势函数或称损失函数$W(\boldsymbol{p})$定义为

$$W(\boldsymbol{p})=\frac{1}{2}(\boldsymbol{p}*\boldsymbol{K})\odot\boldsymbol{p}-\boldsymbol{p}\odot\boldsymbol{u} \tag{4-8}$$

式中,离散卷积的表达式为$(x*y)_{i,j}=\sum_m\sum_n x_{i-m,j-n}y_{m,n}$;符号"$\odot$"定义为矩阵点乘之后逐元素加和,其表达式为$(x\odot y)_{i,j}=\sum_j\sum_i x_{i,j}y_{i,j}$。可以证明,当$W(\boldsymbol{p})$在$\boldsymbol{p}=\boldsymbol{p}^*$处取得极小值时,$\boldsymbol{p}^*$也是$\boldsymbol{K}*\boldsymbol{p}=\boldsymbol{u}$的解。按照定义可得,$(\boldsymbol{p}*\boldsymbol{K})\odot\boldsymbol{p}=\sum_i\sum_j\sum_m\sum_n K_{i-m,j-n}p_{m,n}p_{i,j}$,分别考虑$m,n=i,j$和$m,n\neq i,j$的情况,合并相关项可得$\partial((\boldsymbol{p}*\boldsymbol{K})\odot\boldsymbol{p})/\partial p_{i,j}=2\boldsymbol{p}*\boldsymbol{K}$;类似地,通过逐项展开求导,再合并相关项可得$\partial(\boldsymbol{p}\odot\boldsymbol{u})/\partial p_{i,j}=\boldsymbol{u}$。这样,当$W(\boldsymbol{p})$在$\boldsymbol{p}=\boldsymbol{p}^*$处取得极小值时,$\nabla W(\boldsymbol{p}^*)=\partial W/\partial p_{i,j}=\boldsymbol{K}*\boldsymbol{p}^*-\boldsymbol{u}=0$,即$\boldsymbol{K}*\boldsymbol{p}^*=\boldsymbol{u}$。

计算函数$W(\boldsymbol{p})$极小值的过程可以基于梯度下降原理实现。为了从第k步的当前解$\boldsymbol{p}^{(k)}$中得到更加准确的解$\boldsymbol{p}^{(k+1)}$,选择此步应力解的残差$\boldsymbol{r}^{(k)}$作为新解的搜索方向。这样做的依据是残差方向正是损失函数的负梯度方向$\boldsymbol{r}^{(k)}=-\partial W/\partial \boldsymbol{p}^{(k)}=\boldsymbol{u}-\boldsymbol{K}*\boldsymbol{p}^{(k)}$。这样,新的解可以表示为$\boldsymbol{p}^{(k+1)}=\boldsymbol{p}^{(k)}+\alpha^{(k)}\boldsymbol{r}^{(k)}$,其中$\alpha^{(k)}$为沿着搜索方向的步长。步长可以为常数,但更理想的步长可以根据最速下降的原则动态确定,即$W(\boldsymbol{p}^{(k+1)})=\min_{(\alpha)}W(\boldsymbol{p}^{(k)}+\alpha\boldsymbol{r}^{(k)})$。考虑到$W(\boldsymbol{p}^{(k)}+\alpha\boldsymbol{r}^{(k)})=W(\boldsymbol{p}^{(k)})+\alpha\boldsymbol{r}^{(k)}\odot\boldsymbol{r}^{(k)}+\alpha^2\boldsymbol{K}*\boldsymbol{r}^{(k)}\odot\boldsymbol{r}^{(k)}/2$,令$\mathrm{d}W(\boldsymbol{p}^{(k)}+\alpha\boldsymbol{r}^{(k)})/\mathrm{d}\alpha|_{\alpha^{(k)}}=0$可以得到$\alpha^{(k)}=(\boldsymbol{r}^{(k)}\odot\boldsymbol{r}^{(k)})/(\boldsymbol{K}*\boldsymbol{r}^{(k)}\odot\boldsymbol{r}^{(k)})$。上述论证过程基于一维应力场,当应用到

三维应力场计算时,只需将残差项 $r=u-K*p$ 替换完整求和形式 $r_i = u_i - K_{ij} * p_j$。特别地,考虑到系数矩阵 K_{ij} 的对角线集中特点,某一方向变形场 u_i 主要由同方向的外力场 p_i 支配,这样每一步的力搜索方向可以选择为近似梯度方向 $p_i^{(k+1)} = p_i^{(k)} + \alpha_i^{(k)} r_i^{(k)}$,进而得到残差更新公式 $r_i^{(k+1)} = r_i^{(k)} - \alpha_i^{(k)} K_{ij} * r_j^{(k)}$。综上,可以得到梯度下降的基本迭代流程如下:

初值:$p_i^{(1)} = 0$, $r_i^{(1)} = u_i - K_{ij} * p_j^{(1)} = u_i$

循环:对于 $k=1,2,\cdots,n$ 直至 $|r|^2/|u|^2 < \varepsilon(10^{-3})$

$$\begin{cases} \alpha_i^{(k)} = (r_i^{(k)} \odot r_i^{(k)})/(K_{ij} * r_j^{(k)} \odot r_i^{(k)}) \\ p_i^{(k+1)} = p_i^{(k)} + \alpha_i^{(k)} r_i^{(k)} \\ r_i^{(k+1)} = r_i^{(k)} - \alpha_i^{(k)} K_{ij} * r_j^{(k)} \end{cases} \quad (4-9)$$

只要第 k 步相对残差满足收敛精度 ε,就可以得到期望的力场 $p^{(k)}$。实践表明,这种迭代策略收敛效果很好,其演示案例如图 4.7 所示。该方法的计算代价主要来自每次迭代中的卷积计算 $K*r$ 对于 $N \times N$ 规模的矩阵计算代价为 $O(N^4)$,利用快速傅里叶变换可以将其转化傅里叶空间中的乘法运算(FFT 和 iFFT 的计算代价为 $O(N^2 \log N)$,乘法计算代价为

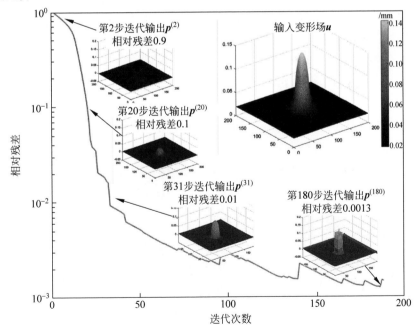

图 4.7 实域卷积迭代的典型收敛曲线(见文前彩图)

$O(N^2)$),这样可以一定程度提高计算效率。

考虑到弹性力学解的唯一性特点,实域空间迭代和傅里叶空间直接求逆两种方法求解半无限大空间接触力本质上是等价的。在实践中,迭代方法的优点之一是显著提高数值稳定性,这是因为正向迭代过程可以避免对病态矩阵 $\hat{K}_{ij}$ 求逆,因此也适合处理几乎任意的、甚至是不合理的变形场,其案例如图 4.8 所示。迭代方法的另一个优点是对高空间频率(对应傅里叶空间的大波数)误差不敏感,因此计算结果不依赖低通滤波,这是因为迭代过程是一个从低频位移场 u 逐渐逼近理想应力场 p^* 的过程,每一步迭代都是 $p^{(k)}$ 试图增加高频组分(更加尖锐)的过程;在这种情况下,低通滤波器事实上是被收敛精度 ε 所代替。但是,实域空间卷积迭代的主要缺点是计算量较大,因此比傅里叶空间直接求逆更加耗时。

以上两种方法均基于半无限大弹性空间假设。然而,在有些测试条件下,当变形量或特征接触尺寸与弹性体厚度 h 相当时,半无限大空间假设将不再成立。针对这种情况,Alamo 等[182]提出了一种考虑有限厚度弹性基底的力学模型及其显式计算方法,其后 Xu 等[186]在其基础上给出了三维接触应力情况下的完整计算形式。这一方法的基本思路是:在傅里叶空间中,式(4-1)描述的微分方程组可转化为线性方程组,通过巧妙地构建矩阵并考虑全部边界条件,可以得到傅里叶空间变形场 $\hat{u}$ 到外力场 $\hat{p}$ 的显式计算公式:

$$\hat{p}_i(h) = Q_{ij}(h_0, h)\hat{u}_j(h_0) \tag{4-10}$$

式中,$\hat{p}_i$ 和 $\hat{u}_j$ 是傅里叶空间中的力场和位移场;h 是弹性体的厚度;h_0 是散斑特征层到弹性体基底的高度(显然 $h_0 \leqslant h$,坐标系示意图如图 4.3 所示)。完整推导过程在文献[182]中有详细阐述,矩阵 Q_{ij} 的显式表达在文献[186]中可以得到,在此不再赘述。需要指出的两点是:矩阵 Q_{ij} 其实是矩阵 M 的函数,可以表示为 $Q = f(M, \partial M/\partial z, M^{-1})$;矩阵 M 的每一个元素都包含双曲正弦 $\sinh(kz)$ 或双曲余弦 $\cosh(kz)$ 项,其中 $k = \sqrt{k_x^2 + k_y^2}$。因此利用此种方法求解时,同样需要对傅里叶空间中的波数 k_x 和 k_y 进行遍历,分别计算每个波数的矩阵 $M, \partial M/\partial z$ 和 M^{-1},得到矩阵 Q_{ij} 后计算对应的 $\hat{p}_i = Q_{ij}\hat{u}_j$,再对 $\hat{p}_i$ 进行逆傅里叶变换得到实域的接触应力场 p_i。

由于考虑了基底的影响,对于变形或横向接触尺度 d 较大的场合,这一计算方法理论上是更加精确的。其计算代价适中,大于傅里叶空间直接求

第 4 章 基于立体视觉的界面三维接触应力动态测量

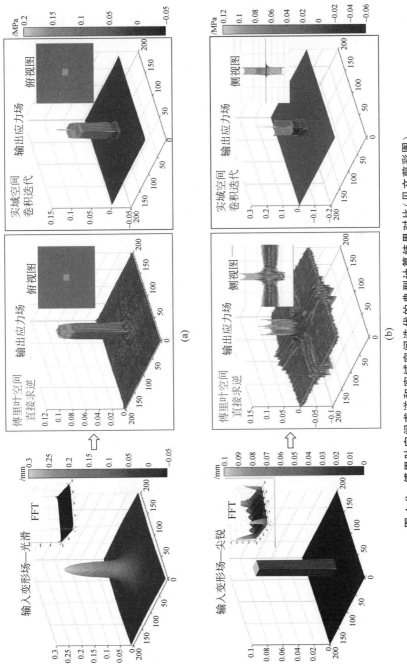

图 4.8 傅里叶空间求逆和实域空间迭代的典型计算结果对比（见文前彩图）

(a) 输入变形场相对平滑的情况；(b) 输入变形场相对尖锐的情况

逆方法,但小于实域空间卷积迭代方法。但是这一方法也存在一些不足:一方面,与傅里叶空间直接求逆的方法类似,矩阵 M 在波数 k 较大时同样会出现过大的条件数,造成求解过程的数值不稳定,因此计算结果同样依赖人为选择的低通滤波器,如图 4.9 所示(案例数据来自 4.4.2 节)。另一方面,对于基底厚度远大于变形量和接触尺度($h \gg d$)的情况,如果依然采用有限厚度模型会给数值计算带来很大困难。这是因为小变形量和小接触尺度需要划分更小的网格参数(记为 m, $d \gg m$),由于数值计算时最大波数 k_m 约为 $1/m$,因此对于大多数 k 的取值都会使 kh 值偏大。由于矩阵 M 和 Q 中都包含指数项 e^{kh},其数值会变得异常大甚至造成堆栈溢出,给后续计算带来困难。因此在这种情况下,使用半无限空间力学模型更加方便和有效。

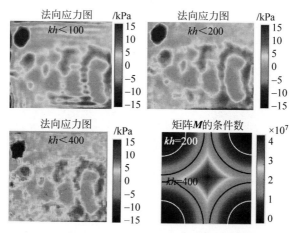

图 4.9 不同滤波参数对基于傅里叶空间应力求解的影响(见文前彩图)

总体来说,当外力作用下的变形量或接触尺寸与弹性基体厚度(本书 h 通常为 20 mm)相当时,采用有限基底厚度力学模型在理论上更加准确,其傅里叶空间的显式计算方法计算代价也是适中的;但是在实践中,选择适当的低通滤波器对于计算结果是必要且重要的。当表层变形量和接触尺寸远小于弹性基底厚度时,半无限空间力学模型更加适用;基于此模型的两种数值解法数学上是等价的,傅里叶空间直接求逆方法计算效率最高,但数值稳定性较差;实空间卷积迭代的方法可以显著提高数值稳定性,并避免对低通滤波器参数的依赖,但相应计算成本较高。三种算法对同一变形场的接触应力计算结果如图 4.10 所示,总体来说,傅里叶空间直接求逆和实域空间卷积迭代的应力解算结果大致接近,但是迭代法细节更加清晰且不会

第 4 章 基于立体视觉的界面三维接触应力动态测量

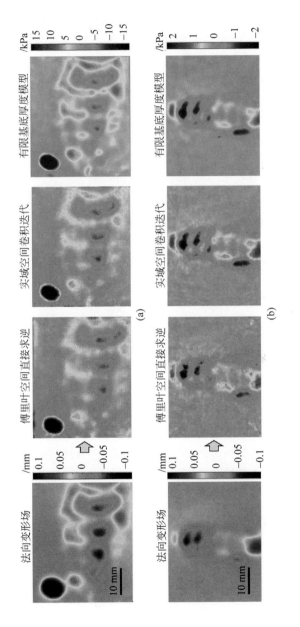

图 4.10 三种接触应力数值求解算法的结果比较(见文前彩图)

(a) 接触尺度(d 约为 30 mm)与弹性基底厚度($h=20$ mm)相当;(b) 接触尺度(d 约为 10 mm)小于弹性基底厚度($h=20$ mm)

引入网格状高频噪声。图 4.10(a)的大蜗牛爬行应力数据来自 4.4.2 节，虽然其最大变形量较小(约为 0.2 mm)，但其接触尺度(d 约为 30 mm)超过弹性基底厚度 h，此时基于半无限大空间模型的算法会对接触应力有所低估。图 4.10(b)小蜗牛爬行应力数据来自 4.4.3 节，其最大变形量(约为 0.1 mm)远小于基底厚度 h，其接触尺度(d 约为 10 mm)也小于 h，此时三种算法应力计算结果总体一致。因此，在本书后续计算中，除 4.4.2 节蜗牛动力学表征中基于有限基底厚度模型外，其他接触应力计算均采用实空间卷积迭代方法。

4.3 性能表征与典型案例

通过合理的结构设计和变形应力重构算法，本书提出的装置结构可以方便地实现目标物体与特定表面之间的三向接触应力高分辨率测量。本节将对分辨率和测量精度进行说明，并通过粘着接触、滚动摩擦接触等接触力学中典型案例，说明此装置的性能和优势。

4.3.1 分辨率与精度表征

首先对测量装置的空间分辨能力进行理论分析，建立起面向不同测量需求的设计准则。双目系统的光路如图 4.11 所示，设两相机焦点位置分别为 F_1 到 F_2，焦距均为 f，基线长度为 $2b$。相机的光轴方向设置为与垂直表面的竖直方向成对称的偏角 α，并假设两相机光轴在测量表面上交于一点 P，设测量表面到相机焦点高度为 H，则有 $b = H\tan\alpha$。当点 P 在待测表面从 P_1 到 P_1' 横向移动如图 4.11(a)所示的距离 X 或纵向移动如图 4.11(b)所示的距离 Z 时，若假设相机和物体之间的距离 H 远大于相机焦距 f，根据投影关系可以得到空间位置 (X,Y,Z) 与图像位置 (x,y,z) 的位置关系，有：

$$\begin{cases} \dfrac{X\sin\theta}{x} = \dfrac{H}{f\cos\alpha} \\ \dfrac{Y}{x} = \dfrac{H}{f\cos\alpha} \\ \dfrac{Z\sin\varphi}{x} = \dfrac{H}{f\cos\alpha} \\ \theta \approx \dfrac{\pi}{2} - \alpha \\ \varphi \approx \alpha \end{cases} \tag{4-11}$$

取微分关系,可得

$$\begin{cases} \delta X = \dfrac{H}{f\cos^2\alpha}\delta x \\ \delta Y = \dfrac{H}{f\cos\alpha}\delta y \\ \delta Z = \dfrac{H}{f\sin\alpha\cos\alpha}\delta x \end{cases} \quad (4\text{-}12)$$

因为图像坐标中最小位移(δx 和 δy)受图像像素的限制,其对应的最小空间位移(δX,δY,$\delta Z/2$)即为双目重构的空间分辨率。这里 δZ 除以 2 是考虑深度坐标由两个相机的视差决定。由式(4-12)可知,空间分辨率由相机的像素分辨率和几何结构共同决定。

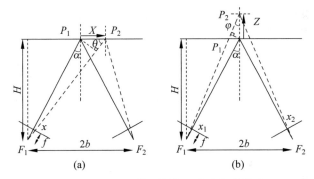

图 4.11　双目立体测量的理论空间分辨率
(a) 横向分辨率示意图;(b) 深度方向分辨率示意图

对于本书所用的 640 像素×480 像素图像,当视野范围约为 6 mm×4 mm 时,对应的 Y 向分辨率约为 0.008 mm,X 向分辨率约为 0.009 mm;对于表面上不同的位置,α 取值范围为 20°～37°,对应 Z 方向的分辨率估计值为 0.007～0.011 mm。作为验证,设计了针尖步进按压实验,通过电动位移台控制针尖状物体按压装置表面,后抬起,然后步进电机驱动滚珠丝杠位移台控制针尖以 10 μm 间距横向移动,再次按压;重复上述步骤 30 次,测量每次接触时的压力分布图如图 4.12(a)所示。通过提取压力中心的偏移量,可以得到中心点总位移以及相邻两次接触中心点的位移差,以此可以评估装置的空间分辨率和位移测量精度。图 4.12(b)展示了位移测量平均值 9.96 μm,蓝色区域表示根据标准偏差估计的测量不确定性(±2.21 μm)。事实上,使用更高分辨率的 CCD,可以进一步提高分辨率。

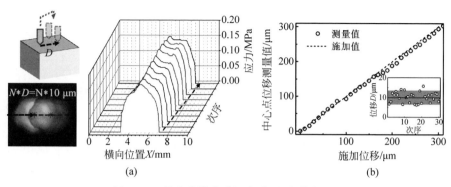

图 4.12 位移分辨率验证实验（见文前彩图）
(a) 针尖步进按压实验的压应力结果；(b) 中心区域位移测量值

应力分辨率的理论分析依据是认为引起最小可分辨变形的施加应力为最小分辨率。以法向分辨率为例，假设一个大小为 p_0 的均布载荷施加在表面半径为 $r=r_0$ 的圆形区域，根据式(4-2)在极坐标形式计算可得

$$u_z(r,\theta,z_0) = \int_0^{2\pi} \mathrm{d}\theta \int_0^{r_0} p_0 K_{zz}(r-r') r' \mathrm{d}r' \tag{4-13}$$

考虑到最大变形发生在中心位置，利用橡胶材料泊松比 $\nu \approx 0.5$ 进行化简可得

$$u_z(r=0,z_0) = \frac{2p_0}{E^*}\left(R_0 - \frac{z_0^2}{R_0}\right) \tag{4-14}$$

式中，定义 $E^* = E/(1-\mu^2)$，$R_0 = \sqrt{r_0^2 + z_0^2}$。可以看出，考虑到反光层厚度通常较小，若假设 $z_0 \ll r_0$，可得法向应力与变形量的简单微分关系：

$$\delta p_z = \frac{E^*}{\lambda} \delta Z \tag{4-15}$$

式中，$\lambda = 2r_0$ 定义为特征接触尺寸。类似地可以得到横向分辨率的类似表达式：

$$\delta p_x = \frac{E'}{\lambda} \delta X \tag{4-16}$$

式中，定义 $E' = 2E/(2-\mu^2+\mu)$。由此可知，应力的分辨率由弹性基底的弹性模量、接触区域尺寸和空间位移分辨率共同决定。

以上分析可以看出，应力分辨率的概念其实是存在一定歧义的。事实上，对于同样的接触压力，受力区域大小不同其引起的变形量也是不同的。为了明确这一点，可以定义 $p\lambda$ 值作为分布式接触力传感器的力分辨率描述参数。对于本装置,力分辨率的影响因素可以由式(4-15)得到 $\delta(p\lambda) \sim E \cdot \delta Z$。在特定位移分辨率下,通过选择不同弹性模量的基底,可以实现不同量级的接触力测量。下面是一个直接的案例,如果需要利用装置测量指纹级别接触变形,首先需要足够的空间分辨率($\delta Z \sim \delta X < 100$ μm);此外,考虑到较小的指纹的接触力参数 $p\lambda$(通常接触压强 p 约为 50 kPa,指纹宽度 λ 约为 200 μm),所需弹性体的弹性模量应在 100 kPa 以下。实验用弹性模量 40 kPa 的硅橡胶基底成功识别了指纹接触形貌,如图 4.13 所示。如果选择弹性模量较大的弹性体(例如 1 MPa),即使空间分辨率足够,也无法识别指纹,只能得到整个指尖的接触变形。

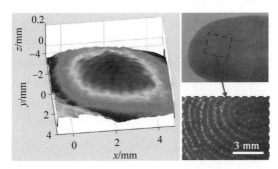

图 4.13　手指指纹形貌的识别(见文前彩图)

考虑到商用应变式力传感器只能提供界面上的总力作为标定标准值(ground truth value),本书通过压球实验结果与 Hertz 接触理论结果对照,进行接触应力分布测量准确性的评估。作为对比,分别利用半无限空间弹性力学模型(记为 SI)求解算法和有限基底厚度力学模型(记为 LT)求解算法计算接触应力。实验中,控制直径为 12.7 mm 的硬质陶瓷球以不同载荷压在装置表面,测量表面变形和接触压力。为了保证 Hertz 接触理论的可靠性,实验前在表面喷洒无水乙醇有效消除硅橡胶与陶瓷球之间的粘着和摩擦。不同载荷下测量的最大接触压力和最大变形与 Hertz 接触预测值的对比如图 4.14 所示。当压入深度较小时,变形和应力的测量值与 Hertz 模型的预测值符合得很好,这实际上也是基底弹性模量标定的过程。但是,当压入深度进一步增加,例如超过基底总厚度的 10%(即 2 mm)时,基底厚度的影响逐渐凸显,Hertz 接触模型的计算结果高估了变形量而低估了最大接触压力。与有限基底厚度模型相比,基于半无限大空间模型的算法同样低估了接触应力,这一点与 4.2.3 节的讨论一致。

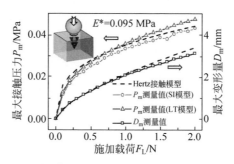

图 4.14　基于压球实验的接触应力测量评估

4.3.2　粘着接触应力测量

由于分子间力和表面力的普遍存在,动态接触过程通常涉及表面间粘着相互作用[40],粘着相互作用在动物爬行[260]、外科治疗[261]和机器人[262]等很多领域都有广泛应用。粘着接触应力的理论预测已经取得了很多进展[263],但对于其直接测量技术的研究则相对较少,本书提出的方法可以有效表征粘着应力的分布和演变情况。

首先,通过接触力学中经典 JKR 理论[264]描述的球与平面粘着过程来说明方法的有效性。当球体被压在平面加载时,其法向应力在整个接触区都呈现 Hertz 接触模型预测的压应力;当球体从表面分离时,接近分离状态时接触区出现 JKR 接触模型预测的中间受压、边缘受拉的粘着接触状态。实验采用的直径 $2R=12.7~\mathrm{mm}$ 的氮化硅陶瓷球,提前测定的基底材料有效弹性模量 E^* 为 $0.095~\mathrm{MPa}$,加卸载速度 v 控制为 $1~\mathrm{mm/s}$。典型加载—保持—卸载过程的力曲线如图 4.15 所示,其中标准值是商用力传感器记录值,测量值为法向接触应力在整个表面的积分,二者符合较好。加载状态的初始压入深度 d_0 为 $1.05~\mathrm{mm}$,对应预载荷为 $0.32~\mathrm{N}$,这与 Hertz 接触模型的预测值 $\left(F=\dfrac{4}{3E^* R^{1/2} d_0^{3/2}}\right)$ 吻合。卸载过程拉脱时的最大负力定义为粘附力 F_{ad},其值为 $-0.06~\mathrm{N}$,对应 JKR 模型预测值 $F_{\mathrm{ad}}=-\dfrac{3}{2\pi WR}$ 可求得粘附功 W 约为 $2~\mathrm{mJ/m^2}$。

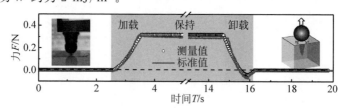

图 4.15　球与平面接触分离过程的力—时间曲线

基于以上信息,可以根据压入深度 $d=d_0-vt$ 对接触力和应力分布的演化进行预测。JKR 模型给出的预测值为[264]

$$\begin{cases} d = \dfrac{a^2}{R}\left[1-\dfrac{2}{3}\left(\dfrac{a_0}{a}\right)^{\frac{3}{2}}\right] \\ a^3 = \dfrac{3R}{4E^*}[F+3\pi WR+\sqrt{6\pi WRF+(3\pi WR)^2}] \\ p = \dfrac{2aE^*}{\pi R}\left(1-\dfrac{r^2}{a^2}\right)^{\frac{1}{2}} - \sqrt{\dfrac{2WE^*}{\pi a}}\left(1-\dfrac{r^2}{a^2}\right)^{-\frac{1}{2}} \end{cases} \quad (4\text{-}17)$$

式中,a_0 为外力 F 为零时的接触半径,满足 $a_0^3 = 9\pi R^2 W/2E^*$。需要说明的是,由于同样压深下 JKR 接触状态的平衡接触半径 a 要大于 Hertz 接触状态,因此球与表面分离需要先经历 Hertz 状态到 JKR 接触状态的过渡。图 4.16(a)中展示了基于 Hertz 接触模型和 JKR 模型计算的力曲线随压入深度 d 的关系,通过与实测值对比很好地体现了这一过渡行为。接触应力分布的截面曲线如图 4.16(b)所示,总体上粘着应力的测量值与 JKR 模型的预测值符合良好,不过在接触区域边缘拉应力区域存在一些偏差,可能的原因有三点。首先,考虑到有限的光学分辨率,接触区边缘处的尖锐变形可能被滤波,因此反卷积过程无法重构出尖锐的应力边界;其次,橡胶弹性体本质上是有一定黏弹性的,这可能导致实际应力状态并不一定能用 JKR 模型描述;最后,该模型预测接触区边缘处的拉应力趋于无穷大,但实际上这种数值奇异性会被材料的有限屈服强度和粘着剥离区(内聚区)的有限应力值所抑制[265],这也一定程度上反映了 JKR 模型的不足。

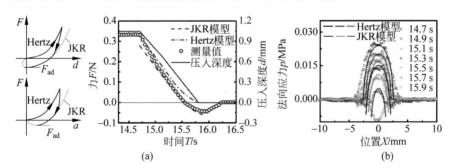

图 4.16 基于 JKR 接触模型的粘着应力测量评估(见文前彩图)
(a) 分离过程的 Hertz 接触状态 JKR 状态过渡;(b) 粘着接触过程的应力测量与模型预测

在表面粘附作用的实际应用中,受壁虎脚掌干粘附行为启发的表面微结构设计,被认为可以通过增加接触顺应性和降低局部断裂缺陷显著增强粘附力[262]。作为演示案例,本书以硅胶材料微柱阵列作为干粘附表面,开展粘脱附过程的接触应力测量,结果如图 4.17 所示。在接触过程中,随着微阵列表面与装置表面的接触,接触应力逐渐增大。当压力进一步增大时,阵列结构压入过深导致其边缘基板也与装置表面接触。在脱附分离过程,法向力表现出两个阶段,结合应力分布图可知第一阶段发生了阵列基板与装置表面的脱离,此时粘附力存在于方形基板的边缘区域。第二阶段发生了微柱阵列的依次剥离,此时粘附力产生在微柱表面。对固体表面接触和分离过程中的粘着应力演变情况的直观测量,有利于明确其接触状态和失效形式,为微阵列设计优化、接触可靠性监测以及粘脱附控制提供重要参考。此外,这一案例也显示了本方法在接触区域重叠情况下依然具有多点识别的能力。

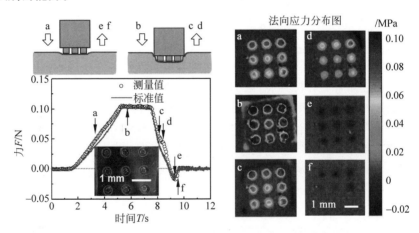

图 4.17 微柱阵列表面的粘着应力演变(见文前彩图)

4.3.3 滚动摩擦应力测量

能够同时测量法向应力和切向应力是本方法的一个显著优势,这可以为各种摩擦行为提供更多界面信息[185]。滚动是显著减少界面摩擦的最常见和最有效的方法。目前已经有很多定性和定量的滚动摩擦理论模型对摩擦的起源和规律进行了有效描述[266-268]。然而,即使借助高精密的力传感器,传统的实验方法也只能提供有限的关于滚动摩擦力大小的信息。本方法对于滚动摩擦的表征具有独特优势:首先,滚动摩擦力的大小可以通过对前向和后向切向应力积分得到,这种差分处理的方式比直接测量分辨率

第 4 章　基于立体视觉的界面三维接触应力动态测量　　113

更高而噪声水平更低；其次，接触应力的分布特征可以反映滚动摩擦的力矩特征；最后，后文实验将表明，本方法能够对滚动摩擦的黏弹性阻力项和粘着迟滞项进行直观呈现，为理解滚动摩擦起源提供更多有价值信息。

　　滚动摩擦测量采用板—球—板的驱动形式，实验装置如图 4.18 所示，将直径为 12.7 mm 的轻质 PTFE 小球作为滚动体，将所提出的接触应力测量装置的上表面作为下板，将测量装置中弹性体同样材质的硅胶块体作为上板。其中上板与商用二维力传感器及电动位移台相连，记录作用力的同时提供载荷和横向驱动。实验中，下板保持不动，上板在加载情况下横向移动，小球在上下板之间滚动。实验中所用载荷为 0.1 N，上板的驱动速度为 2 mm/s，对应小球的滚动速度为 1 mm/s。为了分析滚动摩擦的来源，实验分别在干燥和乙醇润滑条件下开展，其中后者可以显著降低界面粘着作用。为了评估滚动摩擦系统的合理性，在实验过程中通过外界相机记录驱动板和小球的运动情况，通过识别并分别追踪小球中心点和上板的角点，可以得到各自的像素位移。理论上，对于上述运动形式下的纯滚动过程，移动板的移动距离是球体滚动距离的两倍。因此，实际情况中的滑—滚比 ε 可以定义为

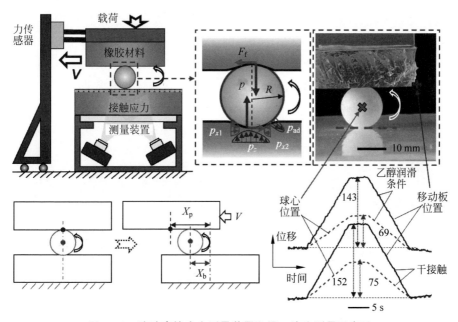

图 4.18　滚动摩擦应力测量装置和滑—滚比测量示意图

$$\varepsilon = (X_p - 2X_b)/X_p \tag{4-18}$$

式中，X_p 是运动板的驱动位移；X_b 是被驱动球体的运动位移。可以看出，$\varepsilon=0$ 和 $\varepsilon=1$ 分别对应纯滚动和纯滑动的情况。对于本实验，干接触和乙醇润滑状态下的滑—滚比分别为 1.3% 和 3.5%，这一数值非常接近理论纯滚动[269]。

两种条件下的滚动摩擦测量结果如图 4.19(a)所示。与干接触相比，乙醇润滑状态的滚动摩擦略小于干接触条件。而在应力分布图，即图 4.19(a)中，这种细微差异更加直观。整体上，小球的横向接触应力呈现前方为阻力、后面为推力的反对称状态。在润滑条件下，前侧阻力略大于后方推力，这一差异也是其滚动摩擦力的来源。而在干燥条件下，除了本身前后阻力的差异外，其后缘处还出现一个由法向粘附力引起的额外阻力，这一界面粘着作用在润滑情况下因为乙醇溶液的存在而被显著消减。从能量耗散的角度来看，黏弹性迟滞作用和粘着迟滞作用是滚动摩擦耗散的两大主要来源[270-271]。在本书的实验中，滚动摩擦起源的这两种组分可以清楚地呈现在不同的接触区域、具备不同的典型特征。需要指出的是，尽管本方法对于接触应力的计算基于弹性力学理论，但通过接触应力积分得到的总力与标准值相差无几，这意味着虽然黏弹性材料中的粘性项是滚动过程中前后方接触变形和接触应力不对称的原因，但这种不对称一旦形成，弹性力本身便主导了接触应力和阻力项，这也与一些滚动摩擦模型中假设滚动过程应力分布符合 Hertz 接触模型的观点一致[266]。本节只展示了滚动摩擦的一组典型测量结果，基于这一测量方法开展更加系统完整的实验，可以为进一步理解滚动摩擦起源、完善理论模型提供全面力学信息。此外，由于电荷转移

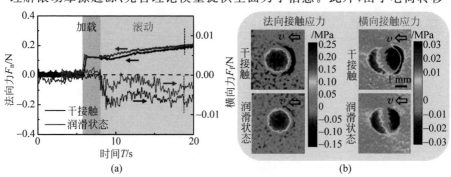

图 4.19 滚动摩擦应力测量结果（见文前彩图）
(a) 滚动摩擦力；(b) 滚动摩擦接触应力图

过程与界面处的摩擦接触状态密切相关,该方法在接触带电和摩擦发电等领域也有着潜在应用价值[272]。

4.4 蜗牛爬行机理研究

本书提出的测量方法所具备的三维接触应力的高分辨率动态表征能力,使其能在众多研究领域发挥重要作用。例如,基于传感阵列的电子皮肤的力学标定通常较为困难,可以将电子皮肤覆盖于本装置的表面进行同步测试,以此作为电子皮肤的实验室计量或标定手段。本节以生物学领域为例,开展蜗牛爬行机理研究。蜗牛不同于一般爬行类动物,它可以仅仅依靠单一软体腹足而实现对空间表面的优异攀爬能力。在蜗牛的腹足底面,肌肉收缩形成的带状序列向运动方向扩展形成的"踏板波"(pedal wave)是蜗牛爬行的主要动力源[273]。蜗牛独特的爬行机理一直吸引着众多研究者,其中最为奇特也是目前广泛接受的一种机理解释是 Denny 于 1980 年提出的"粘着运动"(adhesive locomotion)机制[274-275]。这一机制的实现依赖蜗牛分泌到足底的黏液,其独特的非牛顿流体性质使其能够在高剪切时表现为低阻力的流体态,而在静止和低剪切时呈现高阻力的类固态。黏液在踏板波经过的周期内经历"屈服—愈合"(yield-heal)循环,以此实现踏板波区域的低摩擦阻力和静止"波间"(interwave)区域的高摩擦推力。蜗牛正是利用这种摩擦不对称实现平面爬行[275-276]。不过这种耗能的爬行机制也存在一定争议[184],而且这种机制只考虑了黏液特殊流变行为的贡献[277],没有阐述法向力在其中的作用。可以想象,法向力是蜗牛能够在竖直壁面或天花板上倒立爬行的关键。因此蜗牛在空间表面的爬行机制有待进一步阐明,获得蜗牛足部和基底之间的三维动态接触应力是进一步理解其爬行能力的关键,也能为新范式软机器人的设计提供重要参考[278-280]。

4.4.1 蜗牛爬行的运动学特征

本实验用到两种体型的蜗牛如图 4.20 所示,其中小蜗牛(灰巴蜗牛,拉丁文学名 bradybaena (acusta) ravida)可以从雨后的清华校园中捕获,重量从 3 g 到 8 g 不等,爬行状态体长从 15 mm 到 40 mm 不等。大蜗牛(白玉蜗牛,拉丁文学名 achatina fulica var)由网上宠物店购买,重量从 20 g 到 30 g 不等,体长从 40 mm 到 60 mm 不等。这些蜗牛被饲养在温度 20℃~26℃、湿度 50%以上的饲养箱内,每天喂食清水和蔬菜叶。本研究只需蜗牛在特定表面自由爬行,因此实验过程没有对蜗牛造成伤害。

图 4.20　实验中使用的蜗牛

在研究蜗牛爬行的动力学机理之前,首先要通过图像手段对蜗牛爬行过程进行运动学观测,这是了解蜗牛爬行规律的基础。将蜗牛置于透明的厚玻璃板上,底部放置相机或显微镜进行蜗牛腹足的运动情况记录。光源采用玻璃板的周向照明,理论上光线在玻璃板内部主要发生全反射使背景为暗色,只有蜗牛与表面接触的部分会发生漫反射从而被底部相机拍摄,这样可以拍摄高对比度的蜗牛腹足图像信息,如图 4.21(a)所示。根据蜗牛腹足的颜色和运动特征,在动态图片中可以轻易区分出因为肌肉收缩而呈现暗色的、不断快速向前传播的踏板波区域,处在相邻踏板波区域之间的偏

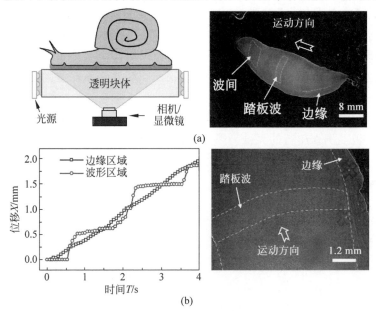

图 4.21　蜗牛腹足形貌的拍摄方法和典型运动图像

(a) 基于受抑全反射原理的蜗牛腹足拍摄;(b) 不同区域蜗牛腹足表皮特征点的位移图

亮色的波间区域,以及不产生踏板波的靠近轮廓边界的外缘(rim)区。通过追踪蜗牛腹足表皮上的固有特征点(这里通过 meanshift 单目标追踪算法实现,细节不再赘述),可以得到不同区域中表皮特征点的运动特征,并得到位移—时间曲线,如图 4.21(b)所示。中心区域(即踏板波和波间交替出现的区域)的点呈现阶梯型运动,这些点在踏板波经过时快速向前,经过后保持不动。外缘区域的点跟随蜗牛整体连续地向前缓慢移动。显然,因为它们都是蜗牛体的一部分,两个区域点的平均速度是相同的。从显微照片中还能发现,踏板波后边缘总是比前边缘更加尖锐,这可能与肌肉收缩与传播的机制有关[273],这一点在分析蜗牛爬行的动力学机理时还会涉及。

对蜗牛爬行机制的讨论中最主要的争论点之一是:蜗牛足底的每个踏板波是像尺蠖一样隆起向前步进,还是维持平坦的表面仅发生面内变形。之前的研究者通过冷冻切片的方法对爬行状态的蜗牛足部进行离线显微观察,但是两种情况都被观察到[273,276]。蜗牛研究的先驱之一 Parker 在 1911 年通过足底吸附气泡的变形行为,认为踏板波存在一定空腔[281]。本书的实验也观察到蜗牛分泌的黏液中存在少量吸附气泡,这些气泡附着在蜗牛腹足表面与蜗牛一起运动,如图 4.22 所示。当有踏板波经过时,细长的气泡会出现纵向压缩和横向变宽。为了量化这一点,本书统计了踏板波经过前后附着气泡的面积变化和横向纵向尺寸变化,可以发现大部分气泡在踏板波经过前后面积没有发生明显变化。只有当蜗牛倒置爬行状态时,足部会出现一些凹陷区域,少数气泡进入这些凹陷区域后发生面积显著降

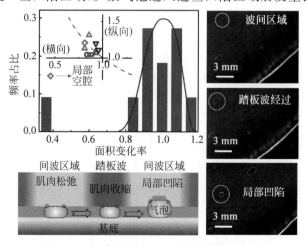

图 4.22 蜗牛腹足表面附着气泡的形态分析

低,形状由细长形变为圆形。如果假设气泡体积在这一过程不发生变化,上述面积不变的观察结果其实支持了足底和基底之间间隙不变的假设,即踏板波主要发生面内变形而非法向的隆起。Denny[276]对这一现象的解释是,由于高粘度黏液的存在,如果踏板波的本质是隆起,其频繁产生凹陷空腔所需的巨大粘性阻力是一个生物体不可接受的。因此在硬质表面以平面内变形为主,而在软基底才会引起基底和足底一起向上变形。这一点将成为4.4.2节动力学分析的重要参考。

4.4.2 蜗牛爬行的动力学特征

为了明确踏板波对蜗牛爬行的力学意义,本节利用本书提出的接触应力动态测量方法对蜗牛爬行过程进行表征。大蜗牛被放置在装置表面并让其自由爬行,为了便于后续分析,需要多次记录取其接近直线爬行的结果。注意到大蜗牛的接触尺度与基板厚度相当,因此应力求解算法采用有限厚度力学模型。某一时刻的典型应力如图4.23所示,蜗牛爬行时的踏板波、波间和外缘区域可以从测得的应力分布中分辨。总体来说,蜗牛向前运动时踏板波产生微弱的向后阻力,波间区域产生正向推动力;正的法向力(即压力)主要在波间区的前部产生,负的法向力(即吸力)在踏板区和波间区后部产生。其切向力和法向力的分布必然存在一定本质联系,这是踏板波推动蜗牛爬行的关键因素之一。首先,这些分段存在的吸力区是由踏板波的吸盘作用和波间区域和外缘区域密封作用引起的。前人的研究已经表明,踏板波的本质是蜗牛腹足肌肉在横向的收缩[276],推测这种收缩也可能产生垂直表面向上的运动趋势,从而产生踏板波向上的吸盘力。考虑到液体的不可压缩性,在吸盘区域黏液的厚度变化可以忽略不计,而测到的基底隆起应该是与腹足一致的向上变形,这一点和Denny的解释一致[276]。一旦踏板波形成这种隆起,它就会在后方高压作用下向前不断推进。这种高压来自蜗牛内部的体液填充[276],这与观测到的波间前缘较大的法向压力和光学图像中踏板波的尖锐后缘一致。在踏板波的前缘,这种隆起可以通过滚动剥离的形式轻松向前扩展,这与波间后缘负的法向力以及光学图像中踏板波平滑的前缘一致。这种在软基体上发生的"卷入—剥离"动作可以有效降低踏板波前向传播的阻力。

在踏板波传播过程中,压力调节的润滑状态改变也是"粘着运动"机制的重要组成部分。流体态的黏液被密封在负压的踏板区中,踏板区域与基底之间的切向作用力通过黏液的粘度传递,相当于处于低摩擦的动压润滑状态。为了平衡负压吸力,波间区会产生正向支反力,高压低速的波间区与

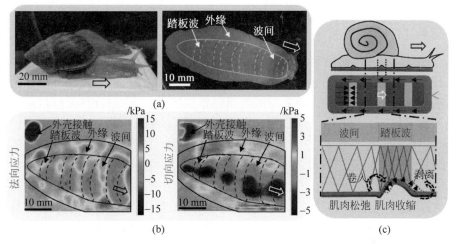

图 4.23 蜗牛爬行过程的接触应力（见文前彩图）

（a）大蜗牛爬行过程图像；（b）大蜗牛爬行过程的接触应力；（c）蜗牛爬行的力学机制示意图

基底之间的黏液处于类固体状态，相当于处于高摩擦的边界润滑状态。这样的压力调控会显著增加波间区和踏板波区域的摩擦不对称性，从而驱动蜗牛向前爬行。由于处于边界润滑的波间区域摩擦阻力不仅取决于剪切速率，还取决于法向压力，因此当人为将蜗牛从基底上移开时，如果它不愿意离开，蜗牛就会进一步隆起身体而增加吸盘吸力，使波间区和外缘区支反力增加，摩擦阻力显著增加来抵抗外界拖曳力（如图 4.24 所示，数据来自 4.4.3 节图 4.25(a)中的小蜗牛）。

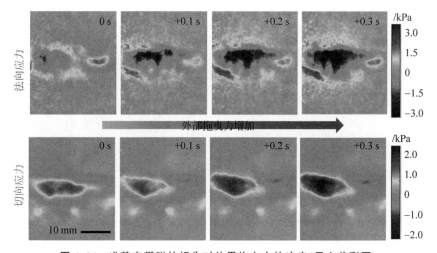

图 4.24 准静态攀附的蜗牛对外界拖曳力的响应（见文前彩图）

4.4.3 蜗牛空间攀爬的多尺度吸盘机制

除了在平面上的爬行能力外,蜗牛还具备在竖直壁面甚至天花板的多样化攀爬能力,其法向吸附力和切向摩擦力的协同作用机制是其空间表面爬行能力的关键。当小蜗牛在不同倾斜程度装置表面上自由爬行时,记录其在不同空间位姿的三维接触应力。其中,除了垂直基面的法向应力和沿运动方向的水平切向应力外,垂直运动方向的水平方向接触应力被称为横向应力,如图4.25所示。注意到,除了4.4.2节讨论的小尺度的踏板应力外,蜗牛总的接触应力还受到大尺度的法向应力的调制。如果只关注这种大尺度的应力分布可以发现,在水平面上,蜗牛整体受力类似于吸盘,即外部边缘区域受压而内部区域为负压;在竖直壁面上,蜗牛腹足的前部整体

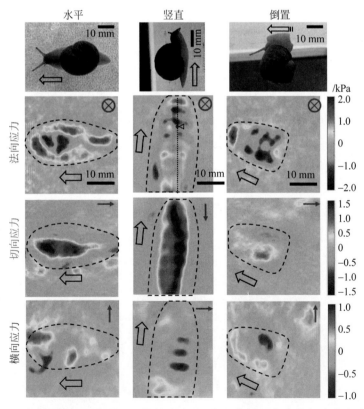

图4.25 蜗牛不同爬行位姿时三向接触应力图(右上角标识表示施加在基底力的正方向)(见文前彩图)

趋于产生吸附力,后部趋于产生正压,这样可以平衡重力力矩;在倒置攀附时,蜗牛甚至可以从初始状态的只有身体部分吸附的半悬空状态,逐渐过渡到腹足整体吸附状态,这表明腹足可以分段密封产生负压。因此,从力学角度可以将蜗牛的腹足抽象为不同尺度的类吸盘结构,其中踏板波构成了不断向前传播的小吸盘来推动蜗牛爬行,而整个身体又可以构成具有分段密封能力的大尺度吸盘,这些大尺度吸盘使身体可以完全或部分地附着在墙壁或天花板上。

为了更好地表征时间演化特征,可以将应力分布图中沿运动方向的某一截面数据沿 x 轴放置,不同时间顺序的截面应力沿 y 轴排列,构成同时包含时间(y 轴)、空间(x 轴)和应力(z 轴)信息的应力演化图。以竖直方向爬行时蜗牛的法向接触应力为例,按上述方式可以得到其应力演化图如图 4.26 所示。其中条纹状图案包含了丰富的蜗牛运动信息:由于爬行过程蜗牛最前端始终保持压应力,其在应力演化图中的斜率就代表了蜗牛的整体运动速度(图 4.26 中记为 VOS=0.53 mm/s);而在蜗牛腹足中心区域,踏板波传播速度更快,其形成的条纹具有更大的斜率(图 4.26 中记为 VOW=3.93 mm/s)。此外,应力演变图中也包含了多尺度应力特征:沿 y

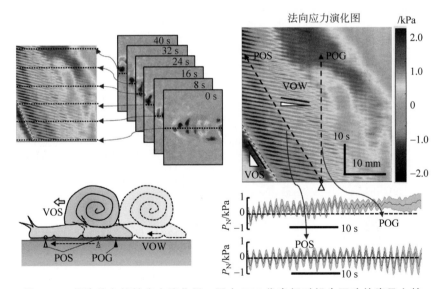

图 4.26 蜗牛法向接触应力演化图。图中 POS 代表相对蜗牛不动的腹足上某点,POG 代表相对大地不动的基底某点;VOS 为蜗牛运动速度,VOW 为蜗牛腹足踏板波的波速(见文前彩图)

轴的剖面线表示相对于大地的固定点(图 4.26 中记为 POG)测到的接触应力,除呈现周期性应力波动外,还先后受到一个低频的负压和正压的调制;与 VOS 平行的剖面线表示蜗牛腹足上某点(图 4.26 中记为 POS)所产生的接触应力呈现出均匀的周期性。一种合理的解释是,小尺度的踏板波与大尺度的吸盘作用分别由蜗牛的不同身体结构独立实现,例如表层肌肉控制踏板波的形成和传播来推动蜗牛爬行,背底更大尺度肌肉群控制腹足的分段密封和吸盘效应。这样,实际测得的不同部位接触应力是这两种不同尺度吸盘效应的叠加。这些发现可以为软体爬行机器人的新范式研究提供有效参考。

4.5 本章小结

本章研究的目标是结合双目立体视觉技术和弹性力学模型,提出一种具有高空间和时间分辨率的界面三维接触应力表征方法并设计了原型装置。该装置结构简单,性能优异,具有发展为触觉力传感器的潜力,能够有效弥补目前电子皮肤或牵引力显微技术在三维接触应力测量中存在的不足。不同接触应力测量技术的特点详见表 4.1。

表 4.1　不同接触应力测量技术的特点比较

技术方法	应力维度	空间分辨	时间分辨	典型特点	典型工作
电容、压阻等传感阵列	1D 为主 3D 少数	中($\mu m \sim$ mm)	高(约为 ms)	柔性、多功能,但制造和信号处理复杂	文献[145-147,151]
力致发光材料、光弹材料	1D	低(约为 mm)	高(约为 ms)	结构简单、主要定性测量	文献[282-283]
牵引力显微镜	2D	高(nm $\sim \mu m$)	理论高	主要用于细胞等微观应力	文献[181-182]
共聚焦扫描的牵引力显微镜	3D	高(nm $\sim \mu m$)	低(s $\sim$ min)	依赖扫描速率	文献[186-187]
基于双目视觉接触应力测量	3D	高(约为 μm)	高(约为 ms)	结构简单、易扩展	本工作

注:空间分辨率与时间分辨率为文献报道中的一般情况,可能存在部分工作超过此范围。

本章首先对装置的结构组成和测量原理进行了介绍,特别介绍了由变形场计算应力场的求解原理和数值计算方法,讨论了提出的迭代方法和现有傅里叶空间逆解方法的各自特点。然后对测量方法的变形和力的分辨率进行了理论分析,并通过经典接触力学实验对分辨率和精度进行验证。其后,针对接触力学领域经典的粘着问题和滚动摩擦问题,利用本方法开展了微柱阵列表面粘脱附应力测量和不同润滑状态滚动摩擦应力测量。最后,将这一方法应用到生物领域,揭示蜗牛能够在不同空间表面爬行的力学机理。主要结论如下:

(1) 基于双目立体视觉的表面三维重构和弹性力学模型的数值求解,提出了一种界面三维接触应力的高时空分辨率测量方法。搭建的装置原型的空间和时间分辨率分别达到 10 μm 和 10 ms,可以实现 kPa 到 MPa 量级的接触应力测量。其中,空间和时间分辨率通过提高相机性能可以进一步提高,力分辨率和量程通过改变弹性体的弹性模量可以调节。

(2) 针对测量方法中涉及的接触应力求解问题,本书提出了一种基于实域卷积迭代的接触应力求解算法,相比于传统傅里叶空间逆解法,可以显著提高计算的数值稳定性和对输入形变场的兼容性,并减少对频域滤波参数的依赖性。算法的应力求解准确性通过经典接触力学模型得到了验证,其对于其他类型电子皮肤的三维力测量解算也具有重要参考价值。

(3) 利用提出的测量方法可以加深对界面力学行为中许多基本问题的认识。在粘着应力测量中,对微柱阵列干粘附表面的粘着应力演变情况进行了呈现,这对表面结构的优化设计和可靠性监测具有重要意义。滚动摩擦测试中,直观展示了不同接触区域中黏弹性阻力项和粘着迟滞项对滚动摩擦的贡献。在蜗牛的爬行机理研究中,揭示了踏板波的滚动剥离行为可以降低前行阻力,踏板波的微吸盘效应调控的局部润滑状态是蜗牛依靠摩擦不对称性爬行的关键,蜗牛腹足的多尺度的吸盘效应则是其能够以水平、竖直和倒置等多种姿态进行空间爬行的力学基础。

本章所提出的三维动态接触应力的高分辨率测量方法,将成为后续章节的摩擦触觉感知研究和触觉传感设计的重要基础,其简单结构和优异性能也能够在诸如摩擦学研究、动物行为学研究、电子皮肤标定和机器触觉感知等众多领域的研究和应用中发挥重要作用。

第5章 人手抓取的摩擦触觉感知机理与反馈控制策略

5.1 引　　言

人手有着机械手无法比拟的灵巧操纵能力,不仅可以对鸡蛋、面包这类轻脆物体进行灵巧拾取,也能对箱子、铁块这类沉重物体进行可靠抓取,还能利用镊子、球拍等工具对其他物体进行精准操纵。这种灵巧操作能力的背后,需要人眼的视觉导航、大脑的运动规划、肢体的运动控制、手指末端的力学驱动等多种功能的密切配合。但毫无疑问,触觉反馈是其中的关键因素之一。Johansson等[21]通过实验表明,在人手皮肤的触觉神经被麻醉后,人手由于无法对抓取状态感知而失去抓取的可靠性和灵巧性。人手正是借助皮肤中丰富的触觉感受器,实现对界面接触和摩擦状态的快速感知,通过引入纠错机制实现抓取力的及时调控[22],确保对不同物体快速、精确、稳定和灵巧的抓取操作。为了让机械手拥有和人手一样的灵巧抓取能力,就要明确人手依靠何种界面力学信息实现对摩擦触觉信息的编码,又如何利用摩擦触觉信息实现对抓取过程的反馈控制。

为了回答上述问题,本章首先结合力学测试和光学手段对手指的弹性力学行为和摩擦力学行为进行研究,建立描述皮肤摩擦的载荷依赖性、方向依赖性和织构参数依赖性的定量关系模型。然后系统研究人手在抓取不同重量和不同光滑程度物体时的抓取行为规律,结合第4章设计的界面三维接触应力测量装置,探究人手进行摩擦触觉感知的界面力学基础及在抓取过程利用摩擦触觉信息对抓取力进行反馈调控的核心策略。本章研究对人手摩擦触觉感知机理与反馈控制策略的揭示,不仅能够加深对触觉形成机理的认识,更能够对机器触觉设计和机械手灵巧抓取实现提供重要理论指导。

5.2 手指摩擦行为研究

5.2.1 手指皮肤的基本力学特征

人体手指皮肤从外到内主要包括表皮层、真皮层和皮下组织,是典型的多层复合材料[284]。其中表皮层平均厚度为 0.2 mm,手指的表皮层会呈现褶皱状,构成指纹。表皮层中的角质层由紧密排列的角化细胞组成,厚度为 20~40 μm,是皮肤屏蔽层的重要组成部分,也是表皮层高硬度的主要来源。真皮层平均厚度为 1~2 mm,分布着触觉感受器、神经纤维、血管、汗腺等多种组织,与人体皮肤的许多功能直接相关。皮下组织厚度为 1~50 mm,由脂肪、结缔组织等组成,起到柔软缓冲和保温效果[285],如图 5.1 所示。

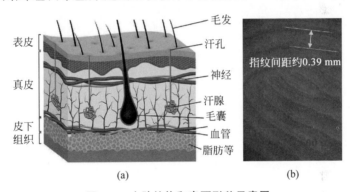

图 5.1 皮肤结构和表面形貌示意图
(a) 皮肤的剖面结构示意图;(b) 手指表面指纹图

材料的弹性是基本力学特征量,与材料的接触和摩擦行为密切相关。真实的皮肤由于复杂结构和成分,必然呈现非线性和黏弹性特征。手指皮肤弹性行为的原位测量可以在硬质压头的压入实验中记录压入深度和力的关系,基于力学模型拟合得到。当皮肤变形量较小时,其力学特征往往可以基于 Hertz 接触模型,采用"有效弹性模量"这一单变量描述[285-286]。不过,这种描述带来的主要问题是测得的有效弹性模量具有很强的尺度依赖性,其数值往往与压头半径呈现负相关[285],这就使得这种"有效"处理的价值降低。造成该现象的原因是 Hertz 接触模型的半无限大空间假设可以通过小变形来保证,但其均质假设却无法适用于多层复合结构。

针对这一情况,结合皮肤的结构特点,本书将皮肤力学结构抽象为由大

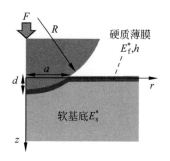

图 5.2 双层结构的皮肤力学模型

弹性模量的薄层(对应表皮层)和小弹性模量的半无限大基底(对应皮下组织)固连的两层结构,这一基本假设同样基于小变形的情况。基于这样的假设,借鉴 Boxin Zhao 等[287]针对镀金 PDMS 块体的微纳尺度粘着模型的建模思路,本书解析地给出双层结构的皮肤力学模型,如图 5.2 所示。

定义半径为 R 的刚性压头压入深度 d 的力学响应函数为 $F(d)$。假设薄层厚度远小于基底层,而弹性模量远大于基底。在压入过程,相对硬质薄层的力学行为近似薄板,主要发生拉伸和弯曲变形,而基底以压缩变形为主。考虑薄层与基底固连,且薄层厚度很薄,可以假设基底的受力变形状态仍然近似为 Hertz 接触状态,且薄层变形与基底的 Hertz 变形状态一致。但由于硬质薄层的存在,双层结构达到同样压入深度所需的力要大于纯软基底的情况,记为 $F=F_s+F_f$。其中,F_s 是没有薄层的基底压入深度为 d 的所需力,根据 Hertz 接触模型有

$$F_s = \frac{4}{3} E_s^* R^{\frac{1}{2}} d^{\frac{3}{2}} \tag{5-1}$$

式中,E_s^* 为基底的等效弹性模量,$E_s^* = E_s/(1-\nu_s^2)$;E_s 为软基底的弹性模量;ν_s 为基底材料的泊松比。硬质薄层的存在引起的附加力 F_f 可以通过薄板力学模型得到,对于法向变形大于薄层厚度 1/5 以上的情况,薄板力学平衡方程可以用圆薄板大挠度方程(也称为冯·卡门方程)来描述[288]:

$$\frac{d^3 w}{dr^3} + \frac{1}{r}\frac{d^2 w}{dr^2} - \frac{1}{r^2}\frac{dw}{dr} = \frac{6}{h^2}\left(\frac{dw}{dr}\right)^3 + \frac{12}{h^3 E_f^*}\int_0^r p_z r\,dr \tag{5-2}$$

考虑 Hertz 接触状态下的法向变形主导,略去了原方程中的径向变形相关项。式中,w 为薄层的法向变形挠度;h 为薄层厚度;E_f^* 为薄层的等效弹性模量。进一步假设接触区域的变形在整个区域中占主导,其挠度可以由刚性压头的几何关系表示 $w(r)=\sqrt{R^2-r^2}-\sqrt{R^2-a^2}$。将其代入式(5-2)并在接触半径 $a=\sqrt{Rd}$ 范围内积分可得

$$\begin{aligned} F_f &= \int_0^a p_z r\,dr \\ &= \pi E_f^* h \left[\frac{6R^2 d^2(R^2-Rd) - h^2 Rd(4R^2-Rd)}{6(R^2-Rd)^{5/2}}\right] \end{aligned} \tag{5-3}$$

第 5 章　人手抓取的摩擦触觉感知机理与反馈控制策略

将式(5-1)与式(5-3)联立就可以得到双层结构的力学响应模型 $F=F_s+F_f$。近似地，考虑薄层厚度 h 很薄，略去式(5-3)中的高阶小量可得

$$F = F_s + F_f$$
$$\approx \frac{4}{3}E_s^* R^{\frac{1}{2}}d^{\frac{3}{2}} + \pi E_f^* h R^2 d^2 (R^2-Rd)^{-\frac{3}{2}} \quad (5\text{-}4)$$

分别利用 Hertz 接触模型和双层结构模型对实验数据拟合，结果如图 5.3 所示。在压入深度 $0\sim2.5$ mm 范围内，如果采用 Hertz 模型拟合，等效弹性模量 $E^*=50$ kPa 和 $E^*=40$ kPa 只能分别对数据上、下部分较好拟合，这表明皮肤力学响应不能用单一均质模型来描述。基于提出的双层结构模型，选取薄层厚度 h 参数为 0.2 mm(与表皮层典型厚度相当)，拟合得到硬质薄层弹性模量 E_f^* 为 0.2 MPa，软质基底 E_s^* 为 30 kPa，模型能够很好地描述实验数据，拟合的弹性参数也与其他模型结果相当[36]。

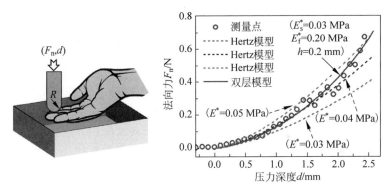

图 5.3　皮肤弹性模量测试和模型拟合结果

本书所提出的描述皮肤弹性行为的双层结果模型，不仅能对已有实验数据进行准确描述，更能对文献报道的弹性模量尺度依赖性进行解释。为了便于讨论，考虑 $R\gg d$ 的近似(有 $R-d\approx R$)，结合接触半径 $a=\sqrt{Rd}$，式(5-4)可化简为

$$F \approx \frac{4}{3}R^{\frac{1}{2}}d^{\frac{3}{2}}\left(E_s^* + \frac{3\pi}{4}E_f^* h a^{-3} d^2\right) \triangleq \frac{4}{3}R^{\frac{1}{2}}d^{\frac{3}{2}} E_{ef}^*(a) \quad (5\text{-}5)$$

类比 Hertz 模型的形式可知，拟合的有效弹性模量 $E_{ef}^*(a)$ 包含了软质基底和硬质薄层的共同影响。其中，后者是接触半径的 a 的函数，当接触半径较小时，硬质薄层的弹性项将会更加显著，当接触半径较大时，有效弹性模量将收敛到软基底弹性项。略去常数项后，弹性模量与尺度的标度律关系

可以近似表达为 $E_{\text{ef}}^*(ad) \sim a^{-3}d^2$。考虑到实际测试中,跨数量级的接触尺度($\mu m \sim mm$)往往是因为采用了跨尺度的压头尺寸和压入深度,即实验中通常有 $d \sim a$,这样上述标度律关系近似为 $E_{\text{ef}}^*(a) \sim a^{-1}$。作为验证,图 5.4 列举了 M. A. Masen 等[285]汇总的不同接触尺度的皮肤弹性模量实验结果,其基本符合上述标度律关系。

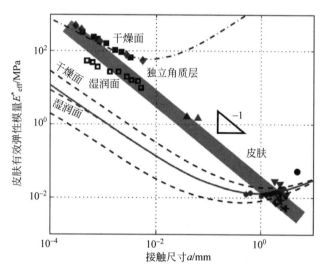

图 5.4 皮肤有效弹性模量与接触尺寸的关系。原图改自文献[285],数据来自不同文献报道的实验结果,色带指示理论标度率关系

5.2.2 手指皮肤的粗糙摩擦模型

界面摩擦来源主要包括分子作用和机械作用,前者来源于接触表面实际接触位点粘着—分离作用,可称作粘着作用;后者来源于表面凹凸体之间的机械相互作用。对于皮肤摩擦体系,由于皮肤通常较软,其机械作用主要来自皮肤与硬质凹凸物体接触产生的变形在滑动过程中的阻力,因此该机械作用也被称作变形阻力[17]。为了明确手指摩擦行为中不同组分的贡献,需要构建理想的实验体系。本书利用光敏树脂 3D 打印得到了不同间隔(占空比 50%)的栅格状织构表面,由于材料性质相同,可以认为不同织构表面粘着作用相同。将表面固定在二维力传感器上,测量手指在不同载荷下滑动摩擦,结果如图 5.5 所示。实验发现,手指与织构表面的摩擦力是随载荷升高而升高的,但摩擦系数呈现出明显的载荷依赖性,载荷越高摩擦系数越低。为了明确其中差异,图 5.5(b)统计了不同织构表面摩擦系数与

载荷的关系,发现虽然摩擦系数都与载荷负相关,但不同织构表面的摩擦系数与载荷的关系却表现出高度重合。相比之下,没有织构的光滑表面的摩擦系数约为织构表面的两倍,表现出接触面积依赖性。

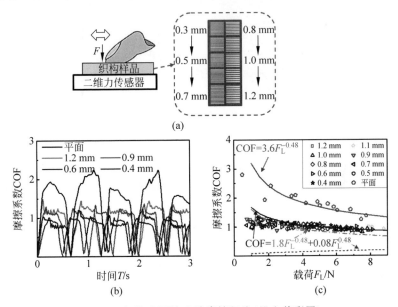

图 5.5　织构表面的皮肤摩擦行为(见文前彩图)

(a) 不同织构表面的摩擦实验示意图;(b) 部分表面的实验的摩擦系数测试曲线,其中平面指代无织构表面;(c) 手指摩擦系数与载荷关系

为了解释上述摩擦行为,可以从粘着作用和弹性阻力两个来源对该摩擦过程进行建模。将手指皮肤与简化为块状弹性体,其弹性描述遵从 5.2.1 节介绍的双层结构力学模型,手指在载荷 F_L 的作用下以速度 v 运动。作为简化,手指皮肤与平面的表观接触区域为长 L 宽 D 的矩形区域,则表观接触区面积 $S=LD$。如图 5.6 所示,这种简化可以通过观测手指与玻璃平板的接触区域形状近似得到,该接触区面积 S 与外力 F_L 的关系可以表示为 $S=s_0 F_L^{\lambda}$。根据 5.2.1 节的双层弹性模型,式(5-5)中接触面积可近似为 $S \sim a^2$,根据几何关系有 $a=\sqrt{Rd}$,化简可得 $1/\lambda$ 的取值应在 1.5~2 之间,即 λ 的取值范围在 0.5~0.67 之间。设表面织构宽度为 a,其在一个起伏周期中所占比例为 ϕ。在长度为 L 的范围内,手指皮肤接触到的织构数目 $N=\phi L/a$。

皮肤摩擦的两大基本来源中[17],粘着作用项 $F_{\mu,\text{adh}}$ 由接触区表面间

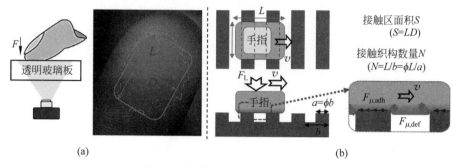

图 5.6 织构表面的皮肤摩擦建模
(a) 手指与玻璃平面真实接触区域和简化示意图；(b) 织构表面皮肤摩擦力模型

粘着力引起，可以认为与剪切强度和实际接触面积成正比，记为 $F_{\mu,\mathrm{adh}} = \tau\alpha(Da)N$。式中，$\tau$ 为界面剪切强度，α 为表观接触面积中真实接触面积占比。将 N 替换为 $\phi L/a$，结合载荷与接触面积关系 $S=s_0 F_L^\lambda$，化简可得

$$F_{\mu,\mathrm{adh}} = \phi\tau\alpha s_0 F_L^\lambda \triangleq \phi k_1 F_L^\lambda \tag{5-6}$$

式中，k_1 为材料表面性质相关的待定常数；变形阻力项 $F_{\mu,\mathrm{def}}$ 来自皮肤与织构间隙的弹性阻力的水平分量，可以表示为与织构静态接触的皮肤弹性变形能 U_{def} 与黏弹性相关耗散系数 β 的乘积。其中，弹性变形能的计算依据是假设单个织构与皮肤接触形式近似于刚性圆柱面与平面的接触，其接触力可以表示为 $F_0 = F_L/N \approx (\pi/4)E_{\mathrm{ef}}^* D\delta$，其中 δ 为压入深度。对应的静态弹性能表示为

$$U_{0,\mathrm{def}} = \int_0^\delta F_0 \mathrm{d}\delta = \frac{\pi}{8} E^* D\delta^2 = \frac{2}{\pi} \frac{F_0^2}{E_{\mathrm{ef}}^* D} \tag{5-7}$$

那么全部接触区域 N 个织构接触的弹性能为 $U_{\mathrm{def}} = NU_{0,\mathrm{def}}$。当手指相对织构表面运动距离为 x 时，这一过程产生的总弹性能 $U_{x,\mathrm{def}} = U_{\mathrm{def}}x/a$。对于理想完全弹性接触的情况，弹性接触在水平方向是对称的，能量也是守恒的。但是由于皮肤等软材料的天然黏弹性，这部分储存的弹性能在松弛时不能完全恢复，损耗占比为 β，这就将引起接触前方的弹性阻力大于接触后方弹性恢复力，由此引起弹性力在水平方向的合力不为零，这即为皮肤摩擦的变形阻力项的来源：

$$F_{\mu,\mathrm{def}} = \beta\frac{\partial U_{x,\mathrm{def}}}{\partial x} = \frac{2\beta}{\pi}\frac{NF_0^2}{E_{\mathrm{ef}}^* Da} = \frac{2\beta}{\pi\phi s_0 E_{\mathrm{ef}}^*} F_L^{2-\lambda} \triangleq \frac{k_2}{\phi} F_L^{2-\lambda} \tag{5-8}$$

式中，k_2 为材料体相性质相关的待定常数。结合式(5-6)和式(5-8)就可以

得到织构表面的总摩擦系数：

$$\mathrm{COF} = \frac{F_{\mu,\mathrm{adh}} + F_{\mu,\mathrm{def}}}{F_\mathrm{L}} = \phi k_1 F_\mathrm{L}^{\lambda-1} + \frac{k_2}{\phi} F_\mathrm{L}^{1-\lambda} \tag{5-9}$$

注意，当织构表面的凹凸比例确定时，k_1 和 k_2 中都不包含织构尺寸项 a，这就意味着皮肤摩擦的粘着作用项 $F_{\mu,\mathrm{adh}}$ 和变形阻力项 $F_{\mu,\mathrm{def}}$ 都与织构尺寸无关，这与图 5.5 中的实验结果相吻合。考虑到 λ 的取值范围在 $0.5\sim0.67$ 之间，因此粘着作用贡献的摩擦系数与载荷负相关，而变形阻力引起的摩擦系数与载荷正相关，结合实验结果可知，手指摩擦中的粘着作用占主导[289-290]。

利用上述模型可以对皮肤摩擦行为进一步量化。首先需要确定表观接触面积 S 的载荷依赖参数 λ。利用高速相机同步记录手指按压在玻璃表面上的光学图像和法向力，根据光学图像得到不同压力下手指与玻璃平板的表观接触面积，这一过程可以通过图像边缘识别算法和形态学算法实现，如图 5.7 所示。利用接触瞬间的图像帧与力曲线中的接触位置进行时间戳对准，就可以得到载荷力 F_L 与表观接触面积 S 的曲线关系，如图 5.8 所示。首先可以基于 5.2.1 节的双层结构模型对实验数据进行拟合，将式(5-4)中的压入深度 d 和接触尺寸 a 通过几何关系 $S = \pi a^2 = \pi R d$ 进行替换可得

$$F = \frac{4}{3} E_\mathrm{s}^* \left(\frac{S}{\pi}\right)^{\frac{3}{2}} R^{-1} + \frac{E_\mathrm{f}^*}{\pi} h S^2 \left(R^2 - \frac{S}{\pi}\right)^{-\frac{3}{2}} \tag{5-10}$$

由于皮肤结构模型中的相关参数（即 $h = 0.2$ mm，$E_\mathrm{f}^* = 0.2$ MPa，$E_\mathrm{s}^* = 30$ kPa）已经由 5.2.1 节独立确定，因此待拟合参数只有食指指尖的等效半

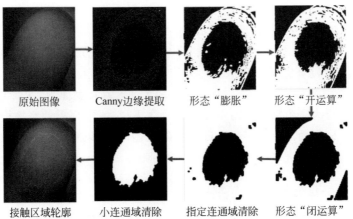

图 5.7　手指与玻璃接触区域识别的图像处理步骤

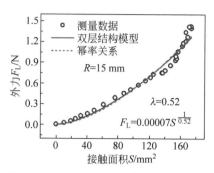

图 5.8　手指与玻璃平面的接触区域面积

径 R，拟合结果为 $R=15$ mm。基于双层模型的拟合结果与实验数据吻合很好，再次证明了模型合理性。不过，为了将上述关系引入摩擦模型，可以按照简单幂率公式 $F=f_0 S^{\frac{1}{\lambda}}$ 对其进行拟合，得拟合参数 $f_0=7\times10^{-5}$，$\lambda=0.52$。

式(5-9)中只有粘着作用参数 k_1 和变形阻力参数 k_2 这两个未知数，为了尽可能独立地得到确定其中参数，粘着作用参数 k_1 通过与织构同材质的光滑表面摩擦实验结果得到，此时的凸起部分占比 $\phi=1$，摩擦系数应包含粘着作用项，可以表达为 $\mathrm{COF}_\Psi=k_1 F_L^{\lambda-1}$。这样就可以通过在平面摩擦数据得到 $k_1=3.6$，再利用织构表面的摩擦数据拟合得到 $k_2=0.04$，拟合结果见图 5.5(c)，图中虚线标出了粘着作用和变形作用的各自贡献，可知载荷较大时变形阻力才会明显。以载荷 5 N 为例，粘着作用对皮肤总摩擦的贡献占比约为 83%，织构表面的变形阻力贡献约 17%。在本例中，令 $F_{\mu,\mathrm{def}}=F_{\mu,\mathrm{adh}}$ 得到的临界载荷 $F_L=25$ N，这在日常生活的手指按压行为中是比较大的力，且如此高载下骨骼等深层组织的力学响应会凸显，人体的等效弹性模量 E_{ef}^* 会显著提高，式(5-8)预测的变形阻力贡献会进一步降低。因此，可以预测，由于手指较低的弹性模量和较大的实际接触面积，日常生活中手指的摩擦行为是由粘着作用主导的。总体来说，本节提出的摩擦模型不仅可以对织构表面的摩擦实验进行很好的描述，还可以对皮肤摩擦中粘着作用和变形阻力两大来源的贡献进行有效量化。

5.2.3　手指的摩擦各向异性

摩擦行为不仅与表界面行为有关，更与整个体系刚度、稳定性等系统因素密切相关。手指与物体表面的摩擦行为也一样。在日常生活中，我们往往需要用手指去触摸物体表面感知材质。研究表明[19]，对于纹理尺度在 0.2 mm 以下表面的触觉感知，静态接触不足以使我们产生表面纹理的触觉分辨力，此时的纹理感知必须借助滑动过程的摩擦振动信息。以日常经验来说，当手指纵向扫描纹理表面时，前推过程的触觉感知要比后拉运动更加强烈，表现出明显的各向异性。为了量化这一点，本书在测量手指与玻璃平板的摩擦行为时发现，无论是手指的主动触摸运动，还是手指保持静止物体主动运动，手指的前向摩擦力往往大于向后运动时的摩擦力。5.2.2 节的手指皮肤摩擦分析表明，在光滑玻璃板上，粘着作用是皮肤摩擦的主要来源；第 3 章中的研究表明，亲水玻璃表面水介质的引入可以有效降低粘着摩擦作用。如图 5.9(a)所示，加入水介质后，手指与玻璃表面的摩擦力明显降低，但是这种前推和后拉的摩擦各向异性依然存在，这似乎意味着，这种摩擦各向异性可能与表面性质无关。为了明确这一点，将摩擦系数与载荷汇总，发现无论是干接触还是水润滑，其摩擦系数与载荷的关系都可以用 5.2.2 节的式(5-9)(平面接触略去变形阻力项，即织构系数 $\phi=1$)很好地描述；同时，前推过程的载荷往往大于后拉过程，但是两种情况下摩擦系数都落在同一条曲线上，如图 5.9(b)所示。该结果表明，前推和后拉过程的摩擦差异并不是表面各向异性引起的，而是由系统结构的各向异性引起的载荷差异导致的。

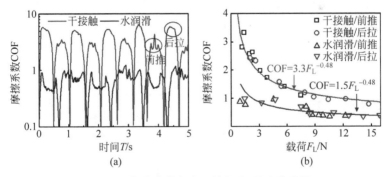

图 5.9　手指的摩擦各向异性行为（见文前彩图）
(a) 干接触和润滑条件下的摩擦系数；(b) 摩擦系数随载荷的关系

为了进一步研究手指摩擦各向异性的原因，本书在界面力测量的基础上，利用双目立体视觉和 DIC 技术，对手指与玻璃的摩擦过程的表面应变与摩擦力和法向力进行原位测量(装置见第 2 章图 2.9(a))。如图 5.10 所示，该过程的基本流程是：首先利用已知空间坐标的点阵对空间固定的双目相机进行立体标定,得到两相机的内参矩阵和外参数矩阵;然后利用油性喷墨对手指表面进行散斑修饰;将手指自然放置在安装在电动位移台上的玻璃平板上,利用辅助支撑保持手指相对位置不变;电动位移台控制玻璃板相对手指运动,测量这一过程的力和图像信息;利用 DIC 技术对手指的图像信息进行处理,得到接触摩擦过程的手指表层应变信息。水润滑状态下一个典型往复周期中的力、表面应变、接触面积变化如图 5.11 所示。其中手指与玻璃的接触状态可以通过 DIC 重构的手指表面三维位置信息确定,由于玻璃表面是空间位置确定的平面,基于此可以对手指与平面接触区进行识别。实验结果表明,手指相对表面向前运动(前推)的过程,手指作用在表面的法向力增加,同时手指与玻璃接触面积相对于静止状态有所增加,此时手指呈现接触区受拉、接触区后方出现较大面积的压应变。手指相对向后运动(后拉)的过程,手指载荷降低、玻璃接触面积减小,同时手指皮肤前方出现较小面积的压应变,受拉的接触区略有后移,这可能与手指略微上扬导致接触区转移有关。

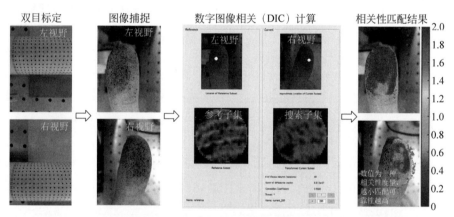

图 5.10 基于 DIC 技术对手指与玻璃摩擦过程表面形变测量(见文前彩图)

结合以上现象和手指按压状态可以初步判断,手指的支撑结构引起双向运动过程的载荷差异对摩擦行为有显著影响。对整个手指进行力学分析如图 5.12 所示:初始静止接触状态下,手指前端与物体表面呈一定角度 θ 接触,通过关节施加的预载荷 $F_{z0}=F_{L0}$,同时为了实现力矩平衡,关节处存在类似扭簧的结构(对应关节处的肌腱韧带等)施加恒定力矩 M_0。力矩平衡关系为 $M_0=F_{L0}L\cos\theta$,L 为指节长度。假设运动过程手指相对位置不变,当手指相对向后运动时,摩擦力 F_{f1} 方向也向后,此时摩擦力对关节的

第 5 章 人手抓取的摩擦触觉感知机理与反馈控制策略

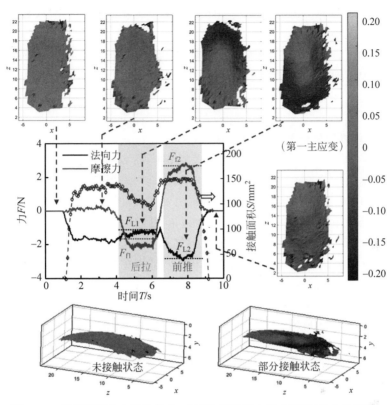

图 5.11 手指摩擦各向异性的力、应变和接触状态综合测量（见文前彩图）

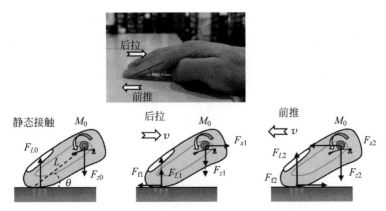

图 5.12 手指支撑结构对摩擦各向异性的影响

力矩与关节施加力矩 M_0 方向相反,抵消一部分力矩效应而使得载荷力 F_{L1} 降低。力矩平衡关系为

$$F_{L1}L\cos\theta - F_{f1}L\sin\theta = M_0 \tag{5-11}$$

图 5.9 中得到摩擦力与载荷的关系为 $F_f = 1.5F_L^{0.52}$,将 M_0 替换可得此时的载荷为

$$F_{L1}\cos\theta + 1.5F_{L1}^{0.52}\sin\theta = F_{L0}\cos\theta \tag{5-12}$$

类似地,可以得到前推过程的载荷力方程:

$$F_{L2}\cos\theta - 1.5F_{L2}^{0.52}\sin\theta = F_{L0}\cos\theta \tag{5-13}$$

已知静态载荷 $F_{L0}=1.7\text{ N}$,支撑角度 $\theta \approx 23°$,可以计算后拉和前推过程的法向力和切向力分别为 $F_{L1}=1.1\text{ N},F_{f1}=1.6\text{ N},F_{L2}=2.8\text{ N},F_{f2}=2.6\text{ N}$。将这些结果用虚线标注在图 5.11 中,其与实际测量值符合良好。

借助上述模型,对手指各向异性的摩擦行为可以有更清晰地阐述:手指按压状态如同棘轮棘爪,手指前推状态摩擦力矩与压力耦合,增大了下压力;手指后拉状态摩擦力矩与压力力矩抵消,减小了下压力。下压力的差异引起了实际接触面积的变化,进而引起了粘着摩擦力的显著差异。同时,附加弯矩还可能带来手指和物体表面接触区和压力分布的偏移,根据粘滑摩擦特点,前推状态的运动方向和压力重心偏移方向一致,因此更容易激发粘滑振动[55],从而可能对人手的粗糙触觉感知起到强化效果。

5.3 基于摩擦触觉感知的人手抓取行为

从力学角度对人手的抓取行为进行抽象。利用两只手指进行抓取操作,理想的抓取操作需要施加恰到好处的抓取力 F_g,使摩擦力作用下物体既不发生滑落,又不因为外力过大带来损伤。要达到这一目标,理论上所需最少信息是物体自身的重力 mg 和抓取表面之间的摩擦系数 μ,这样就有理论最小抓取力 $F_{g0}=mg/(2\mu)$(考虑两个手指载荷均分)。由于物体操纵过程的加速度、外界载荷扰动等情况,一般还需乘以一定安全系数,记为 $F_g=\alpha mg/(2\mu)$。但是,对于未知物体,这两个参量并不能直接获得,这是因为:实际重力的获得其实是在抓取成功完成之后,而表面摩擦系数的获得则要在产生滑动(抓取失败)之后。但事实上,人手往往可以在抓取过程中,借助摩擦触觉反馈间接实现对上述参量的感知以及成功的抓取操作。对人手抓取过程的摩擦触觉感知机理的揭示,对触觉传感设计和灵巧机械手的实现至关重要。

5.3.1 人手主动抓取行为研究

考虑到人在主动抓取物体时会不可避免地借助先天经验，因此本书设计的抓取实验在暗室环境进行。为了排除物体本身形状、质感和导热等差异的影响，将被抓取物体尺寸确定为厚度 30 cm，长宽分别为 50 cm 的方形结构，待抓附表面覆盖 PDMS 硅胶，内置二维力传感器可以记录抓取过程法向抓取力 F_{grasp}（简记为 F_g）和纵向提拉力 F_{lift}（简记为 F_l）。考虑到物体重量 mg 和表面摩擦系数 μ 是抓取过程人手需要感知的两个核心因素，实验中将这两个因素作为主要控制变量。其中前者通过在传感器下方透过隔板（实验者无法直接观察）增加隐藏配重来实现，后者通过在硅胶材料表面增加水或肥皂液作为润滑剂来实现。这样可以保证抓持物体的体相性质和粗糙属性不变。

整体实验设计参考了如图 5.13(a)所示的 Johansson 等[21]的开创性工作，本书在此基础上更加深入地研究了摩擦感知与抓取调控的关系。实验中要求实验者通过食指和拇指从厚度方向轻轻夹持目标物体两侧面，抓取抬升约 5 cm。空中稳定悬停 3 s 以上，再轻轻放回桌面。这一过程人手典型的抓取力曲线如图 5.13(b)所示，结合人手抓取状态可以将将抓取过程分为六个阶段：接触、加载提升、保持、放置、卸载和释放，分别对应图 5.13(b)中①~⑥。处于阶段①接触状态时，人手与物体表面法向接触并轻微加载，由于实验中人手是自上而下接触到表面，纵向提拉力可能会呈现为轻微下压力；阶段②为加载提升状态，法向加持力 F_g 和纵向提拉力 F_l 同步增加，手指表现出向上运动趋势，直至将物体抓起脱离桌面；阶段③为保持状态，此时物体已经脱离桌面，纵向提拉力 F_{lift} 保持恒定，其数值大约为重量的 1/2，说明两只手指几乎均匀分担负载，而法向加持力在抓取过快时，会经历从一个从超载到逐渐稳定的过渡过程；阶段④为放置过程，人手开始控制物体向下运动直至接触桌面，这一状态的抓取力保持不变，接触桌面后提拉力开始显著降低；阶段⑤卸载状态为人手感知到的因为物体触碰桌面带来的振动和负载降低，抓取力和提拉力开始同步减小，直至提拉力降为零；阶段⑥为释放状态，人手感知到物体不需要额外提拉力，开始减小抓取力直至松开手指。

通过改变隐藏配重，可以研究人手对不同重量物体的抓取响应。如图 5.14(a)所示，在干接触状态下抓取不同重量物体(1.5 N、2.5 N、3.5 N、4.5 N)时，抓取力过程同样可以划分为接触、加载提升、保持、放置、卸载和

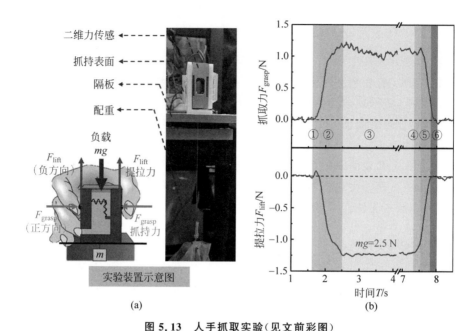

图 5.13 人手抓取实验（见文前彩图）
(a) 实验装置示意图；(b) 干接触情况下抓取 2.5 N 物体的典型抓取力和提拉力

释放六个典型过程，稳定保持状态的纵向提拉力接近物体重量的一半。特别值得注意的是，在加载提升阶段②的力曲线重合很好，抓取力和提拉力均分别呈现几乎相同的加载速度。不同重量物体所需的不同稳定加持力，仅仅由加载提升阶段②的持续时间决定。为了研究影响这一加载速度形成的因素，可以在硅胶表面涂抹水和肥皂液来不同程度地降低摩擦系数，得到的不同加载力曲线如图 5.14(b) 和 (c) 所示。不同表面呈现出相似的抓取阶段和加载规律，但是润滑表面的摩擦系数更小，因此需要更大的稳定抓取力来实现稳定抓取。图 5.14(d) 以 2.5 N 负载为例展示了不同表面的抓取规律，注意其中数据与图 5.14(a)～图 5.14(c) 中并不相同，但是趋势一致，以 2.5 N 负载为例，人手都能在 0.5 s 时间内成功抓起不同润滑情况的物体，因此三种表面提拉力曲线几乎重合。但由于表面摩擦系数不同，通过静摩擦提供相同提拉力所需的最小法向力不同，因此抓取肥皂液润滑表面的抓取力加载速度远大于另外两种情况。由此可知，表面摩擦系数是影响法向加载速率的关键，这一结论与 Cadoret 等[24]的结果一致。

人手灵巧抓取的关键除了能够快速地抓起物体，还具有足够的抓取稳定性。这就要求在稳定保持阶段，抓取力需要稳定在一个合适的值，抓取力

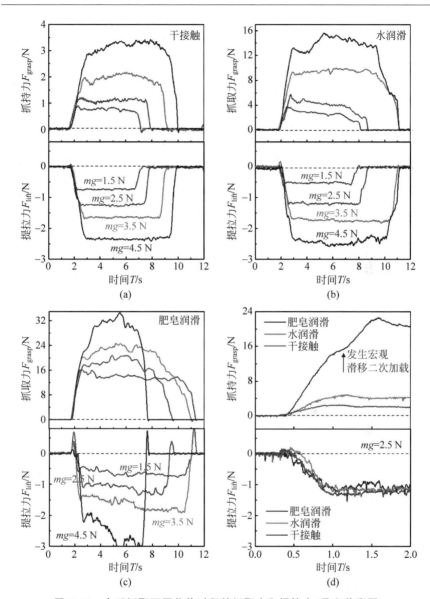

图 5.14 人手抓取不同物体过程的抓取力和提拉力（见文前彩图）
(a) 干接触；(b) 水润滑；(c) 肥皂液润滑；(d) 负载 2.5 N 时三种润滑状态对比

过小会存在滑脱风险，抓取力过大不仅费力而且会有压碎脆弱物体的风险。图 5.15(a)和(b)展示了多次实验中，人手对不同表面和不同重量物体的抓取过程的稳定加载力和加载速率规律。其中稳定加持力和负载呈现良好的线性关系,干接触所需抓取力更小,这与日常经验一致。相同表面的不同负载下加载速度大体不变,与上文的结果一致。如图 5.15(c)所示,本书测试了干接触、水润滑和肥皂液润滑状态下的摩擦系数,考虑到摩擦系数表现出的明显载荷依赖性,仍然采用 5.3.2 节所述皮肤摩擦模型进行描述,三种情况下载荷依赖系数分别为 3.3、1.5 和 0.25。需要说明的是,虽然这些数值仅代表 1 N 载荷下的实际摩擦系数,但是体现了相同载荷下的摩擦系数差异。考虑到以下讨论主要基于比例关系进行对比,因此可以采用上述数值作为典型摩擦系数。

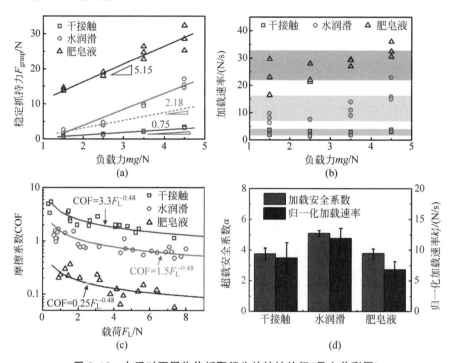

图 5.15 人手对不同物体抓取行为的统计特征(见文前彩图)
(a) 稳定抓取力与负载关系;(b) 抓取力加载速率与负载关系;(c) 不同润滑状态的 PDMS 摩擦系数;(d) 三种润滑状态的超载安全系数和归一化加载速率统计

为了对负载力和表面摩擦系数的影响进行量化,考虑抓取表面所需的最小抓取力为 $F_{g0}=mg/(2\mu)$,定义超载安全系数为实际抓取力与所需最小抓取力的倍数,即 $\alpha=F_g/F_{g0}=2\mu F_g/mg$。同样,考虑到实验中人手对同样重量物体抓取时间近乎相同($mg=p\Delta t$),抓取力的平均加载速率位移可以表示为 $k_F=\alpha F_{g0}/\Delta t=\alpha p/\mu$。基于以上分析,可以用超载安全系数 α

对稳定抓取力进行归一化处理,用归一化加载速率 $k'_F = \mu k_F$ 对加载速率进行归一化处理,结果如图 5.15(d) 所示。其中水润滑的高负载情况存在较大偏差,没有计入统计。可以发现,手指在抓取不同物体时,施加的稳定抓取力控制在最小抓取力的 4 倍左右,这样的安全系数既可以避免抓取力过大引起脆弱物体破碎,也为操纵物体所需的加速度或外界载荷突变预留了调整空间。抓取过程的归一化加载速率统一在 10 N/s 左右,反映了加载速率与表面摩擦系数近似反比关系,这样可以避免打滑的同时在理论上保证了相同重量物体的同步抓起。

综上,我们可以概括人手对未知物体的抓取策略。手指在接触表面的过程中能够识别表面摩擦系数的差异,控制手指同步进行法向抓持和纵向提拉动作;其中法向加持力的加载速率与表面摩擦系数近似反比,这样可以避免打滑从而确保切向提拉力增长速度接近。当总提拉力达到物体重量时,物体将被成功抓起,最终的抓取力稳定在最小抓取力的 4 倍左右,这样的安全系数可以兼顾抓取成功性和脆弱物体的抓取安全性。

5.3.2 基于界面微滑的抓取反馈机制

5.3.1 节的研究对人手的基本抓取的策略进行了成功量化。然而,这样的控制策略背后两个基本问题没有解答:人手的抓取策略依赖对物体重量和摩擦系数的感知,人手是如何在抓取过程感知这两个参量的?对于第一个问题,通过 5.3.1 节的实验可知,人手采用的是增量式同步加载策略,因此在抓起成功前并不需要严格知道物体重量。提拉力的施加依赖于手的提拉运动,当提拉力达到物体重量时,物体将被抬起而提拉力将不再变化,这样一种加载终止条件等效于获得了物体重量。对于第二个问题,传统意义的摩擦系数获取需要借助相对滑动过程的法向力和切向力获取,但是 5.3.1 节的研究可以发现(例如图 5.14(d) 的结果),人手可以在接触物体的初期极短时间、没有发生宏观滑移的情况下成功获取表面摩擦系数,从而进行加载速率的调控。由此可知,人手抓取过程中存在表面摩擦系数的感知是人手实现灵巧抓取的关键。本节将对其中的触觉感知机理进行深入研究。

考虑到人手主动抓取过程中存在抓取速度、抓取时间等众多不可靠因素,本节将对抓取实验进行重新设计。结合 5.3.1 节研究中发现的不同物体抓取过程提拉力增长曲线高度重合的特点,本节研究设计了如图 5.16 所示的等效抓取实验,要求手指按压在物体表面(PDMS 硅橡胶),保证其不发生宏观滑动。通过电动位移台连接弹簧拉动待测表面以 0.1 mm/s 的速度运动,模拟稳定提拉过程。硅橡胶表面可以是干接触,也可以加入水或肥皂液来模拟不同摩擦系数。由于抓取早期的接触过程并没有发生宏观滑动,对上述过程的法向和切向力测量只能提供有限信息,还需要利用第4章提出的接触应力测量装置对界面应力分布和演变情况进行在线表征。

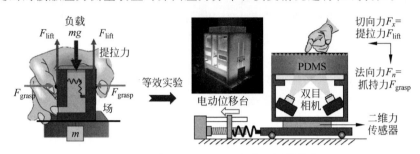

图 5.16　等效抓取过程界面应力测量装置

典型实验结果如图 5.17 所示。等效实验中法向力和切向力的加载规律与人手主动抓取的阶段①和阶段②相似,即切向力近似线性增加且不同

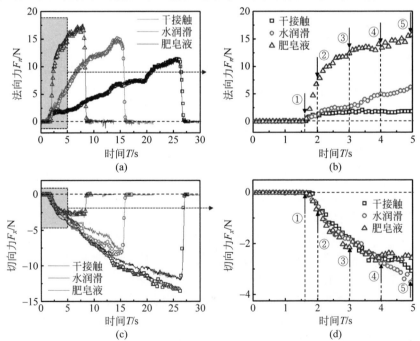

图 5.17　等效抓取过程界面力随时间关系(见文前彩图)

(a) 法向力；(b) 切向力。其中数据线为力传感器测量值,数据点来自接触应力积分

表面之间近乎重合,法向力则以不同加载速率同步增加,摩擦系数更大的表面(如干接触情况)加载速率更小。如图 5.17(b)中①指示,法向力加载速率在初始接触后的极短时间(约为 0.1 s)就表现出差异。前 5 s 内的典型法向接触应力和切向接触应力变化如图 5.18 所示。不同表面同一时刻的法向应力形状类似,但是因为法向力大小不同而存在幅值差异。不同表面的切向力大小虽然几乎相同,但切向应力分布形状也存在细微差异。低摩擦系数(如肥皂润滑)表面的切向应力分布与法向应力分布非常相似,这一情况非常接近滑动摩擦;高摩擦(干接触)表面的切向应力则近似马蹄状,更符合静摩擦分布特征。这意味着界面微滑状态可能是人手摩擦触觉感知的关键。

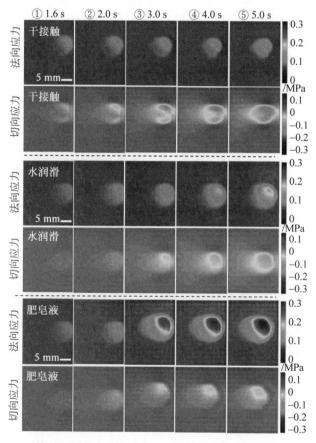

图 5.18 等效抓取过程法向应力和切向应力演变情况(见文前彩图)

为了对表面微滑状态进行定量描述,可以利用测得的法向应力 p_n 和

切向应力 p_x、p_y 计算摩擦系数分布 ($\mu=\sqrt{p_x^2+p_y^2}/p_n$)。为了避免未接触区噪声影响,首先根据法向应力阈值(本实验中设为 8 kPa)确定手指接触区,再计算接触区内的摩擦系数分布。理论上,将表面静摩擦系数 μ_s 作为临界摩擦系数,可以认为摩擦系数小于静摩擦系数的区域为粘着区。但实践中,临界摩擦系数很难严格确定。直接测得的摩擦系数具有很强的载荷依赖性,但这种载荷依赖性由宏观和微观接触面积的变化共同引起,将宏观载荷依赖关系作为局部的临界摩擦系数也是不合理的。由于本研究三种体系摩擦系数差距较大,因此暂时回避了摩擦系数临界值的非稳态特点,选用图 5.15(c)中适中载荷下(2~5 N)的摩擦系数(干接触、水润滑和肥皂液润滑分别取 1.6、0.7、0.2)作为近似临界摩擦系数,得到滑移区和粘着区分布情况,基于此可以进一步计算接触区的滑移占比 ε(简称滑移率),如图 5.19 所示。结果显示,手指接触表面后的提拉过程,接触区从完全粘着

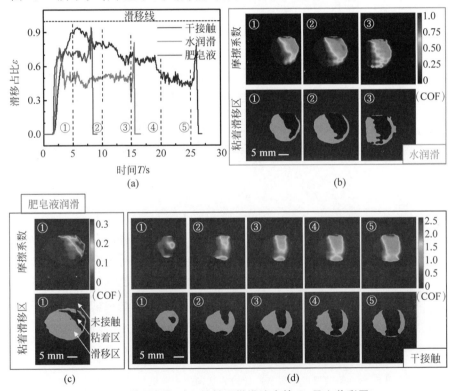

图 5.19 等效抓取过程接触区微滑演变情况(见文前彩图)

(a) 不同润滑状态下表面接触区滑移率演变;(b) 水润滑摩擦系数分布和滑移区演变;(c) 肥皂液润滑摩擦系数分布和滑移区演变;(d) 干接触摩擦系数分布和滑移区演变

状态（$\varepsilon=0$）发生部分滑移，滑移占比在初始阶段快速增加，最终稳定在 0.5~0.7。手指接触界面大体呈现中心粘着、前后区域滑移的接触状态。不同摩擦系数表面的稳定滑移占比接近，这可能就是 5.3.1 节提到的人在抓取不同物体时具有相似抓取安全系数 α 的摩擦触觉判据。

进一步地，为了揭示手指接触表面的极短时间就能感知摩擦系数、确定法向力加载速率的触觉判据，对接触初期 0.6 s 内的滑移区演变规律进行着重研究，如图 5.20 所示。图中①到④对应时间刻度 1.6 s 到 2.2 s。手指刚接触表面时（对应时刻①），接触区以法向应力为主而切应力很小，接触区摩擦系数接近 0，整个接触区几乎全部为粘着区，此时三种摩擦系数表面的滑移情况几乎没有区别。当手指发生轻微提拉运动趋势时，仅 0.2 s（对应时刻②）内三种摩擦系数表面滑移率就表现出显著差异。低摩擦系数的表面滑移区增加明显快于高摩擦系数表面，干接触、水润滑和肥皂润滑的表面滑移率分别为 0.03、0.1 和 0.47，这一数值与三种润滑状态的摩擦系数近似反比。手指感知到这种宏观滑移发生之前的初期微滑，增加法向力以避免滑移区的快速扩展和宏观滑移的发生。初期滑移率越大对应的表面摩擦

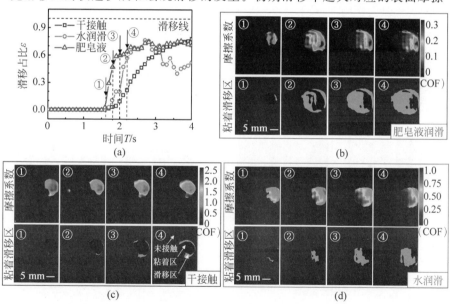

图 5.20 手指接触初期微滑演变情况（见文前彩图）

(a) 不同润滑状态下接触初期滑移率演变；(b) 肥皂润滑条件接触初期摩擦系数分布和滑移区演变；(c) 干接触条件初期摩擦系数分布和滑移区演变；(d) 水润滑条件接触初期摩擦系数分布和滑移区演变

系数越小,相同载荷下轻微提拉引起的界面滑移率差异构成了人手对界面摩擦系数感知的力学基础。基于这样的触觉反馈信息,人手可以对法向力加载速率进行及时调控,使界面滑移率在合理范围保持稳定,实现对未知物体的快速可靠抓取。

通过以上分析,结合前人对触觉神经响应的研究[15],可以对人手灵巧抓取物体的摩擦触觉感知与反馈控制过程有更清晰的认识,如图 5.21 所示:手指接触物体表面瞬间,手指施加一个较小的法向抓取力,手指皮肤中的 SA-Ⅰ 感受器和 FA-Ⅰ 响应,此时的接触区不存在滑移。当人手开始进行提拉运动,对皮肤拉伸敏感的 SA-Ⅱ 感受器响应。若界面摩擦系数较小,

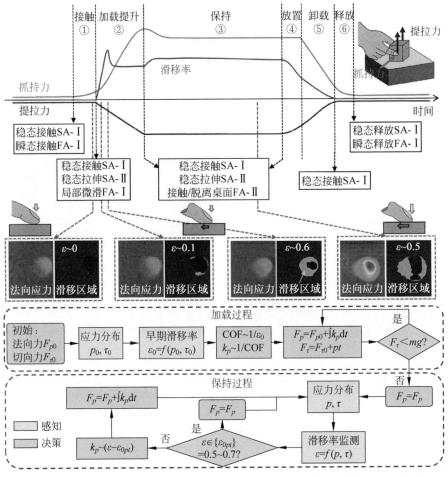

图 5.21 人手抓取过程典型力曲线和基于界面微滑感知的反馈控制策略(见文前彩图)

接触区中开始出现滑移区并迅速扩展,对皮肤局部滑移敏感的FA-Ⅰ感受器响应。人手根据SA-Ⅰ感受器的接触触觉和FA-Ⅰ感受器的滑移触觉,可以对接触区的滑移情况ε进行估计。相同切向位移下,摩擦系数越小的表面滑移率越高($\mu \sim 1/\varepsilon$),手指需要施加更大的法向加载速率($k_F \sim 1/\mu$)来避免滑移区域扩展。通过这样的反馈调控,加载提升过程的滑移率将稳定在一个安全范围。当提拉力达到物体重量时,手指成功抓取物体脱离桌面,对振动敏感的皮肤FA-Ⅱ感受器响应,对稳态响应的SA-Ⅱ感受器也能感知到提拉力的稳定,这两种信号都可以作为法向加载停止的判据。在抓取保持阶段,抓取力相对稳定,皮肤主要由SA-Ⅰ和SA-Ⅱ两种慢适应感受器响应,除非外载波动引起接触区微滑状态变化,刺激FA-Ⅰ滑移触觉响应,形成对界面滑移率ε的最新判断,据此进入新一轮的反馈调节。当放置物体时,在物体接触桌面的瞬间,FA-Ⅱ感受器响应,切向提拉力开始降低,法向抓取力开始同步降低,直至提拉力降为0,对拉伸响应的SA-Ⅱ感受器静默,法向抓取力随之也变为0,物体被完全释放。由此可知,手指对接触界面微滑情况的判断是进行抓取反馈控制的重要基础。考虑到微滑本质上是界面剪应力和压应力的交互结果,上述现象可以被抽象概括为:界面接触应力的时间空间分布是触觉感知的力学本质。

5.4 本章小结

本章从皮肤的基本力学行为出发,首先定量研究了接触物体的表面几何、载荷、方向等对手指摩擦行为的影响。进一步地,针对人手对未知物体的灵巧抓取操作,设计了抓取过程界面力和接触应力同步测量装置,系统研究了人手对不同重量和不同摩擦表面的摩擦触觉感知机理与反馈控制策略。主要结论如下:

(1) 通过硬质薄层和软基底的双层结构模型对皮肤弹性行为进行建模,得到了与皮肤生理学特征一致的拟合参数和与实验结果符合良好的拟合结果,其预测的皮肤弹性模量的尺度依赖性与文献报道基本一致。以规则织构表面为典型体系建立了皮肤的摩擦力学模型,对手指粗糙感知过程皮肤摩擦的载荷依赖性、面积依赖性、表面形貌依赖性和方向依赖性进行了有效量化。

(2) 系统阐释了在人手抓取物体过程中,切向提拉力和法向抓取力的增量式同步加载是实现物体重量估计的基本原理,最终的稳定抓取力约为最小不发生滑脱力的 4 倍,这样可以兼顾抓取安全性和可靠性。对于不同表面,法向加载速率往往与表面摩擦系数成反比,这样可以在理论上保证对相同重量物体的同步抓取和对未知物体的可靠抓取。

（3）基于抓取过程界面接触应力演变的分析,揭示了手指初始接触提拉过程的界面滑移率差异是人手对界面摩擦触觉感知的力学基础。对界面滑移率的监测和反馈调控机制是人手对未知物体快速抓取和外界载荷扰动下稳定抓取的关键机制。

本章研究揭示了人手摩擦触觉感知的重要力学基础,实验中采用的界面三维接触应力测量方法,为摩擦触觉研究提供了更加全面的信息。本章研究对人手抓取行为规律的量化分析及对界面微滑感知机理和反馈控制策略的系统揭示,可以为灵巧机械手的研究提供重要理论指导。

第6章 基于视触觉传感的机械手灵巧抓取

6.1 引　　言

　　机械手作为工业机器人的典型代表,其在力量和速度方面已经可以超过人类的手,因此在现代工业中有着越来越广泛的应用。随着新一轮科技革命的兴起和制造业转型升级的浪潮,机械手在精密操作、人机交互等方面的应用日趋增多,这就对机械手的灵巧性和智能化提出了更多要求。现有的机械手在灵巧性方面和人手还有很大差距,这主要体现在人手能够对各种未知物体、异形物体、易碎物体、动态物体等进行可靠抓取和稳定操纵。这得益于人本身优异的运动系统和独特的触觉感知能力。美国制定的《机器人发展路线图:从互联网到机器人》中对机械手的抓取和操作的远景目标就是希望机械手能够具有优异的动力学性能和高度复杂的触觉感知能力,实现媲美人类的灵巧操作能力。

　　让机器人拥有和人一样的触觉感知和控制能力,是发展灵巧机械手的关键,也是让机器人实现更好的人机交互和智能化的基础。诚然,机械手的灵巧抓取过程是一个复杂系统工程,至少涉及物体识别、运动导航、抓取姿态规划、抓取控制、运动操纵等多个环节。本书主要关注在对目标的识别定位等准备工作已经完成之后,基于触觉反馈的力控策略实现对未知物体的抓取过程。第5章的研究从力学角度揭示了界面初始微滑是人手进行摩擦触觉感知的基础,增量式加载和基于界面滑移的反馈调控是人手抓取未知物体的基本控制策略。这事实上就为各类触觉力传感技术和机器人抓取控制技术的发展提供了重要参考。本章将在此基础上,基于视触觉传感原理,设计两种能够应用于机械手触觉反馈的多轴力传感装置和滑移传感装置,并借鉴人手的控制策略,实现机械手无需先验知识对物体灵巧抓取能力。

6.2 基于视觉的多轴力传感装置

单纯从力控角度来看，对未知物体的抓取过程的未知量主要为物体自身的重力 mg 和机械手与物体表面之间的摩擦系数 μ，最简单地获得二者的手段就是借助多轴力传感器。现有多轴力传感器大多采用应变式悬臂梁结构实现，在实现多轴力传感时需要复杂的结构设计和信号解耦处理。同时，精密力传感器应变敏感元件对过载也有着严格限制，间接增加了传统多轴力传感器的制造成本和应用条件。随着光学器件制作技术的不断成熟和先进图像算法的发展，视觉手段具有的非接触测量和低成本的优势逐渐凸显。本节提出一种基于视觉和弹性介质的四轴力传感器设计原型，其原理也可以扩充为六轴力传感器。其具有结构简单、量程广、成本低的优点，并且由于核心元件远离接触区，抗超载能力变强，其低刚度特点也在机械手应用中具有适应性和缓冲性的天然优势。

6.2.1 设计原理与结构组成

理论上，根据弹性力学解的唯一性原理，当一个弹性体的本构关系和边界条件确定时，它所受外力与变形具有唯一对应关系。这就意味着，如果我们可以对弹性体的变形情况进行测量，就可以反推其受力情况，这就为构建多轴力传感器提供了理论基础。作为简化，可以将弹性介质限制为规则弹性体，将受力表面进行变形约束，借助双目视觉对其空间位姿进行测量，通过力学本构关系计算施加的外力，就可以得到一个多轴力传感装置。

基于这样的原理，如图 6.1(a)所示，提出传感装置基本结构如下：透明硅橡胶材料制作的块体结构(长、宽、高分别为 35 mm、35 mm 和 20 mm)作为弹性介质层，上下表面分别粘结在硬质安装板(本节案例为 3D 打印的光敏树脂)上。由于安装板弹性模量($>$2 GPa)远大于弹性介质($<$1 MPa)，可以认为其为刚体，变形主要发生在弹性介质层上下表面之间，而上下表面的面内无变形。此时如果将下表面的刚体固定，通过上表面的刚体施加外力或外力矩，弹性介质的变形情况可以由上表面刚体的空间位移描述。通过在下表面刚体中内嵌光源和两个微型摄像头(基线距离为 15 mm，两相机光轴相对表面法线夹角为 20°)，对上表面三个以上不共线特征点进行三维重构，就可以得到上表面的空间位姿变化。实践中，我们选用上表面中心点和距中心点上下左右 3.5 mm 的四个点作为特征点进行三维重构和位姿

求解,如图 6.1(b)所示。设未变形状态,中心点 P_0 为坐标原点,垂直表面为 Z 方向,面内为 XY 方向,则上平面的空间位姿可以由中心点的 X、Y、Z 三个方向平动位移和平面绕 X、Y、Z 轴的转动角六个自由度表示。理论上,上表面受到的力或力矩与这六自由度之间具有明确映射关系,但是实践中发现绕 Y 轴扭矩与 X 方向力引起的变形、绕 X 轴扭矩与 Y 方向力引起的变形分别存在一定程度耦合,这就使得由变形到力的求解结果鲁棒性变差。因此本节设计的装置原型为 X 轴力、Y 轴力、Z 轴力和 Z 轴扭矩四轴力传感器。

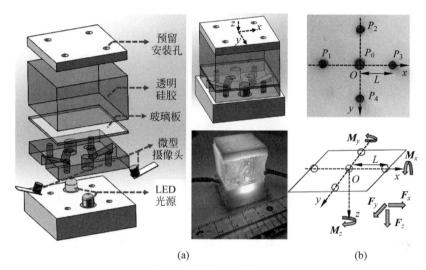

图 6.1 基于视觉的多轴力传感原理示意图

(a) 结构图与实物图;(b) 上表面内侧五个特征点图像与坐标系

6.2.2 基于双目视觉的空间位姿求解

为了从相机拍摄的二维图像中得到目标点的三维信息,可以使用两个相机对同一目标点进行同时拍摄。根据目标点在两个相机中的位置,结合相机的成像几何模型就可以得到一个点的空间三维坐标。相机成像原理一般遵循小孔成像,为了数学描述方便,可以将成像面关于成像中心对称,构成中心透视模型,如图 6.2 所示。

一般情况下,三维空间一点 P_w 通过中心透射投影到像平面上二维点 P 的过程涉及四个坐标系和三次坐标变换。四个坐标系中,按照 6.2.1 节定义的中心特征点 P_0 为坐标原点的坐标系称为世界坐标系,其坐标可以记

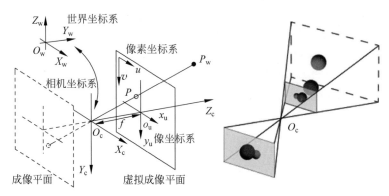

图 6.2 相机中心透射投影关系原理图

为 $P_w(X_w, Y_w, Z_w)$。其次，以相机镜头的光心为坐标系原点、Z 轴与光轴重合的坐标系称为相机坐标系，该空间点在该坐标系下的坐标记为 $P_c(X_c, Y_c, Z_c)$。相机坐标系与世界坐标系之间点的关系可以用一个 3×3 的正交旋转矩阵 $\boldsymbol{R}$ 与一个平移向量 $\boldsymbol{t}$ 来描述：

$$\begin{bmatrix} X_c \\ Y_c \\ Z_c \\ 1 \end{bmatrix} = \begin{bmatrix} \boldsymbol{R} & \boldsymbol{t} \\ 0 & 1 \end{bmatrix} \begin{bmatrix} X_w \\ Y_w \\ Z_w \\ 1 \end{bmatrix} \tag{6-1}$$

在成像过程，三维空间的点通过中心透射在像平面上投影为一个二维点，该投影点在像平面坐标系中的坐标记为 (x_u, y_u)，像平面坐标系的 x_u 轴和 y_u 轴与相机坐标系中的 X_c 轴和 Y_c 轴平行。像坐标系中的投影点与相机坐标系中点的投影关系用齐次坐标形式可表示为

$$Z_c \begin{bmatrix} x_u \\ y_u \\ 1 \end{bmatrix} = \begin{bmatrix} f & 0 & 0 & 0 \\ 0 & f & 0 & 0 \\ 0 & 0 & 1 & 0 \end{bmatrix} \begin{bmatrix} X_c \\ Y_c \\ Z_c \\ 1 \end{bmatrix} \tag{6-2}$$

式中，f 为相机焦距。最后，像平面中点在最终得到的图像中是以像素为单位、坐标原点通常在图像左上角的像素坐标系中描述的，其坐标记为 (u, v)。像素坐标系与像坐标系的齐次坐标变换关系可表示为

$$\begin{bmatrix} u \\ v \\ 1 \end{bmatrix} = \begin{bmatrix} 1/\mathrm{d}x & 0 & u_0 \\ 0 & 1/\mathrm{d}y & v_0 \\ 0 & 0 & 1 \end{bmatrix} \begin{bmatrix} x_u \\ y_u \\ 1 \end{bmatrix} \tag{6-3}$$

式中，$\mathrm{d}x$ 和 $\mathrm{d}y$ 分别代表每一个像素在 u 轴与 v 轴方向上对应的实际尺寸；u_0 和 v_0 代表坐标中心的偏移情况。

通过联立式(6-1)到式(6-3)，可得像素坐标到空间坐标的变换关系：

$$Z_c \begin{bmatrix} u \\ v \\ 1 \end{bmatrix} = \begin{bmatrix} f_x & 0 & u_0 & 0 \\ 0 & f_y & v_0 & 0 \\ 0 & 0 & 1 & 0 \end{bmatrix} \begin{bmatrix} \boldsymbol{R} & \boldsymbol{t} \\ 0 & 1 \end{bmatrix} \begin{bmatrix} X_w \\ Y_w \\ Z_w \\ 1 \end{bmatrix} = \boldsymbol{M} \begin{bmatrix} X_w \\ Y_w \\ Z_w \\ 1 \end{bmatrix} \quad (6\text{-}4)$$

式中，$f_x = f/\mathrm{d}x$ 和 $f_y = f/\mathrm{d}y$ 为归一化焦距；包含矩阵 $\boldsymbol{R}$ 与向量 $\boldsymbol{t}$ 的 4×4 矩阵为相机外参矩阵；包含参数 f_x, f_y, u_0, v_0 的 3×4 矩阵为相机内参矩阵；投影矩阵 $\boldsymbol{M}$ 为 3×4 矩阵。外参矩阵体现了相机的空间位置关系，内参矩阵与相机自身的光学结构有关。相机的内参和外参可以通过实验标定获得。常用的标定方法如基于平面棋盘格靶标的标定方法（又称张正友标定法[291]）都比较成熟，这里不做赘述。分别得到两个相机的内参和外参后，就可以得到对应的投影矩阵 $\boldsymbol{M}_1$ 和 $\boldsymbol{M}_2$。为了实现立体重构的目的，还需要对两个相机拍摄的同一目标点进行匹配。特征点匹配的过程一般可以基于极限约束假设对校准后的图像进行搜索匹配。本问题由于待匹配特征点只有五个且相对位置确定，只需根据颜色特征和相对位置即可快速确定某一点在两个相机中的位置。在设计时，中心点采用红色标识，外围四点采用蓝色标识，在色调—饱和度—明度(hue-saturation-value, HSV)颜色空间进行阈值筛选，就可以得到五个点的二值图，将二值图中连通域的中心作为五个特征点的位置坐标。得到某一点在左右相机中的像素位置后（分别记为 (u_1, v_1) 和 (u_2, v_2)），代入式(6-4)可得

$$Z_{c1} \begin{bmatrix} u_1 \\ v_1 \\ 1 \end{bmatrix} = \boldsymbol{M}_1 \begin{bmatrix} X_w \\ Y_w \\ Z_w \\ 1 \end{bmatrix} = \begin{bmatrix} a_{11} & a_{12} & a_{13} & a_{14} \\ a_{21} & a_{22} & a_{23} & a_{24} \\ a_{31} & a_{32} & a_{33} & a_{34} \end{bmatrix} \begin{bmatrix} X_w \\ Y_w \\ Z_w \\ 1 \end{bmatrix} \quad (6\text{-}5)$$

和

$$Z_{c2} \begin{bmatrix} u_2 \\ v_2 \\ 1 \end{bmatrix} = \boldsymbol{M}_2 \begin{bmatrix} X_w \\ Y_w \\ Z_w \\ 1 \end{bmatrix} = \begin{bmatrix} b_{11} & b_{12} & b_{13} & b_{14} \\ b_{21} & b_{22} & b_{23} & b_{24} \\ b_{31} & b_{32} & b_{33} & b_{34} \end{bmatrix} \begin{bmatrix} X_w \\ Y_w \\ Z_w \\ 1 \end{bmatrix} \quad (6\text{-}6)$$

联立式(6-5)和式(6-6)，消除 Z_{c1} 和 Z_{c2} 可得

$$\begin{bmatrix} a_{34}u_1-a_{14} \\ a_{34}v_1-a_{24} \\ b_{34}u_2-b_{14} \\ b_{34}v_2-b_{24} \end{bmatrix} = \begin{bmatrix} a_{11}-a_{31}u_1 & a_{12}-a_{32}u_1 & a_{13}-a_{33}u_1 \\ a_{21}-a_{31}v_1 & a_{22}-a_{32}v_1 & a_{23}-a_{33}v_1 \\ b_{11}-b_{31}u_2 & b_{12}-b_{32}u_2 & b_{13}-b_{33}u_2 \\ b_{21}-b_{31}v_2 & b_{22}-b_{32}v_2 & b_{23}-b_{33}v_2 \end{bmatrix} \begin{bmatrix} X_w \\ Y_w \\ Z_w \end{bmatrix} \quad (6\text{-}7)$$

式(6-7)可记为 $b = Ax$ 的最小二乘形式,通过求解对应正规方程 $x = (A^T A)^{-1} A^T b$ 即可得到目标点在三维空间中的坐标 $x = [X_w\ Y_w\ Z_w]^T$。

实验中发现,基于上述方法直接重构出的五个特征点总是不在一个平面上。理论分析表明,这是由于两相机通过较厚的硅胶层拍摄图像时,透明介质层的折射作用导致中间区域点相对周围点位置偏高 0.4 mm,如图 6.3 所示。考虑到这一效果等价于径向畸变,因此在标定相机时可以认为透明橡胶块体也是相机镜头的一部分,相机透过透明介质层采集标定图像,再利

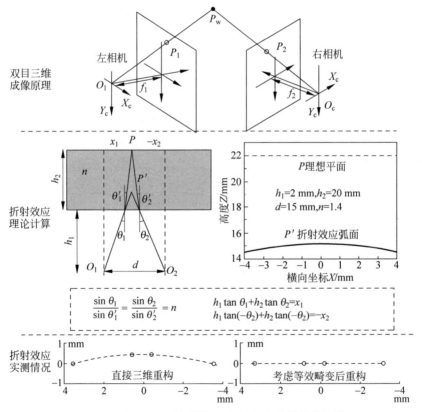

图 6.3 双目相机三维测量原理及透明介质折射效应影响

用径向畸变的二次函数对相机内参进行修正,这样就能重构出五点所在平面最大偏差为 0.02 mm。这也间接体现了上述空间重构方法得到的特征点空间坐标的准确性。

6.2.3 基于特征拟合的多轴力测量

弹性体的形状虽然较为规则,但是由于各个方向尺度接近,难以用近似模型或显式公式直接得到准确的外力/力矩与变形的关系。本书对多轴力的求解借助了有限元仿真模型提供相对精确力变形数据,作为多轴力测量的数据库。仿真计算通过 ABAQUS 软件的静力学仿真模块实现,模型参数采用实际实验参数,即块体尺寸长、宽、高分别为 35 mm、35 mm 和 20 mm,弹性模量为 1.1 MPa,泊松比为 0.49,块体下端为固定约束,上端与刚体材料固定连接,如图 6.4 所示。外载通过上方刚体材料施加,不同外载类型或幅值的计算案例超过 1200 个,包括 200 组 X 方向力数据($-20\sim$ 20 N,间隔 0.2 N),200 组 Y 方向力($-20\sim20$ N,间隔 0.2 N),200 组 Z 方向力数据($-100\sim100$ N,间隔 1 N),200 组 X 轴弯矩数据($-1000\sim$ 1000 N·m,间隔 10 N·m),200 组 Y 轴弯矩数据($-1000\sim1000$ N·m,间隔 10 N·m)和 200 组 Z 轴扭矩数据($-500\sim500$ N·m,间隔 5 N·m)。每个案例的输出结果为每组外载作用下五个特征点(P_0,P_1,P_2,P_3,P_4,P_5)的坐标。

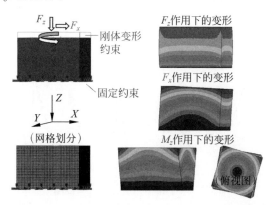

图 6.4　有限元仿真模型和典型模拟结果(见文前彩图)

在得到了六轴力作用下的数据库后,可以有多种方法描述测量数据与输出六轴力/力矩的关系。一种直观的方法是将五点的三维坐标作为一个 15 维输入向量,六轴力/力矩作为输出,构建含有非线性单元的神经网络模型进行训练。这样得到的模型较为复杂,且缺乏物理意义,因此泛化性能不能保证。更合理的方法是基于物理模型的特征建模。考虑到五个点被一个刚体平面约束,因此只需通过中心点 P_0 的位移就可以描述平面的 X、Y、Z 三个方向平动自由度($\mathrm{d}X,\mathrm{d}Y,\mathrm{d}Z$);为了充分利用每个特征点的数据,将某一特征点的位置误差影响降到最低,实践中中心点的位移可以根据五个特征点的坐标平均得到。转动特征量的获取首先根据五点坐标拟合平面,根据平面法向量的方向余弦代表平面绕 X、Y 轴的转动自由度($\cos X$,$\cos Y$)。最后通过面内某特定向量(如向量 $\boldsymbol{P}_3\boldsymbol{P}_4$)在平面内的转角余弦表征平面绕 Z 轴的转动自由度($\cos Z$)。需要说明的是,为了使未受力状态的特征量为 0,这里转角其实是转角的余角,即未变形的初始角度为 90°。结果显示,六轴力/力矩与这六个特征量呈现非常好的线性关系,如图 6.5(a)所示,且不同力/力矩对应不同的特征量组合,这就意味着输出力可以通过六个特征量的线性组合来描述,采用矩阵形式形如:

$$\boldsymbol{Xp} = \boldsymbol{F} \tag{6-8}$$

式中,矩阵 $\boldsymbol{X} = [\mathrm{d}X\,\mathrm{d}Y\,\mathrm{d}Z\,\cos X\,\cos Y\,\cos Z]$ 为 1200×6 维矩阵,代表 1200 组训练数据的平动或转动位移特征量,矩阵 $\boldsymbol{F} = [F_x\,F_y\,F_z\,M_x\,M_y\,M_z]$ 为 1200×6 维矩阵,矩阵 $\boldsymbol{p} = [\boldsymbol{p}_1, \boldsymbol{p}_2, \boldsymbol{p}_3, \boldsymbol{p}_4, \boldsymbol{p}_5, \boldsymbol{p}_6]$ 为 6×6 维参数矩阵,其中列向量 $\boldsymbol{p}_i$ 代表对应维度力/力矩的拟合参数。对拟合参数 $\boldsymbol{p}$ 的计算同样可以基于最小二乘原理,通过求解正规方程 $\boldsymbol{p} = (\boldsymbol{X}^\mathrm{T}\boldsymbol{X})^{-1}\boldsymbol{X}^\mathrm{T}\boldsymbol{F}$ 得到。这样,对于任意一组测量的五个特征点的坐标,首先计算六个特征参数 $\boldsymbol{X}_0 = [\mathrm{d}X_0\,\mathrm{d}Y_0\,\mathrm{d}Z_0\,\cos X_0\,\cos Y_0\,\cos Z_0]$,通过拟合的参数 $\boldsymbol{p}$ 即可求得六轴力/力

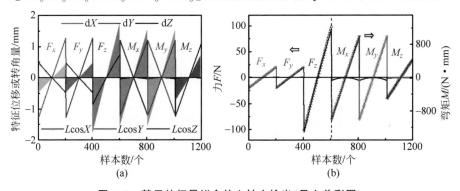

图 6.5 基于特征量拟合的六轴力输出(见文前彩图)

(a) 六个特征量与输入力/力矩的关系,为了量纲归一化,这里的特征转角为转角余弦乘以特征点距离 L;(b) 基于特征量回归的拟合结果,图中点数据为有限元计算值,线数据为模型拟合值

矩 $[F_{x0} F_{y0} F_{z0} M_{x0} M_{y0} M_{z0}] = \boldsymbol{X}_0 \boldsymbol{p}$。通过仿真数据的验证可知,基于特征提取的线性拟合可以很好地描述六轴力/力矩,如图 6.5(b)所示。不过,X 轴弯矩和 Y 轴弯矩与 Z 轴力之间存在轻微耦合。虽然理论上该方法适用于六轴力传感,但实验中为了保证测量数据的鲁棒性,本案例主要讨论 X 轴力、Y 轴力、Z 轴力和 Z 轴力矩的四轴力传感。

6.2.4 性能表征与评估

为了验证基于视觉的四轴力传感器的性能,通过如图 6.6(a)所示实验装置进行验证。提出的四轴力传感器下端固定,上表面与安装在电动位移台上的商用二维力传感器连接。通过控制位移台的法向运动和切向运动向四轴力传感器施加法向力和切向力,并与商用力传感器的标准值进行比较。典型的测量结果如图 6.6(b)所示,在测试量程内,基于视觉的四轴力传感器与商用力传感器的标准值吻合较好,最大精度误差约 3%。利用该传感器可以进行摩擦力的实时测试,图 6.6(c)所示为该四轴传感器上表面(光敏数值)与木块往复摩擦过程的摩擦力与法向力曲线,输出帧率超过 15 fps,根据测得力曲线可知二者摩擦系数约为 0.4。

力的分辨率方面依赖于弹性模量和双目视觉的空间分辨率。本案例中双目视觉系统空间分辨率的分析方法与 4.3.1 节相同,经过标定计算可知水平 X 方向分辨率约为 $dx=0.035$ mm,Y 方向分辨率约为 $dy=0.033$ mm。深度方向分辨率与位置有关,中心特征点处 $dz=0.048$ mm,边缘特征点(间隔 $L=3.5$ mm)处分辨率 $dz=0.034$ mm;由于转角计算主要与边缘点的 Z 向位移有关,因此以下讨论时选取后者。将式(6-8)展开,代入拟合参数 $\boldsymbol{p}$ 并略去小项后可得四轴力和力矩的近似表达 $F_x = 14dX + 72\cos Y$(N),$F_y = 14dY + 72\cos X$(N),$F_z = 71dZ$(N),$M_z = 578\cos Z$(N·mm)。根据本书对转角特征量的定义,通过几何关系可得 $\cos Y = \cos X = dZ/L$ 均为小量,$\cos Z = dY/L$;考虑微分关系,可求得法向分辨率约为 $dF_z = 124dz = 2.4$ N,切向分辨率约为 $dF_x \approx 25dx = 0.50$ N,$dF_y \approx 25dy = 0.47$ N,Z 轴扭矩分辨率约为 $dM_z = 2025dy/L = 5.4$ N·mm。

由于结构的 Z 向刚度较大,因此本传感器的法向力分辨率比切向力大得多,相应地其法向量程其实也比切向要大。按照图 6.5 所示的有限元模拟,产生相同的位移时,法向力大约是切向力的 7.5 倍。理论上,限制本传感器量程的主要因素为材料的超变形和相机测量视野,其中前者主要影响测量准确性;对于后者,考虑图像在 640×480 分辨率视野下,在短边视野

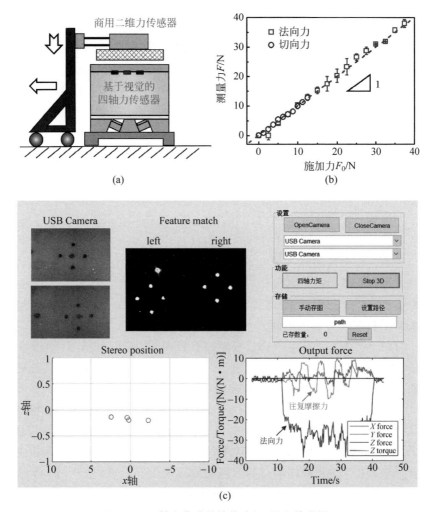

图 6.6　四轴力传感的性能验证（见文前彩图）

(a) 测试实验装置示意图；(b) 输出力曲线与标准值对比；(c) 利用四轴力传感进行摩擦测试的 GUI 界面

约为 15 mm，特征点间隔为 3.5 mm 的情况下最外侧特征点可移动最大范围为 4 mm，据此最大位移可以估算传感器的切向力量程为 ±38 N，法向力量程约为 ±285 N。考虑到抓取任务中，物体摩擦系数通常接近 1，且在利用 N 个手指抓取时切向力只需承受重力的 1/N，因此这种量程和分辨率的差异是适合抓取实验的。注意以上是基于所用弹性模量 $E=1.1$ MPa 的弹性介质层的性能,在不改变视觉系统的情况下,通过改变弹性模量也可以等比例的改变输出力/力矩的分辨率和量程。

6.3 基于视觉的滑移传感装置

第 5 章的研究已经揭示,界面滑移率监测是人手抓取过程触觉反馈的关键。因此为了实现对未知物体的灵巧抓取,需要构建具有实时反馈能力的滑移触觉传感装置。第 4 章提出的高分辨三向接触应力动态测量方法就是一种滑移触觉传感的设计思路。不过,第 4 章中的测量方法主要追求界面三维接触应力的高分辨率精确表征,在双目特征匹配和应力求解过程计算量较大,不适宜进行实时输出。本节的滑移触觉传感器将在此基础上进行简化,以求以最少的测量信息来得到滑移触觉信息。

6.3.1 设计原理和结构组成

为了尽可能的简化设计并提高实时性,本节设计的滑移传感器需要对第 4 章的接触应力测量方法进行一定简化。考虑到切向变形是滑移的关键因素,采用单目相机代替双目相机,这样只需关注面内变形而省去双目匹配的计算量。在特征点的布置上采用稀疏规则点阵代替稠密散斑,利用稀疏光流法代替全局特征匹配来得到形变场。应力的求解也只对切应力进行近似求解。以上简化过程会在一定程度上牺牲深度信息、精度和分辨率,但是在输出实时性上得到很大提升,基于普通个人计算机(英特尔 i7-7500U CPU)和 Matlab 平台就可以实现 15 fps 以上的切向变形场和切向应力输出,这对于机械手的抓取任务是适用的。

传感器整体结构与 Gelsight 传感器[168]的类似。厚 10 mm、弹性模量约为 0.8 MPa 的透明 PDMS 硅橡胶固定在一块玻璃板上,其由上到下依次覆盖了反光层和特征点阵层。玻璃板下方安装的视场角约 80°的 USB 摄像头,为了避免拍摄时玻璃层的反光,采用小型 LED 灯带贴合硅胶四周环形照明。如图 6.7 所示,装置整体密闭在一个 3D 打印的方形结构内,整体尺寸的长、宽、高分别为 40 mm、40 mm 和 35 mm。

滑移传感的核心是对接触表面的位移场进行测量,这依赖于图像算法对黑色特征点阵的识别和追踪。首先通过颜色阈值筛选就能得到黑色标记的大体位置,然后通过简单形态学运算对标记点的残缺进行填充、对可能的噪声点进行抑制,再将每个标记点的连通域中心作为后续计算位移场的兴

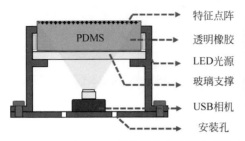 

特征点阵
透明橡胶
PDMS
LED光源
玻璃支撑
USB相机
安装孔

图 6.7　滑移触觉传感器的结构示意图和实物图

趣点。位移场的计算是通过光流法计算目标帧和参考帧之间的兴趣点的位移来实现的。本书采用 Lucas Kanade(LK)稀疏光流算法[292]，其基本思想是假设场景中目标图像的亮度恒定，且逐帧之间时间差很小。这样就能得到约束方程：

$$I(x,y,t) = I(x+\delta x, y+\delta y, t+\delta t) \tag{6-9}$$

式中，$I(x,y,t)$代表 t 时刻图像在 (x,y) 处的亮度，即灰度图像的灰度。相邻帧的时间差 δt 很短，位移 δx 和 δy 也很小；通过对式(6-9)一阶泰勒展开，可以得到：

$$I_x u + I_y v + I_t = 0 \tag{6-10}$$

式中，I_x、I_y 和 I_t 分别是灰度对 x 方向、y 方向和时间 t 的偏导；$u = \delta x/\delta t$，$v = \delta y/\delta t$ 为像素点沿 x 方向和 y 方向的速度。由于式(6-10)中具有两个未知数，无法直接求解；LK 光流法在两条假设基础上增加一条邻域不变假设，即认为中心点周围大小为 $m \times m = n$ 的窗口邻域内像素的运动速度是相等的。这样对于某一兴趣点就可以得到 n 个形如式(6-10)的方程，即可以得到一个线性方程组：

$$\begin{bmatrix} I_{x1} & I_{y1} \\ I_{x2} & I_{y2} \\ \vdots & \vdots \\ I_{xn} & I_{yn} \end{bmatrix} \begin{bmatrix} u \\ v \end{bmatrix} = \begin{bmatrix} -I_{t1} \\ -I_{t2} \\ \vdots \\ -I_{tn} \end{bmatrix} \tag{6-11}$$

上述矩阵形式可记作 $I_{xy}V = I_{tt}$，这样某一兴趣点的速度矢量 $V = [u,v]^T$ 同样可以基于最小二乘原理计算得到 $V = (I_{xy}^T I_{xy})^{-1} I_{xy}^T I_{tt}$。需要注意的是，一般光流法采用逐帧比较的方式，但这样在计算总位移场时会引入较大累计误差。因此本书将参考帧固定在接触变形前捕获的第一帧图像。只有当某一兴趣点的位移最大值接近两个相邻标记之间的距离的一半时，才会将参考帧更新为当前帧以避免误匹配。同时，通过记录新参考帧和旧参考帧之间的相对位置，在后续更新中依旧可以得到新图像帧与初始参考帧之间的位移场。

传统的 Gelsight 传感器通常会直接通过标记点的位移场对接触情况进行判断，这样做是缺少接触力学模型依据的，很多情况下接触区外的变形也会被计算在内。本章节提出的滑移触觉传感器不仅可以输出切向变形，还可以近似地得到切向应力。基于弹性力学模型的应力求解原理和方法在 4.2.3 节已经进行了详细介绍，这里在此基础上进行了一定简化，考虑式(4-3)中影响系数矩阵 $\boldsymbol{K}_{ij}$ 的特点，当反光层厚度 z_0 较小、橡胶材料泊松比接近 0.5 时，法向力和切向力解耦且切向力只影响切向变形。这样就为通过二维切向变形求解二维切向应力提供了理论基础。考虑到实际接触区尺寸和变形量都可能与厚度相当，采用 Alamo 等[182]和 Xu 等[186]提出的有限厚度基底的弹性力学模型，仍然假设切向变形主要由切向应力引起，可略去矩阵 $\boldsymbol{Q}_{ij}$ 中的第三行和第三列的影响，这样就可以在傅里叶空间中通过二维切向位移对切向应力进行显式求解。典型光流变形场和剪切应力场如图 6.8 所示。这样就能得到一个能够同时输出切向变形场和切向应力场的滑移触觉传感器。

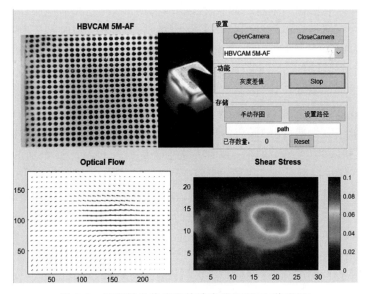

图 6.8　滑移触觉传感器的输出界面（见文前彩图）

6.3.2 滑移测量原理与判据

在 1.4.2 节中已经讨论了,相对于振动信号,界面初期滑移是目前更有效的滑移预判性判据。5.3.2 节对人手的抓取触觉感知与反馈机理的研究也证实,对界面滑移率的监测是人手进行摩擦触觉感知的力学本质。因此应用于抓取的触觉传感器需要具备对界面滑移率表征的能力。不过,第 5 章中对滑移区的识别是通过界面动静摩擦系数的差异,这种方法依赖于表面摩擦系数的先验知识,不能适用于未知物体。本节需要聚焦更本质的、不依赖物体摩擦属性的滑移判据。

所谓滑移,其本质是两个接触表面之间位移量的差值。基于这个出发点,以下将讨论适用于所设计的滑移触觉传感器的早期滑移判据。考虑到抓取物体的实际工况,抓取对象通常刚度远大于所用橡胶材料(以及人体皮肤材料),且抓取过程多为静摩擦接触的准静态。因此以下讨论可以基于抓取工况的两个基本假设:①接触物体相比于滑移传感器橡胶表面,可以近似为刚体;②接触区同时存在粘着区和滑移区,且粘着区始终未发生相对滑动。

考虑与硅胶表面接触良好的一块刚体,其在外部剪切作用下产生运动趋势。硅胶表面的接触区及接触区周围会沿力的方向发生拉伸,硅胶表面位移场可以通过追踪近表面特征点阵列得到。当切向载荷较小时,接触区的硅胶表面运动与刚体运动一致;当切向外力进一步增大时,接触区内压力较小部分的摩擦力不足以提供切向支撑,开始出现局部微滑,这些区域的位移场将小于刚体位移,而粘着区则始终与刚体位移相等,直至接触区全部产生滑移,也即发生了宏观滑移。由此可知,如果只考虑刚体平动的情况,在完全滑移发生前,接触区内的粘着区将呈现与刚体运动一致的均匀位移场,而滑移区的位移则要小于刚体位移,这是进行初期滑移识别的关键信息,如图 6.9(a)所示。

这样就得到了适应于本书的滑移触觉传感器的滑移判据和量化标准,如图 6.9(b)所示。第一步,根据输出的切向应力,通过一定阈值确定接触区范围;第二步,在接触区内利用 Sobel 梯度算子对平面位移场进行滤波运算,计算位移变化率,也即切向形变场分布情况;第三步,选择包含最大位移场且形变场接近零的区域为粘着区域;第四步,将上一步估计的粘着区域的平均位移 d_r 作为刚体位移,计算刚体位移与接触区内实际位移差值,将差值大于一定阈值的区域认定为滑移区,进而可以计算滑移区在接触

第 6 章　基于视触觉传感的机械手灵巧抓取　　163

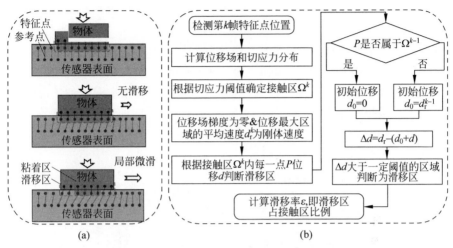

图 6.9　基于切向应力和切向变形的滑移判据
(a) 局部微滑示意图；(b) 滑移区域检测流程框图

区中的面积占比 ε（简称滑移率）。需要注意的是，对于接触过程接触区增大的情况，如果接触区外的点在某一帧进入接触区，需要将上一帧的刚体位移作为其初始位移，再计算此帧之后的位移差值，这样可以将动态接触过程考虑在内。以上判据的前提是接触区同时存在粘着区和滑移区，当发生宏观滑移时滑移率可能被低估，宏观滑移的发生需要借助接触区中心点的移动进行辅助判断。此外，通过剪切力进行接触区筛选是必要的，因为如果直接根据变形场来判断，接触区周围也会有一定微小变形，由此带来对滑移率的高估。仅仅依靠剪切应力分布判断接触区也并不严格，当存在法向力而没有切向力时，接触区大小可能会被低估。不过由于此时剪切力接近零，也就不存在滑移问题，因此并不影响实际抓取任务中对滑移率的判断。这其实对应了人手抓取物体的最初阶段：单纯的法向加载并不能判断出滑移或摩擦情况，只有发生轻微提拉运动时，才能对界面微滑进行判断。

6.3.3　滑移判据的验证

为了说明 6.3.2 节提出的验证滑移判据的有效性，设计了标准滑移实验进行验证。如图 6.10(a) 所示，将直径为 14 mm 的玻璃球固定在二维商用力传感器上，将该传感器固定在二维电动位移台上。首先控制玻璃球对滑移传感器表面进行法向加载（2 N）后稳定 3 s；然后保持法向力恒定，以 0.4 mm/s 的速度拖动滑移传感器进行横向移动，记录从静止到完全滑动过程的法向力和切向力,如图 6.10(b)所示。同时,利用滑移触觉传感器进行切向变形和切向应力测量,结果如图 6.10(c)所示。需要说明的是,本节研究的意义是为了验证滑移判据和滑移测量的可靠性,因此采用了比 6.3.4 节抓取实验中更密的特征点间隔(约为 0.4 mm)来获得更高的分辨率。为了代表不同摩擦系数表面的情况,实验分别在干接触和水润滑的工况开展了测试。根据稳定滑动过程的法向力和切向力可知两种情况下的摩擦系数约为 1.1 和 0.5。

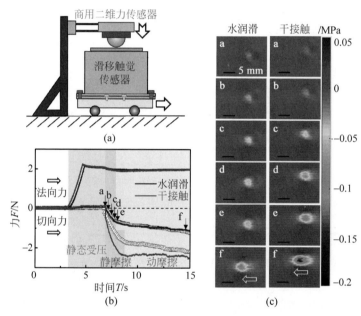

图 6.10 滑移测试实验的典型力曲线和接触区应力演变(见文前彩图)
(a) 测试装置示意图;(b) 法向力和切向力测量,数据线尾商用传感器测量值,数据点为滑移传感器测量的切向应力积分值;(c) 横向接触应力演变情况

不同摩擦系数表面测得的力曲线和切向应力变化规律类似。在法向加载过程中,接触界面处于静态受压的状态,总的横向力为零。但是由于接触界面是曲面,接触区的接触力的水平分量呈现大小相等、方向相反的反对称分布,如图 6.10(c)中 a 时刻所示。随着横向力的逐渐增加,切向摩擦力从近似线性增加到逐渐稳定,接触状态也从静摩擦转变为动摩擦状态。这个过程的切向力逐渐演变成中心高四周低的钟形分布,与球接触平面的压力分布形式类似,参见图 6.10(c)中 b~e 时刻。不过,通常摩擦力从静摩擦到动摩擦的边界并不是严格清晰的,需要借助接触区的移动情况辅助判断。

本实验中由于法向力保持不变,不同摩擦系数表面的切向力变化不再重合;对比图 5.17 中人手的反馈抓取过程可以看出法向力的反馈控制对于保证不同摩擦系数表面物体切向力同步加载的重要意义。

动静摩擦过程的滑移率测量是滑移触觉传感器需要测量的关键信息。按照 6.3.2 节的流程,首先判断接触区内位移梯度最小且位移最大的值,将其作为刚体位移,其随时间变化情况如图 6.11(a)所示。图中也标出了理论刚体位移(也即 0.4 mm/s 驱动速度下的位移),干接触情况测量值与理论值在静摩擦阶段基本一致,润滑条件下滑移的存在使得测量值存在一定低估。根据测量的刚体位移,计算接触区内的位移差值,设定差值绝对值大于 0.02 mm 的位置发生了滑移,由此计算的接触区滑移率和位移差值的分布情况如图 6.11(b)和(c)所示。需要说明的是,提出的滑移判据主要面向静摩擦状态,对动摩擦过程的刚体位移估计会存在明显低估,因此完全滑移状态的滑移率不会严格等于 1。不过实际测量中这一数值已经非常接近 1,说明该判据也能一定程度反映动摩擦状态。

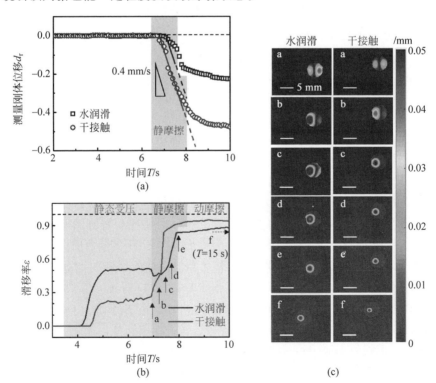

图 6.11 滑移测试实验的滑移率演变与接触区滑移分布(见文前彩图)
(a)拟合刚体位移;(b)根据滑移判据计算的滑移率;(c)滑移区域分布

在静态受压阶段,由于测量的切向应力并非只是单纯的粘着摩擦,还包含了弹性接触力的水平分量(与4.3.3节滚动摩擦的黏弹性阻力及5.5.2节皮肤摩擦的变形阻力类似),因此这一阶段的初始滑移率被高估。可以预见,当接触物体的曲率较小时,弹性分量的影响会显著降低。不同润滑状态所测初始滑移率对应了界面摩擦系数的差异,这对初始摩擦系数的估计是非常有意义的。动静摩擦转变阶段的滑移率测量和监测是抓取的关键。本实验中,从开始横向加载到发生宏观滑移(也即动摩擦)的1 s内,两种表面的滑移率都从小于0.5的安全值增加到了0.9的临界滑移值,体现了提出的滑移判据的有效性及其对不同摩擦系数表面的适用性。虽然通过剪切力判断接触区的方法可能会使得接触区测量不够准确,但是实验表明这并不影响对滑移率的定性表征和对早期滑移的感知能力。因此本节的滑移传感器和滑移判据是可以胜任后文的实际抓取任务的。

6.4 摩擦触觉反馈的灵巧抓取系统

无论人手还是机械手,对界面摩擦的触觉感知都是成功抓取的关键。物体接触面的切向摩擦力是估计物体重量的关键,接触面的摩擦接触状态是判断抓取物体是否可能滑落的关键。本节将通过实际机械手抓取系统,展示上文提出的两种摩擦触觉力传感器在灵巧抓取行为中关键作用。

为了突出触觉反馈的力控机制这一核心研究内容,实验采用的抓取系统为基础的两指式机械手,所用硬件平台为佛山增广智能科技有限公司的RM-CGBD-17型电控机械夹爪。该机械夹爪通过电机带动丝杠螺母线性往复运动,螺母结构通过平行四边形连杆结构控制末端夹爪的张开和闭合。夹爪末端本身安装有一个压力传感器,实验中仅将其作为标准值参考而不用于反馈控制。本研究中,将上文设计的多轴力传感装置和滑移传感装置分别安装在夹爪末端,将传感器测得的界面力和滑移率作为反馈信号接入机械手闭环控制系统。在软件方面,传感器的图像处理依靠Maltab平台的强大数值计算能力实现,其负责将传感器的测量值(四轴力或滑移率等)量化输出;对机械手的控制则依靠控制器提供的SDK接口在C++平台实现,其负责将传感信息作为反馈信号实现对机械手抓取闭环控制。在数据通信方面,考虑到数据通信量很小,研究采用对同一个文本文件读写的方式实现数据跨平台传输,即Matlab平台将传感器测量值刷新写入一个文本文件,C++程序不断读取该文本内容。经过测算这样的读写操作总延迟为1~2 ms,而传感器的输出帧率在 15 fps 左右(即间隔 66.7 ms),足以满足可靠的通信需求。这样,通过增加对切向载荷和界面滑移的感知能力,就可以赋予一个普通机械手对变质量物体、轻脆物体和未知表面状态物体的灵巧抓取功能。

6.4.1 基于多轴力传感的变质量物体抓取

6.2 节提出的基于图像的多轴力传感器可以实现对法向力、切向力和扭矩的传感,且具有低成本、高过载阈值和柔性缓冲等特点,适宜作为机械手的末端传感装置。本节将该四轴力传感器安装在机械手末端,验证其对变质量物体的适应性抓取能力。

变质量物体的抓取关键是对界面摩擦系数和物体重量的感知。摩擦系数的获取可以在抓取物体前将传感器工作面与待测物体表面接触滑动得到,对重力的感知则包括两种情况:当被抓物体的重心在机械手接触面包围的竖直空间内,可以将竖直方向切向力作为重力的反馈值;当被抓取物体的重心在机械手竖直空间外时,还需要考虑重力矩的偏载效应对扭矩的贡献。如图 6.12 所示,参考 5.3.1 节人手抓取不同质量物体的增量式加载策略,基于多轴力传感的机械手抓取的基本反馈控制策略如下:机械手施加法向初始抓取力 F_{g1},并执行纵向提拉操作。在这一过程需要实时监测切向力,如果切向力增加 dF_1,则需要按照摩擦系数 μ 的反比关系增加一定量的法向力 $dF_g \sim k_1 dF_1/\mu$。如果切向力稳定,说明此时物体已经被抓起,进入抓取保持阶段。在保持阶段,同样需要对切向力进行实时监测,根据设定安全系数 α 的阈值对抓取力进行相应调整。设置安全阈值的目的是既要避免抓取力过小导致抓取失败,又避免抓取力过大造成对轻脆物体的损坏,

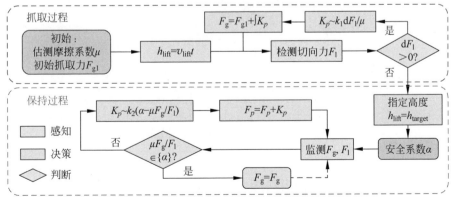

图 6.12 机械手对变质量物体抓取的闭环控制策略(见文前彩图)

同时还要为外载突然变化预留抓取力的调整空间。对于需要考虑偏载的情况,需要将扭矩信号和切向力信号进行一定权重的组合,将组合信号作为反馈值进行抓取力的调控,基本闭环控制策略不变。

基于上述控制策略,可以实现对装有不同重量物体的玻璃瓶成功抓取,得到与人手抓取规律相似的抓取力曲线如图 6.13(a)所示。为了验证对变质量物体的稳定抓取性能,本研究设计了一个动态载荷下的物体抓取实验。首先要求机械手抓取一个空的玻璃瓶,设置摩擦系数 μ 为 1,初始接触力 F_{g1} 为 3 N,抓取提升速度为 4 mm/s,加载安全系数 k_1 设为 4。成功抓起空玻璃瓶(重量为 1.5 N)后,设安全阈值 α 为 3.5~4.5,随后向瓶中连续倒入直径为 6 mm 的钢球,当传感器检测到切向力超过安全阈值时,法向力同步调整。这一过程中,玻璃瓶保持稳定抓取状态,直至全部钢球倒完,此时

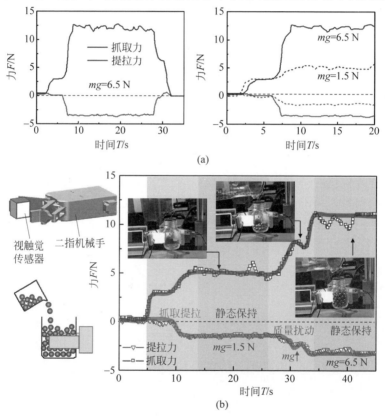

图 6.13 动态载荷下机械手抓取效果(见文前彩图)

(a) 机械臂抓取不同质量物体的典型力曲线;(b) 不断倒入钢球的玻璃杯的抓取效果和力曲线

玻璃瓶总重达到 6.5 N, 如图 6.13(b) 所示。具有摩擦力反馈能力的机械手表现出动态冲击载荷下的稳定抓取能力。

在偏载演示实验中，首先要求机械手水平抓取一个螺丝刀的手柄。然后在螺丝刀前端悬挂 200 g 砝码，四轴力传感检测到扭矩的增加，通过反馈控制调节法向力同步加载，保证悬挂砝码后螺丝刀保持水平状态，如图 6.14 所示。作为对比，如果缺少对力矩的反馈，仅悬挂 100 g 砝码就会使螺丝刀倾斜而导致砝码滑落。

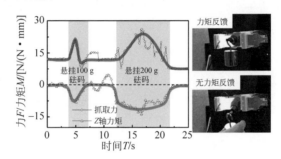

图 6.14 悬挂重物的螺丝刀机械手抓取效果。力曲线展示了稳定抓取螺丝刀时，前端悬挂 100 g 和 200 g 砝码时的力控过程

6.4.2 基于微滑感知的未知物体灵巧抓取

6.4.1 节展示了摩擦力反馈在变质量物体可靠抓取中的关键作用。但是这距离真正的灵巧抓取还有一定距离，因为它的反馈控制策略依赖于摩擦系数的先验知识。生活中的很多情况，我们无法轻易判断物体的表面摩擦系数，物体的表面摩擦状态也可能因为加入润滑介质等而改变。只有实现对界面摩擦状态的感知和滑移状态的监测才有可能实现不依赖先验经验的灵巧抓取。

根据 5.3.2 节对人手灵巧抓取行为的研究可知，对界面局部滑移的感知是人手摩擦触觉感知的核心。如图 6.15 所示，参考人手对未知表面状态物体的抓取行为规律，提出基于滑移触觉传感装置的机械手反馈控制策略如下：机械手施加一个较小的法向初始抓取力 F_{g1}，同时假定一个较大的界面摩擦系数 μ_0。首先根据接触早期的初始滑移率 ε_0 确定法向力的初始加载速率，这一步可以避免抓取特别光滑表面时，由于初始抓取力太小而直接滑脱。随后需要对界面滑移情况进行监测，滑移情况包括由接触区中心点位移 d_0 确定的宏观滑移和由局部滑移率 ε 确定的早期微滑。当宏观滑移发生($d_0 \geqslant 0.5$ mm)时,立刻施加一个较大的法向力增量进行干预;当宏观滑移不显著时,一方面根据宏观 d_0 对初始摩擦系数 μ 进行修正,另一方面根据界面滑移率 ε 确定加载系数。这样的反馈控制策略可以保证机械手对不同物体的可靠抓取,也充分体现了人手根据界面摩擦状态进行抓取反馈调控的特征。

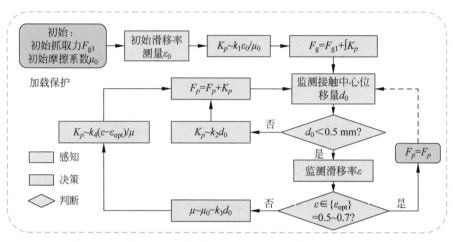

图 6.15　机械手对未知物体抓取的闭环控制策略(见文前彩图)

基于上述控制策略和滑移传感装置,可以实现机械手对鲜花、鸡蛋、水果、水瓶、砝码等多种物体的表面摩擦状态感知和可靠抓取,如图 6.16 和

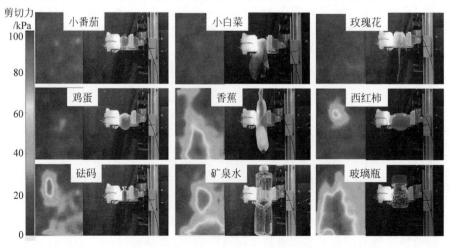

图 6.16　不同种类的物体的机械手自适应抓取效果(见文前彩图)

表 6.1 所示。以抓取砝码为例,不仅实现了不依赖先验摩擦系数的变质量可靠抓取,更重要的是,如果在稳定抓取后表面喷洒肥皂水,其表面摩擦系数会显著降低而出现滑落风险。此时如果仅依靠多轴力传感并不能感知这种变化,而借助滑移触觉传感则能通过中心点位移和界面滑移率变化及时调控抓取力避免物体滑脱,表现出"灵巧"特点。

表 6.1 不同种类物体的机械手自适应抓取参数

物品名称	物体质量/g	摩擦系数	理论最小抓取力 F_{g0}/N	自动施加抓取力 F_g/N	安全系数
小番茄	16	1.5	0.05	0.5	9.6
小白菜	17	1.5	0.06	0.4	7.2
玫瑰花	18	1.0	0.09	0.4	4.5
鸡蛋	55	1.5	0.18	1.6	8.9
香蕉	162	1.5	0.53	1.2	2.3
西红柿	151	1.3	0.57	4.8	8.4
小砝码	200	2.0	0.49	1.8	3.7
小砝码+水	200	0.4	2.45	4.1	1.7
大砝码	500	2.0	1.23	6.8	5.6
装水的矿泉水瓶	581	1.3	2.19	7.0	3.2
装钢球的玻璃瓶	613	1.5	2.00	9.2	4.6

注:"砝码+水"为表面涂抹肥皂水,"安全系数"为实际抓取力与理论最小抓取力的比值。

表 6.1 中展示了机械手通过接触状态判断自主施加的抓取力与理论最小抓取力的比值,即安全系数。大部分物体的抓取安全系数在 2~5 区间的合理值,能够兼顾抓取可靠性和安全性,一定程度上展示了传感技术和控制策略的合理性。不过,测试物体的抓取安全系数并没有表现出非常理想的一致性。其原因除了滑移传感和控制算法的性能有待进一步提高外,也包含一些其他方面因素。例如,摩擦系数的量化可能不够准确:鲜花、蔬菜等轻小物体的摩擦系数都是在轻载下得到的,其数值往往偏高;对于异形材料,即便满足最小抓取力,也可能由于重心偏移引起旋转滑动,其安全系数也会较高。灵巧抓取实验的后续的优化中,需要将这些因素考虑在内。

总体来说,这几种典型案例非常有代表性地展现了拥有摩擦触觉感知能力的机械手对抓取过程的物体重量和表面摩擦状态这两个基本信息进行感知的能力。借助自适应的闭环控制策略,可以实现对动态载荷和未知物体的灵巧可靠抓取,体现了人手灵巧抓取的本质特点。相信在这样的体系框架下,通过更加复杂的机械结构设计、更加灵活的动力实现、更加灵敏的触觉传感性能,以及更加完善的控制算法,能够让机械手的物体抓取和操纵行为更加灵巧化和智能化。

6.5 本章小结

本章在第 5 章揭示的人手灵巧抓取的摩擦触觉感知机理的基础上,分别设计了基于图像的多轴力传感装置和滑移触觉传感装置,提出了基于摩擦触觉传感的机械手灵巧抓取的闭环控制策略,实现了无先验信息情况下机械手对动态载荷和未知物体的灵巧抓取能力。主要结论如下:

(1) 设计了基于双目视觉的多轴力传感装置,通过对约束条件下弹性体的空间位姿测量和基于有限元数据特征拟合的力响应函数构建,实现了对三维力及法向扭矩的四轴力/力矩传感能力实时($>$15 fps)输出。这样的设计相比于常见的应变式力传感器,具有结构简单、成本低、柔性接触、抗超载能力强等优点,适合作为机械手的末端传感装置。

(2) 设计了基于图像的滑移触觉传感装置,通过追踪特征点位移和基于傅里叶空间接触应力求解,能够实现接触表面剪切位移场和剪切应力场的实时输出。提出了基于接触应力区和位移场一致性原理的界面微滑判据,实验表明其能够对静摩擦状态的界面滑移率进行有效表征。

(3) 基于设计的两种触觉传感装置,仿照人手摩擦触觉感知机理与反馈控制策略,提出了机械手对变质量物体和未知表面状态物体抓取的闭环控制策略,可以实现对动态载荷下物体的稳定抓取,对鲜花、鸡蛋、水果等多种物体的安全抓取,以及对未知表面状态物体的适应性抓取。

本章在前文研究的人手摩擦触觉感知机理和界面应力测量技术的基础上,设计了符合摩擦触觉感知需求的视触觉传感装置,赋予一个普通机械手对动态载荷、轻脆材质和未知表面状态物体的灵巧抓取能力,为非结构化环境下机械手灵巧抓取提供了触觉感知与反馈控制范式。

第 7 章 结论与展望

7.1 本书完成的主要工作

本书围绕人手摩擦触觉感知机理与机械手灵巧抓取应用，以界面摩擦润滑机理为理论基础，以界面接触应力测量方法为技术支撑，系统开展了人手抓取过程的摩擦触觉感知机理与抓取反馈控制策略研究，并基于揭示的感知机理、控制策略和设计的触觉传感装置，实现了触觉反馈的机械手灵巧抓取应用。

本书的主要工作包括以下几点：

第一，揭示了水介质中润湿性依赖的表面力对摩擦行为的影响机理。润湿性是固—液界面作用强度的热力学度量，也是描述表面力作用的宏观参量。利用表面处理的硅片构建理想实验体系发现，当硅片接触角从 $90°$ 降低到 $0°$ 时，界面摩擦系数随之降低一个数量级。基于微观界面力学分析发现，摩擦系数的改变主要与范德华吸引作用和依赖润湿性的水合排斥作用竞争决定的固体表面间的粘着作用有关。结合热力学模型和粘着迟滞理论，建立了润湿性与水环境界面粘着和摩擦关系的定量数学模型。该工作是后续皮肤摩擦建模和水介质中抓取研究的理论基础。

第二，提出了一种界面三维接触应力动态测量方法。基于双目立体视觉技术和弹性力学模型数值求解方法，提出了一种可以实现高时—空分辨率的界面三维接触应力测量方法，搭建了时间和空间分辨率分别达到 $10\ ms$ 和 $10\ \mu m$ 测量装置原型。该装置不仅实现了对经典接触力学模型的实验验证，还成功应用于微织构表面粘着过程应力表征、滚动摩擦的粘着作用和弹性阻力的可视化、蜗牛空间爬行的多尺度吸盘机制的揭示等方面。该方法也为后续摩擦触觉感知行为机理研究和触觉传感装置设计提供了技术支撑。

第三，开展了皮肤弹性行为和摩擦行为的量化研究。构建了包含硬质薄层和软基底的皮肤双层结构模型，其预测的皮肤弹性响应与实验结果符合很好,并预测了弹性模量的接触尺寸依赖性。考虑皮肤摩擦的粘着作用和变形阻力两大来源,以织构表面为典型对象提出了皮肤摩擦基本模型,对手指粗糙感知过程皮肤摩擦行为的载荷依赖性、面积依赖性、表面几何依赖性和方向依赖性进行了有效量化。该工作是后续人手摩擦触觉感知机理与抓取行为研究的力学基础。

第四,开展了人手灵巧抓取的摩擦触觉感知机理和反馈控制策略研究。在无视觉辅助的人手抓取实验中,通过改变载荷和摩擦系数两个抓取基本变量,揭示了抓取过程法向抓取力的增量式加载是实现物体重量估计的基本原理,最终的稳定抓取力约为理论最小抓取力的 4 倍以兼顾抓取安全性和可靠性。进一步地,基于对人手抓取过程界面三维接触应力原位测量结果,证实了界面早期微滑是摩擦触觉感知的力学基础,基于界面微滑感知和对抓取力反馈调控是人手能够对未知物体灵巧抓取的关键机制。

第五,设计了基于图像的触觉力传感装置,开展了基于触觉反馈的机械手灵巧抓取研究。通过基于双目相机的弹性体空间位姿测量和基于有限元仿真数据的多轴力响应函数构建,设计了具有结构简单、成本低、抗超载等优点的四轴力传感装置。通过特征点位移追踪和基于傅里叶空间接触应力求解,设计了能够对接触面剪切位移场和剪切应力场实时输出滑移触觉传感器。利用这两种传感装置赋予一个普通机械手触觉感知能力,仿照人手基于触觉反馈的抓取策略,实现了机械手在无先验信息情况下对动态载荷、轻脆材质和未知表面状态物体的灵巧抓取。

7.2　本书主要贡献与创新点

本书的主要贡献与创新点具体包括以下几点,如图 7.1 所示:

第一,揭示了表面润湿性影响水基边界润滑的粘附摩擦行为的物理本质,即范德华吸引力和依赖于润湿性的水合排斥力等表面力的竞争决定的界面粘着作用是水基边界润滑摩擦的主要来源,建立了润湿性影响水环境粘附和摩擦行为的定量关系模型。

第二,提出了一种基于双目立体视觉和弹性力学模型的高时—空分辨率界面三维接触应力测量方法,有效弥补了现有接触应力测量手段在应力测量维度和时空分辨率上的不足。测量方法的准确性通过经典接触力学实验得到验证,方法的优异性能在仿生干粘附表面的粘着应力测量、滚动摩擦起源的可视化、蜗牛爬行多尺度吸盘机制的揭示等研究中发挥了重要作用。

第 7 章 结论与展望

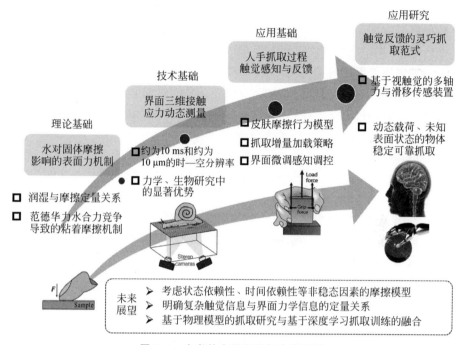

图 7.1 本书的主要贡献与未来展望

第三，提出了描述手指皮肤弹性和摩擦行为的量化模型，通过无视觉辅助的人手抓取实验对增量式加载规律进行量化。基于界面接触应力分布和演变测量，证实了界面初始微滑是人手摩擦状态感知的力学基础，明确了基于界面滑移率的反馈调控是人手实现灵巧抓取的关键机制。

第四，设计了具有低成本、抗超载等特点的新型多轴力传感装置，构建了机械手基于摩擦触觉感知的反馈控制范式，设计并实现了机械手不依赖先验信息情况下对动态载荷、轻脆材质和未知表面状态物体的灵巧抓取。

7.3 未来工作展望

本书基于界面摩擦润滑机理和界面应力测量技术，通过理论建模、实验表征等多种方法揭示了手指摩擦触觉形成的界面力学机制，证实了界面微滑对于人手灵巧抓取的重要反馈作用，最终设计了具有摩擦触觉表征能力的触觉传感装置，实现了机械手在非结构环境的仿人灵巧抓取。但是，摩擦触觉和灵巧抓取都是十分复杂和系统的研究领域，本书的探索性工作只针对其中的若干主要问题展开，在这个过程中也发现了不少研究难点或有价值的研究方向，希望作为后续研究或相关研究的参考。列举如下：

第一，本书尝试建立了润湿性单一变量影响摩擦粘附行为的热力学模型与描述皮肤摩擦行为载荷依赖性和织构参数依赖性的基本摩擦力学模型。但摩擦行为往往受多种因素影响，还需要构建更加复杂的、考虑状态和速度等非稳态因素的摩擦模型，这将有助于加深对触觉感知和灵巧抓取等问题的理解。

第二，相比于本书对界面力学的定量和细致表征，对触觉的描述则显得主观和定性。在认知心理学领域，利用脑电、皮肤电、核磁成像等生理信号对人体感受的描述已经有较为广泛的应用。诚然，由于生理信号的复杂性，建立界面力学信息与触觉生理信息的定量关系非常有挑战性，但这对于进一步揭示触觉形成的力学机制、促进高性能人机交互和机器触觉的发展是十分有价值的。

第三，本书开展的摩擦触觉感知和反馈策略研究是一种更接近抓取行为本质的物理模型研究。随着人工智能技术的发展，利用深度学习或强化学习方法开展基于数据训练的机器人灵巧抓取研究也得到了极大发展。如何将两种研究体系分别在计算资源和场景应用中的优势进行更好融合、实现更加高效和全面的机械手灵巧抓取，值得进一步研究。

参 考 文 献

[1] THE NOBEL ASSEMBLY. 2021 Nobel Prize in Physiology or Medicine[EB/OL].(2021-10-04)[2022-03-01]. https://www.nobelprize.org/uploads/2021/10/press-medicineprize2021.pdf.

[2] WANG C,LIU H,LI K,et al. Tactile modulation of memory and anxiety requires dentate granule cells along the dorsoventral axis[J]. Nature Communications, 2020,11(1):1-18.

[3] OREFICE L L. Outside-in: Rethinking the etiology of autism spectrum disorders [J]. Science,2019,366(6461):45-46.

[4] VAN PRAAG H,KEMPERMANN G,GAGE F H. Neural consequences of enviromental enrichment[J]. Nature Reviews Neuroscience,2000,1(3):191-198.

[5] WANG L,MA L,YANG J,et al. Human somatosensory processing and artificial somatosensation[J]. Cyborg and Bionic Systems,2021,11.

[6] 工信部装备工业司.《中国制造2025》解读之:推动机器人发展[EB/OL].(2016-05-12)[2022-03-01]. https://www.gov.cn/zhuanti/2016-05/12/content_5072768.htm.

[7] COMPUTING COMMUNITY CONSORTIUM. A Roadmap for US Robotics [EB/OL].(2020-09-09)[2022-03-01]. https://cra.org/ccc/wp-content/uploads/sites/2/2020/10/roadmap-2020.pdf.

[8] DAHIYA R S,METTA G,VALLE M,et al. Tactile sensing—from humans to humanoids[J]. IEEE Transactions On Robotics,2009,26(1):1-20.

[9] CATERINA M J,SCHUMACHER M A,TOMINAGA M,et al. The capsaicin receptor: a heat-activated ion channel in the pain pathway[J]. Nature,1997, 389(6653):816-824.

[10] MCKEMY D D,NEUHAUSSER W M,JULIUS D. Identification of a cold receptor reveals a general role for TRP channels in thermosensation[J]. Nature, 2002,416(6876):52-58.

[11] PEIER A M,MOQRICH A,HERGARDEN A C,et al. A TRP channel that senses cold stimuli and menthol[J]. Cell,2002,108(5):705-715.

[12] COSTE B,MATHUR J,SCHMIDT M,et al. Piezo1 and Piezo2 are essential components of distinct mechanically activated cation channels[J]. Science,2010, 330(6000):55-60.

[13] GE J,LI W,ZHAO Q,et al. Architecture of the mammalian mechanosensitive Piezo1 channel[J]. Nature,2015,527(7576):64-69.

[14] WANG L,ZHOU H,ZHANG M,et al. Structure and mechanogating of the mammalian tactile channel Piezo2[J]. Nature,2019,573(7773):225-229.

[15] JOHANSSON R S,FLANAGAN J R. Coding and use of tactile signals from the

fingertips in object manipulation tasks[J]. Nature Reviews Neuroscience,2009, 10(5): 345-359.
[16] DERLER S,GERHARDT L C. Tribology of skin: Review and analysis of experimental results for the friction coefficient of human skin[J]. Tribology Letters,2012,45(1): 1-27.
[17] FAGIANI R,MASSI F,CHATELET E,et al. Tactile perception by friction induced vibrations[J]. Tribology International,2011,44(10): 1100-1110.
[18] FISHEL J A,LOEB G E. Bayesian Exploration for intelligent identification of textures[J]. Frontiers in Neurorobotics,2012,6: 4.
[19] HOLLINS M,BENSMAÏA S J. The coding of roughness[J]. Canadian Journal of Experimental Psychology,2007,61(3): 184-195.
[20] SMITH A M,CHAPMAN C E,DESLANDES M,et al. Role of friction and tangential force variation in the subjective scaling of tactile roughness[J]. Experimental Brain Research,2002,144(2): 211-223.
[21] JOHANSSON R S,WESTLING G. Roles of glabrous skin receptors and sensorimotor memory in automatic control of precision grip when lifting rougher or more slippery objects[J]. Experimental Brain Research,1984,56(3): 550-564.
[22] JOHANSSON R S,EDIN B B. Predictive feedforward sensor control during grasping and manipulation in man[J]. Biomedical Research,1993,14: 95-106.
[23] JENMALM P. Lighter or heavier than predicted: Neural correlates of corrective mechanisms during erroneously programmed lifts[J]. Journal of Neuroscience, 2006,26(35): 9015-9021.
[24] CADORET G F ,SMITH A M. Friction,not texture,dictates grip forces used during object manipulation[J]. Journal of Neurophysiology, 1996, 75 (5): 1963-1969.
[25] SRINIVASAN M A,WHITEHOUSE J,LAMOTTE R H. Tactile detection of slip: Surface microgeometry and peripheral neural codes [J]. Journal of Neurophysiology,1990,63(6): 1323-1332.
[26] LEDERMAN S J,LOOMIS J M,WILLIAMS D A. The role of vibration in the tactual perception of roughness[J]. Perception & Psychophysics,1982,32(2): 8.
[27] BENSMAÏA S,HOLLINS M. Pacinian representations of fine surface texture[J]. Perception & Psychophysics,2005,67(5): 842-854.
[28] TANG W,CHEN N,ZHANG J,et al. Characterization of tactile perception and optimal exploration movement[J]. Tribology Letters,2015,58(2): 1-14.
[29] DING S,BHUSHAN B. Tactile perception of skin and skin cream by friction induced vibrations [J]. Journal of Colloid and Interface Science, 2016, 481: 131-143.
[30] HORIBA Y,KAMIJO M,HOSOYA S,et al. Evaluation of tactile sensation for

wearing by using event related potential[J]. Sen-I Gakkaishi,2000,56(1): 47-54.
- [31] CAMILLIERI B, BUENO M-A, FABRE M, et al. From finger friction and induced vibrations to brain activation: Tactile comparison between real and virtual textile fabrics[J]. Tribology International,2018,126: 283-296.
- [32] SAKANIWA H,SUTOKO S,OBATA A, et al. Effects of shape characteristics on tactile sensing recognition and brain activation [J]. Journal of Advanced Computational Intelligence and Intelligent Informatics,2019,23(6): 1080-1088.
- [33] 夏羽. 基于神经电生理学的丝织物触感评价和认知研究[D]. 苏州：苏州大学,2017.
- [34] 陈思. 皮肤摩擦触觉感知的机理研究[D]. 北京：中国矿业大学,2016.
- [35] 张冰玉. 手指皮肤摩擦感知功能研究[D]. 成都：西南交通大学,2014.
- [36] TANG W,LIU R,SHI Y, et al. From finger friction to brain activation: Tactile perception of the roughness of gratings[J]. Journal of Advanced Research,2020, 21(2019): 129-139.
- [37] 温诗铸,黄平,田煜,等. 摩擦学原理[M]. 5版. 北京：清华大学出版社,2018.
- [38] EGUCHI M,SHIBAMIYA T,YAMAMOTO T. Measurement of real contact area and analysis of stick/slip region[J]. Tribology International,2009,42(11): 1781-1791.
- [39] DIENWIEBEL M, VERHOEVEN G S, PRADEEP N, et al. Superlubricity of graphite[J]. Physical Review Letters,2004,92(12): 126101.
- [40] ISRAELACHVILI J N. Intermolecular and Surface Forces[M]. USA: Elsevier Inc. ,2011.
- [41] TOMLINSON G. CVI. A molecular theory of friction [J]. The London, Edinburgh, and Dublin Philosophical Magazine and Journal of Science, 1929, 7(46): 905-939.
- [42] BRAUN O M,KIVSHAR Y S. Nonlinear dynamics of the Frenkel-Kontorova model[J]. Physics Reports,1998,306(1-2): 1-108.
- [43] GYALOG T,THOMAS H. Friction between atomically flat surfaces [J]. Europhysics Letters,1997,37(3): 195.
- [44] HOD O,MEYER E,ZHENG Q, et al. Structural superlubricity and ultralow friction across the length scales[J]. Nature,2018,563(7732): 485-492.
- [45] SONG Y,MANDELLI D, HOD O, et al. Robust microscale superlubricity in graphite/hexagonal boron nitride layered heterojunctions[J]. Nature Materials, 2018,17(10): 894-899.
- [46] PARK J Y, SALMERON M. Fundamental aspects of energy dissipation in friction[J]. Chemical Reviews,2014,114(1): 677-711.
- [47] SMITH E D, ROBBINS M O, CIEPLAK M. Friction on adsorbed monolayers [J]. Physical Review B,1996,54(11): 8252.

[48] CANNARA R J, BRUKMAN M J, CIMATU K, et al. Nanoscale friction varied by isotopic shifting of surface vibrational frequencies[J]. Science, 2007, 318(5851): 780-783.

[49] PERSSON B N. Sliding friction: physical principles and applications[M]. Springer Science & Business Media, 2013.

[50] DAYO A, ALNASRALLAH W, KRIM J. Superconductivity-dependent sliding friction[J]. Physical Review Letters, 1998, 80(8): 1690.

[51] RENNER R, RUTLEDGE J, TABOREK P. Quartz microbalance studies of superconductivity-dependent sliding friction[J]. Physical Review Letters, 1999, 83(6): 1261.

[52] PERSSON B, TOSATTI E. The puzzling collapse of electronic sliding friction on a superconductor surface[J]. Surface Science, 1998, 411(1-2): L855-L857.

[53] KISIEL M, GNECCO E, GYSIN U, et al. Suppression of electronic friction on Nb films in the superconducting state[J]. Nature Materials, 2011, 10(2): 119-122.

[54] QUIGNON B, PILKINGTON G A, THORMANN E, et al. Sustained frictional instabilities on nanodomed surfaces: Stick-slip amplitude coefficient[J]. ACS Nano, 2013, 7(12): 10850-10862.

[55] TIAN P, TAO D, YIN W, et al. Creep to inertia dominated stick-slip behavior in sliding friction modulated by tilted non-uniform loading[J]. Scientific Reports, 2016, 6: 33730.

[56] BAUMBERGER T, CAROLI C. Solid Friction from stick-slip to pinning and aging[J]. Advances in Physics, 2005, 55(3): 279-348.

[57] MÜSER M H. Velocity dependence of kinetic friction in the Prandtl-Tomlinson model[J]. Physical Review B, 2011, 84(12): 125419.

[58] POPOV V L. Contact mechanics and friction[M]. Springer, 2010.

[59] RICE J R, RUINA A L. Stability of steady frictional slipping[J]. Journal of Applied Mechanics, 1983, 50(2): 343-349.

[60] GNECCO E, BENNEWITZ R, GYALOG T, et al. Velocity dependence of atomic friction[J]. Physical Review Letters, 2000, 84(6): 1172.

[61] SAHLI R, PALLARES G, DUCOTTET C, et al. Evolution of real contact area under shear and the value of static friction of soft materials[C]//Proceedings of the National Academy of Sciences of United States of America, 2018, 115(3): 471-476.

[62] RONSIN O, COEYREHOURCQ K L. State, rate and temperature-dependent sliding friction of elastomers[C]//Proceedings of the Royal Society of London Series A: Mathematical, Physical and Engineering Sciences, 2001, 457(2010): 1277-1294.

[63] TIAN K, GOSVAMI N N, GOLDSBY D L, et al. Stick-slip instabilities for

interfacial chemical bond-induced friction at the nanoscale[J]. The Journal of Physical Chemistry B,2018,122(2): 991-999.

[64] LI Q,DONG Y,PEREZ D,et al. Speed dependence of atomic stick-slip friction in optimally matched experiments and molecular dynamics simulations[J]. Physical Review Letters,2011,106(12): 126101.

[65] TIAN K,GOLDSBY D L,CARPICK R W. Rate and state friction relation for nanoscale contacts: Thermally activated Prandtl-Tomlinson model with chemical aging[J]. Physical Review Letters,2018,120(18): 186101.

[66] LI S,ZHANG S,CHEN Z,et al. Length scale effect in frictional aging of silica contacts[J]. Physical Review Letters,2020,125(21): 215502.

[67] AHARONOV E,SCHOLZ C H. A physics-based rock friction constitutive law: Steady state friction[J]. Journal of Geophysical Research: Solid Earth, 2018, 123(2): 1591-1614.

[68] BEELER N M,TULLIS T E,WEEKS J D. The roles of time and displacement in the evolution effect in rock friction[J]. Geophysical Research Letters,1994,21 (18): 1987-1990.

[69] ERICKSON B A,BIRNIR B,LAVALLÉE D. Periodicity,chaos and localization in a Burridge-Knopoff model of an earthquake with rate-and-state friction[J]. Geophysical Journal International,2011,187(1): 178-198.

[70] THGERSEN K, GILBERT A, SCHULER T V, et al. Rate-and-state friction explains glacier surge propagation[J]. Nature Communications, 2019, 10 (1): 2823.

[71] LI Q,TULLIS T E,GOLDSBY D,et al. Frictional ageing from interfacial bonding and the origins of rate and state friction[J]. Nature,2011,480(7376): 233-236.

[72] DZIDEK B,BOCHEREAU S,JOHNSON S A, et al. Why pens have rubbery grips[J]. Proceedings of the National Academy of Sciences, 2017, 114 (41): 10864-10869.

[73] DERLER S,ROTARU G M. Stick-slip phenomena in the friction of human skin [J]. Wear,2013,301(1-2): 324-329.

[74] XUE Z, JI L M, YI Y L, et al. Correlation between tactile perception and tribological and dynamical properties for human finger under different sliding speeds[J]. Tribology International,2018.

[75] HO V A,HIRAI S. A novel model for assessing sliding mechanics and tactile sensation of human-like fingertips during slip action [J]. Robotics and Autonomous Systems,2015,63: 253-267.

[76] SEROR J,ZHU L,GOLDBERG R,et al. Supramolecular synergy in the boundary lubrication of synovial joints[J]. Nature Communications,2015,6: 6497.

[77] IRANI R A,BAUER R J,WARKENTIN A. A review of cutting fluid application

in the grinding process[J]. International Journal of Machine Tools and Manufacture,2005,45(15): 1696-1705.
[78] DE GENNES P-G,BROCHARD-WYART F,QUÉRÉD. Capillarity and wetting phenomena: drops,bubbles,pearls,waves[M]. Springer,2004.
[79] XIAO X, QIAN L. Investigation of humidity-dependent capillary force[J]. Langmuir,2000,16(21): 8153-8158.
[80] BARTOŠÍK M,KORMOŠ L S,FLAJŠMAN L S,et al. Nanometer-sized water bridge and pull-off force in AFM at different relative humidities: Reproducibility measurement and model based on surface tension change[J]. The Journal of Physical Chemistry B,2017,121(3): 610-619.
[81] ASAY D B,KIM S H. Effects of adsorbed water layer structure on adhesion force of silicon oxide nanoasperity contact in humid ambient[J]. The Journal of Chemical Physics,2006,124(17): 174712.
[82] XIAO C,CHEN C,YAO Y,et al. Nanoasperity Adhesion of the Silicon Surface in Humid Air: The Roles of Surface Chemistry and Oxidized Layer Structures[J]. Langmuir,2020,36(20): 5483-5491.
[83] CHEN L,QIAN L. Role of interfacial water in adhesion,friction, and wear—A critical review[J]. Friction,2020,9(1): 1-28.
[84] RIEDO E,LÉVY F,BRUNE H. Kinetics of capillary condensation in nanoscopic sliding friction[J]. Physical Review Letters,2002,88(18): 185505.
[85] CHEN J,RATERA I,PARK J Y,et al. Velocity dependence of friction and hydrogen bonding effects[J]. Physical Review Letters,2006,96(23): 236102.
[86] CHEN L,XIAO C,YU B,et al. What governs friction of silicon oxide in humid environment: contact area between solids,water meniscus around the contact,or water layer structure[J]. Langmuir,2017,33(38): 9673-9679.
[87] CHEN L,HE X,LIU H,et al. Water adsorption on hydrophilic and hydrophobic surfaces of silicon[J]. The Journal of Physical Chemistry C, 2018, 122(21): 11385-11391.
[88] HASZ K,YE Z,MARTINI A,et al. Experiments and simulations of the humidity dependence of friction between nanoasperities and graphite: The role of interfacial contact quality[J]. Physical Review Materials,2018,2(12): 126001.
[89] DOWSON D. A generalized Reynolds equation for fluid-film lubrication[J]. International Journal of Mechanical Sciences,1962,4(2): 159-170.
[90] PEIRAN Y,SHIZHU W. A generalized Reynolds equation for non-Newtonian thermal elastohydrodynamic lubrication[J]. Journal of Tribology,1990,112(4): 631-636.
[91] SFYRIS D,CHASALEVRIS A. An exact analytical solution of the Reynolds equation for the finite journal bearing lubrication[J]. Tribology International,

2012,55: 46-58.

[92] HAN T,ZHANG C,LI J,et al. Origins of superlubricity promoted by hydrated multivalent ions[J]. The Journal of Physical Chemistry Letters,2020,11(1): 184-190.

[93] LI J,MA L,ZHANG S,et al. Investigations on the mechanism of superlubricity achieved with phosphoric acid solution by direct observation[J]. Journal of Applied Physics,2013,114(11):10583.

[94] JOHNSON K. Regimes of elastohydrodynamic lubrication[J]. Journal of Mechanical Engineering Science,1970,12(1): 9-16.

[95] DOWSON D. Elastohydrodynamic and micro-elastohydrodynamic lubrication[J]. Wear,1995,190(2): 125-138.

[96] CEN H,LUGT P M. Replenishment of the EHL contacts in a grease lubricated ball bearing[J]. Tribology International,2020,146: 106064.

[97] WANG Y, DHONG C, FRECHETTE J. Out-of-contact elastohydrodynamic deformation due to lubrication forces[J]. Physical Review Letters,2015,115(24): 248302.

[98] MOYLE N,WU H, KHRIPIN C,et al. Enhancement of elastohydrodynamic friction by elastic hysteresis in a periodic structure[J]. Soft Matter,2020,16(6): 1627-1635.

[99] PENG Y,SERFASS C M, HILL C N,et al. Bending of soft micropatterns in elastohydrodynamic lubrication tribology[J]. Experimental Mechanics, 2021, 61(6): 969-979.

[100] PENG Y,SERFASS C M,KAWAZOE A,et al. Elastohydrodynamic friction of robotic and human fingers on soft micropatterned substrates[J]. Nature Materials,2021,20(12): 1707-1711.

[101] LEITE F L,BUENO C C,DA ROZ A L,et al. Theoretical models for surface forces and adhesion and their measurement using atomic force microscopy[J]. International Journal of Molecular Sciences,2012,13(10): 12773-12856.

[102] MARCHAND A,WEIJS J H,SNOEIJER J H,et al. Why is surface tension a force parallel to the interface[J]. American Journal of Physics,2011,79(10): 999-1008.

[103] LIFSHITZ E M,HAMERMESH M. The theory of molecular attractive forces between solids[M]. Perspectives in Theoretical Physics Elsevier,1992: 329-349.

[104] MUNDAY J N, CAPASSO F, PARSEGIAN V A. Measured long-range repulsive Casimir-Lifshitz forces[J]. Nature,2009,457(7226): 170-173.

[105] MUNKHBAT B,CANALES A, KÜCÜKÖZ B,et al. Tunable self-assembled Casimir microcavities and polaritons[J]. Nature,2021,597(7875): 214-219.

[106] TANDON V,BHAGAVATULA S K,NELSON W C,et al. Zeta potential and

[107] ISRAELACHVILI J N, PASHLEY R M. Molecular layering of water at surfaces and origin of repulsive hydration forces[J]. Nature,1983,306(5940): 249-250.

[108] SCHNECK E, SEDLMEIER F, NETZ R R. Hydration repulsion between biomembranes results from an interplay of dehydration and depolarization[C]// Proceedings of the National Academy of Sciences of the United States of America,2012,109(36): 14405-14409.

[109] KLEIN J. Hydration lubrication[J]. Friction,2013,1(1): 1-23.

[110] PERTSIN A, PLATONOV D, GRUNZE M. Origin of short-range repulsion between hydrated phospholipid bilayers: A computer simulation study[J]. Langmuir,2007,23(3): 1388-1393.

[111] LENEVEU D M, RAND R P. Measurement and modification of forces between lecithin bilayers[J]. Biophysical Journal,1977,18(2): 209-230.

[112] HORN R G, SMITH D T, HALLER W. Surface forces and viscosity of water measured between silica sheets[J]. Chemical Physics Letters,1989,162(4): 404-408.

[113] RABINOVICH Y I, DERJAGUIN B V, CHURAEV N V. Direct measurements of long-range surface forces in gas and liquid media[J]. Advances in Colloid and Interface Science,1982,16(1): 63-78.

[114] DUCKER W A, XU Z, CLARKE D R, et al. Forces between alumina surfaces in salt solutions: Non-DLVO forces and their effect on colloid processing[J]. Journal of the American Ceramic Society,2010,77(2): 437-443.

[115] BUTT H J. Measuring electrostatic, van der Waals, and hydration forces in electrolyte solutions with an atomic force microscope[J]. Biophysical Journal, 1991,60(6): 1438-1444.

[116] SHRESTHA B R, BANQUY X. Hydration forces at solid and fluid biointerfaces [J]. Biointerphases,2016,11(1): 018907.

[117] PASHLEY R M. DLVO and hydration forces between mica surfaces in Li^+, Na^+, K^+, and Cs^+ electrolyte solutions: A correlation of double-layer and hydration forces with surface cation exchange properties[J]. Journal of Colloid and Interface Science,1981,83(2): 531-546.

[118] PASHLEY R M, ISRAELACHVILI J N. DLVO and hydration forces between mica surfaces in Mg^{2+}, Ca^{2+}, Sr^{2+}, and Ba^{2+} chloride solutions[J]. Journal of Colloid and Interface Science,1984,97(2): 446-455.

[119] LI T-D, GAO J, SZOSZKIEWICZ R, et al. Structured and viscous water in subnanometer gaps[J]. Physical Review B,2007,75(11): 115415.

[120] CALÒ A, DOMINGO N, SANTOS S, et al. Revealing water films structure from force reconstruction in dynamic AFM[J]. The Journal of Physical Chemistry C,2015,119(15): 8258-8265.

[121] LENG Y. Hydration force between mica surfaces in aqueous KCl electrolyte solution[J]. Langmuir,2012,28(12): 5339-5349.

[122] LU L, BERKOWITZ M L. Hydration force between model hydrophilic surfaces: computer simulations[J]. Journal of Chemical Physics,2006,124(10): 101101.

[123] VALLE-DELGADO J J, MOLINA-BOLIVAR J A, GALISTEO-GONZALEZ F, et al. Hydration forces between silica surfaces: experimental data and predictions from different theories[J]. Journal of Chemical Physics, 2005, 123(3): 34708.

[124] GAISINSKAYA-KIPNIS A, MA L, KAMPF N, et al. Frictional dissipation pathways mediated by hydrated alkali metal ions[J]. Langmuir,2016,32(19): 4755-4764.

[125] BANQUY X, BURDYNSKA J, DONG W L, et al. Bioinspired bottle-brush polymer exhibits low friction and amontons-like behavior[J]. Journal of the American Chemical Society,2014,136(17): 6199-6202.

[126] RØN T, JAVAKHISHVILI I, HVILSTED S, et al. Ultralow friction with hydrophilic polymer brushes in water as segregated from silicone matrix[J]. Advanced Materials Interfaces,2016,3: 1500472.

[127] DONALDSON S H, JR. , ROYNE A, KRISTIANSEN K, et al. Developing a general interaction potential for hydrophobic and hydrophilic interactions[J]. Langmuir,2015,31(7): 2051-2064.

[128] YOON R-H, FLINN D H, RABINOVICH Y I. Hydrophobic interactions between dissimilar surfaces[J]. Journal of Colloid and Interface Science,1997, 185(2): 363-370.

[129] KAUZMANN W. Some factors in the interpretation of protein denaturation [M]. Advances in Protein Chemistry Elsevier,1959: 1-63.

[130] ZHONG D, DOUHAL A, H. ZEWAIL A. Femtosecond studies of protein-ligand hydrophobic binding and dynamics: Human serum albumin[C]//Proceedings of the National Academy of Sciences,2000,97(26): 14056-14061.

[131] MA C D, WANG C, ACEVEDO-VELEZ C, et al. Modulation of hydrophobic interactions by proximally immobilized ions[J]. Nature, 2015, 517 (7534): 347-350.

[132] ISRAELACHVILI J, PASHLEY R. The hydrophobic interaction is long range, decaying exponentially with distance[J]. Nature,1982,300(5890): 341-342.

[133] PASHLEY R M, RZECHOWICZ M, PASHLEY L R, et al. De-gassed water is a better cleaning agent[J]. The Journal of Physical Chemistry B, 2005, 109(3):

1231-1238.

[134] CHRISTENSON H K,CLAESSON P M. Cavitation and the interaction between Macroscopic hydrophobic surfaces[J]. Science,1988,239(4838): 390.

[135] MEYER E E,ROSENBERG K J,JACOB I. Recent progress in understanding hydrophobic interactions[C]//Proceedings of the National Academy of Sciences of the United States of America,2006,103(43): 15739-15746.

[136] SHI C,CUI X,XIE L,et al. Measuring forces and spatiotemporal evolution of thin water films between an air bubble and solid surfaces of different hydrophobicity[J]. ACS Nano,2015,9(1): 95-104.

[137] HUANG X,MARGULIS C J,BERNE B J. Dewetting-induced collapse of hydrophobic particles[C]//Proceedings of the National Academy of Sciences of the United States of America,2003,100(21): 11953-11958.

[138] KANDUC M,NETZ R R. From hydration repulsion to dry adhesion between asymmetric hydrophilic and hydrophobic surfaces[C]//Proceedings of the National Academy of Sciences of the United States of America,2015,112(40): 12338-12343.

[139] MEYER E E, LIN Q, HASSENKAM T, et al. Origin of the long-range attraction between surfactant-coated surfaces[C]//Proceedings of the National Academy of Sciences of the United States of America,2005,102(19): 6839.

[140] KEKICHEFF P. The long-range attraction between hydrophobic macroscopic surfaces[J]. Advances in Colloid and Interface Science,2019,270: 191-215.

[141] LAGUNA L,SARKAR A. Oral tribology: update on the relevance to study astringency in wines[J]. Tribology - Materials, Surfaces & Interfaces, 2017, 11(2): 116-123.

[142] LEE S,SPENCER N D. Aqueous lubrication of polymers: Influence of surface modification[J]. Tribology International,2005,38(11-12): 922-930.

[143] MAIER G P,RAPP M V,WAITE J H,et al. Adaptive synergy between catechol and lysine promotes wet adhesion by surface salt displacement[J]. Science, 2015,349(6248): 628.

[144] ZHANG R, MA S, WEI Q, et al. The Weak Interaction of Surfactants with Polymer Brushes and Its Impact on Lubricating Behavior[J]. Macromolecules, 2015,48(17): 6186-6196.

[145] YANG J C,MUN J,KWON S Y,et al. Electronic skin: Recent progress and future prospects for skin-attachable devices for health monitoring, robotics, and prosthetics[J]. Advanced Materials,2019,31(48): e1904765.

[146] ZHANG J,ZHOU L J,ZHANG H M,et al. Highly sensitive flexible three-axis tactile sensors based on the interface contact resistance of microstructured graphene[J]. Nanoscale,2018,10(16): 7387-7395.

[147] SUN X, SUN J, LI T, et al. Flexible tactile electronic skin sensor with 3D force detection based on porous CNTs/PDMS nanocomposites [J]. Nano-micro Letters, 2019, 11(1): 1-14.

[148] LEPORA N F, MARTINEZ-HERNANDEZ U, EVANS M, et al. Tactile superresolution and biomimetic hyperacuity [J]. IEEE Transactions on Robotics, 2015, 31(3): 605-618.

[149] CHEN H, SONG Y, GUO H, et al. Hybrid porous micro structured finger skin inspired self-powered electronic skin system for pressure sensing and sliding detection [J]. Nano Energy, 2018, 51: 496-503.

[150] PARK J, KIM M, LEE Y, et al. Fingertip skin-inspired microstructured ferroelectric skins discriminate static/dynamic pressure and temperature stimuli [J]. Science Advances, 2015, 1(9): e1500661.

[151] BOUTRY C M, NEGRE M, JORDA M, et al. A hierarchically patterned, bioinspired e-skin able to detect the direction of applied pressure for robotics [J]. Science Robotics, 2018, 3(24): eaau6914.

[152] ZOU Z, ZHU C, LI Y, et al. Rehealable, fully recyclable, and malleable electronic skin enabled by dynamic covalent thermoset nanocomposite [J]. Science Advances, 2018, 4(2): eaaq0508.

[153] VIRY L, LEVI A, TOTARO M, et al. Flexible three-axial force sensor for soft and highly sensitive artificial touch [J]. Advanced Materials, 2014, 26(17): 2659-2664.

[154] CHARALAMBIDES A, BERGBREITER S. Rapid manufacturing of mechanoreceptive skins for slip detection in robotic grasping [J]. Advanced Materials Technologies, 2017, 2(1): 1600188.

[155] YOU I, MACKANIC D G, MATSUHISA N, et al. Artificial multimodal receptors based on ion relaxation dynamics [J]. Science, 2020, 370 (6519): 961-965.

[156] SHUAI Z, RONG Z. A smart artificial finger with multisensations of matter, temperature, and proximity [J]. Advanced Materials Technologies, 2018, 3(7): 1800056.

[157] KAPPASSOV Z, CORRALES J-A, PERDEREAU V. Tactile sensing in dexterous robot hands—Review [J]. Robotics and Autonomous Systems, 2015, 74: 195-220.

[158] HELD R, OSTROVSKY Y, DE GELDER B, et al. The newly sighted fail to match seen with felt [J]. Nature Neuroscience, 2011, 14(5): 551-553.

[159] ZANGALADZE A, EPSTEIN C M, GRAFTON S T, et al. Involvement of visual cortex in tactile discrimination of orientation [J]. Nature, 1999, 401 (6753): 587-590.

[160] Zhu S,Yu A, Hawley D, et al. Frustrated total internal reflection: a demonstration and review[J]. American Journal of Physics, 1986, 54 (7): 601-607.

[161] HAN J Y. Low-cost multi-touch sensing through frustrated total internal reflection[C]//Proceedings of the 18th Annual ACM Symposium on User Interface Software and Technology. New York, NY, USA: ACM, 2005: 115-118.

[162] OHKA M, MITSUYA Y, HIGASHIOKA I, et al. An experimental optical three-axis tactile sensor for micro-robots[J]. Robotica, 2005, 23(4): 457-465.

[163] EASON E V, HAWKES E W, WINDHEIM M, et al. Stress distribution and contact area measurements of a gecko toe using a high-resolution tactile sensor [J]. Bioinspir Biomim, 2015, 10(1): 016013.

[164] BEGEJ S. Planar and finger-shaped optical tactile sensors for robotic applications [J]. IEEE Journal on Robotics and Automation, 1988, 4(5): 472-484.

[165] KOIKE M, SAGA S, OKATANI T, et al. Sensing method of total-internal-reflection-based tactile sensor[C]//Proceedings of 2011 IEEE World Haptics Conference. IEEE, 2011: 615-619.

[166] ZHAO H, O'BRIEN K, LI S, et al. Optoelectronically innervated soft prosthetic hand via stretchable optical waveguides[J]. Science Robotics, 2016, 1 (1): eaai7529.

[167] JOHNSON M K, ADELSON E H. Retrographic sensing for the measurement of surface texture and shape[C] //Proceedings of 2009 IEEE Conference on Computer Vision and Pattern Recognition. IEEE, 2009: 1070-1077.

[168] YUAN W, LI R, SRINIVASAN M A, et al. Measurement of shear and slip with a GelSight tactile sensor [C]//Proceedings of 2015 IEEE International Conference on Robotics and Automation (ICRA). IEEE, 2015: 304-311.

[169] SATO K, KAMIYAMA K, NII H, et al. Measurement of force vector field of robotic finger using vision-based haptic sensor[C]//Proceedings of 2008 IEEE/RSJ International Conference on Intelligent Robots and Systems. IEEE, 2008: 488-493.

[170] SAGA S, DU H, KAJIMOTO H, et al. High-resolution tactile sensor using the deformation of a reflection image[J]. Sensor Review, 2007, 27(1): 35-42.

[171] DONLON E, DONG S, LIU M, et al. Gelslim: A high-resolution, compact, robust, and calibrated tactile-sensing finger[C]//Proceedings of 2018 IEEE/RSJ International Conference on Intelligent Robots and Systems. IEEE, 2018: 1927-1934.

[172] HRISTU D, FERRIER N, BROCKETT R W. The performance of a deformable-membrane tactile sensor: basic results on geometrically-defined tasks[C]// Proceedings of 2000 ICRA. Millennium Conference. IEEE International

Conference on Robotics and Automation. Symposia Proceedings (Cat. No. 00CH37065). IEEE,2000,1: 508-513.

[173] KAMIYAMA K,KAJIMOTO H,KAWAKAMI N,et al. Evaluation of a vision-based tactile sensor[C]//Proceedings of IEEE International Conference on Robotics and Automation, 2004. Proceedings. ICRA'04. 2004. IEEE, 2004, 2: 1542-1547.

[174] KUMAGAI K, SHIMONOMURA K. Event-based tactile image sensor for detecting spatio-temporal fast phenomena in contacts[C]//Proceedings of 2019 IEEE World Haptics Conference (WHC). IEEE,2019: 343-348.

[175] CAO G,ZHOU Y,BOLLEGALA D,et al. Spatio-temporal attention model for tactile texture recognition[C]//Proceedings of 2020 IEEE/RSJ International Conference on Intelligent Robots and Systems. IEEE,2020: 9896-9902.

[176] YUAN W,WANG S,DONG S,et al. Connecting look and feel: Associating the visual and tactile properties of physical materials[C]//Proceedings of the IEEE Conference on Computer Vision and Pattern Recognition,2017: 5580-5588.

[177] CALANDRA R,OWENS A,UPADHYAYA M,et al. The feeling of success: Does touch sensing help predict grasp outcomes[J]. arXiv preprint arXiv: 171005512,2017.

[178] DEMBO M, WANG Y-L. Stresses at the cell-to-substrate interface during locomotion of fibroblasts[J]. Biophysical Journal,1999,76(4): 2307-2316.

[179] ABAD A C,RANASINGHE A. Visuotactile sensors with emphasis on GelSight sensor: A review[J]. IEEE Sensors Journal,2020,20(14): 7628-7638.

[180] STYLE R W, BOLTYANSKIY R, GERMAN G K, et al. Traction force microscopy in physics and biology[J]. Soft Matter,2014,10(23): 4047-4055.

[181] BUTLER J P,TOLIC-NORRELYKKE I M,FABRY B,et al. Traction fields, moments,and strain energy that cells exert on their surroundings[J]. American Journal of Physiology-Cell Physiology,2001,282(3): C595-C605.

[182] DELÁLAMO J C, MEILI R, ALONSO-LATORRE B, et al. Spatio-temporal analysis of eukaryotic cell motility by improved force cytometry[C]// Proceedings of the National Academy of Sciences,2007,104(33): 13343-13348.

[183] CHATEAUMINOIS A, FRETIGNY C. Local friction at a sliding interface between an elastomer and a rigid spherical probe[J]. European Physical Journal E Soft Matter,2008,27(2): 221-227.

[184] XU Y,ENGL W C,JERISON E R,et al. Imaging in-plane and normal stresses near an interface crack using traction force microscopy[C]//Proceedings of the National Academy of Sciences of the United States of America,2010,107(34): 14964-14967.

[185] RIEU J-P, DELANOË-AYARI H. Shell tension forces propel Dictyostelium

[186] slugs forward[J]. Physical Biology,2012,9(6): 066001.

[186] LAI J H, DEL ALAMO J C, RODRIGUEZ-RODRIGUEZ J, et al. The mechanics of the adhesive locomotion of terrestrial gastropods[J]. Journal of Experimental Biology,2010,213(Pt 22): 3920-3933.

[187] MASKARINEC S A, FRANCK C, TIRRELL D A, et al. Quantifying cellular traction forces in three dimensions[C]//Proceedings of the National Academy of Sciences,2009,106(52): 22108-22113.

[188] SHINTAKE J, CACUCCIOLO V, FLOREANO D, et al. Soft robotic grippers [J]. Advanced Materials,2018,30(29): 1707035.

[189] TERRYN S, BRANCART J, LEFEBER D, et al. Self-healing soft pneumatic robots[J]. Science Robotics,2017,2(9): eaan4268.

[190] RUOTOLO W, BROUWER D, CUTKOSKY M R. From grasping to manipulation with gecko-inspired adhesives on a multifinger gripper[J]. Science Robotics,2021,(61): 6.

[191] LIU H, GRECO J, SONG X, et al. Tactile image based contact shape recognition using neural network[C]//Proceedings of 2012 IEEE International Conference on Multisensor Fusion and Integration for Intelligent Systems (MFI). IEEE, 2012: 138-143.

[192] TAVAKOLI M, LOPES P, LOURENCO J, et al. Autonomous selection of closing posture of a robotic hand through embodied soft matter capacitive sensors[J]. IEEE Sensors Journal,2017,17(17): 5669-5677.

[193] XU D, LOEB G E, FISHEL J A. Tactile identification of objects using Bayesian exploration [C]//Proceedings of 2013 IEEE International Conference on Robotics and Automation. IEEE,2013: 3056-3061.

[194] YAN Y, HU Z, YANG Z, et al. Soft magnetic skin for super-resolution tactile sensing with force self-decoupling[J]. Science Robotics,2021,6(51): eabc8801.

[195] CHEN W, KHAMIS H, BIRZNIEKS I, et al. Tactile sensors for friction estimation and incipient slip detection—toward dexterous robotic manipulation: A review[J]. IEEE Sensors Journal,2018,18(22): 9049-9064.

[196] FERNANDEZ R, PAYO I, VAZQUEZ A S, et al. Micro-vibration-based slip detection in tactile force sensors[J]. Sensors,2014,14(1): 709-730.

[197] ROMANO J M, HSIAO K, NIEMEYER G, et al. Human-inspired robotic grasp control with tactile sensing[J]. IEEE Transactions on Robotics,2011,27(6): 1067-1079.

[198] CHEN W W, WANG Q J. A numerical model for the point contact of dissimilar materials considering tangential tractions [J]. Mechanics of Materials, 2008, 40(11): 936-948.

[199] UEDA J, IKEDA A, OGASAWARA T. Grip-force control of an elastic object by

vision-based slip-margin feedback during the incipient slip[J]. IEEE Transactions on Robotics,2005,21(6):1139-1147.

[200] DELHAYE B,LEFEVRE P,THONNARD J L. Dynamics of fingertip contact during the onset of tangential slip[J]. Journal of the Royal Society Interface,2014,11(100):20140698.

[201] WU X A,CHRISTENSEN D L,SURESH S A,et al. Incipient slip detection and recovery for controllable gecko-inspired adhesion[J]. IEEE Robotics and Automation Letters,2017,2(2):460-467.

[202] RIGI A,BAGHAEI NAEINI F,MAKRIS D,et al. A novel event-based incipient slip detection using dynamic active-pixel vision sensor (DAVIS)[J]. Sensors (Basel),2018,18(2):333.

[203] ITO Y,KIM Y,OBINATA G. Slippage degree estimation for dexterous handling of vision-based tactile sensor[C]//Proceedings of SENSORS,2009 IEEE. IEEE,2009:449-452.

[204] DONG S,MA D,DONLON E,et al. Maintaining grasps within slipping bounds by monitoring incipient slip[C]//Proceedings of 2019 International Conference on Robotics and Automation. IEEE,2019:3818-3824.

[205] SUI R,ZHANG L,LI T,et al. Incipient slip detection method with vision-based tactile sensor based on distribution force and deformation[J]. IEEE Sensors Journal,2021,21(22):25973-25985.

[206] JAMES J W,PESTELL N,LEPORA N F. Slip detection with a biomimetic tactile sensor[J]. IEEE Robotics and Automation Letters,2018,3(4):3340-3346.

[207] HANEY E J,SUBHASH G. Static and dynamic indentation response of basal and prism plane sapphire[J]. Journal of the European Ceramic Society,2011,31(9):1713-1721.

[208] SCHMID F,HARRIS D C. Effects of crystal orientation and temperature on the strength of sapphire[J]. Journal of the American Ceramic Society,1998,81(4):885-893.

[209] SINANI A B,DYNKIN N K,LYTVINOV L A,et al. Sapphire hardness in different crystallographic directions[J]. Bulletin of the Russian Academy of Sciences:Physics,2009,73(10):1380-1382.

[210] 周峰,吴杨."润滑"之新解[J]. 摩擦学学报,2016,36(1):5.

[211] YOUNG T. An essay on the cohesion of fluids[J]. Philosophical Transactions of the Royal Society of London,1805,95:23.

[212] CHANGGU L,XIAODING W,JEFFREY W K,et al. Measurement of the elastic properties and intrinsic strength of monolayer graphene[J]. Science,2008,321(5887):385-388.

[213] HUANG P,ZHANG L,YAN Q,et al. Size dependent mechanical properties of monolayer densely arranged polystyrene nanospheres[J]. Langmuir,2016, 32(49): 13187-13192.

[214] VARENBERG M,ETSION I,HALPERIN G. An improved wedge calibration method for lateral force in atomic force microscopy[J]. Review of Scientific Instruments,2003,74(7): 3362-3367.

[215] LI Q,KIM K S,RYDBERG A. Lateral force calibration of an atomic force microscope with a diamagnetic levitation spring system[J]. Review of Scientific Instruments,2006,77(6): 065105.

[216] CANNY J. A computational approach to edge detection[J]. IEEE Transactions on Pattern Analysis and Machine Intelligence,1986,6: 679-698.

[217] LECUN Y,BOTTOU L,BENGIO Y,et al. Gradient-based learning applied to document recognition[C]//Proceedings of the IEEE,1998,86(11): 2278-2324.

[218] PAN B,QIAN K,XIE H,et al. Two-dimensional digital image correlation for in-plane displacement and strain measurement: a review[J]. Measurement Science and Technology,2009,20(6): 062001.

[219] 刘小勇. 数字图像相关方法及其在材料力学性能测试中的应用[D]. 长春: 吉林大学,2012.

[220] DONG Y L,PAN B. A review of speckle pattern fabrication and assessment for digital image correlation[J]. Experimental Mechanics,2017,57(8): 1161-1181.

[221] WANG H,XIE H,LI Y,et al. Fabrication of micro-scale speckle pattern and its applications for deformation measurement[J]. Measurement Science and Technology,2012,23(3): 035402.

[222] SOLAV D,MOERMAN K M,JAEGER A M,et al. MultiDIC: An open-source toolbox for multi-view 3D digital image correlation[J]. IEEE Access,2018,6: 30520-30535.

[223] BLABER J,ADAIR B,ANTONIOU A. Ncorr: Open-source 2D digital image correlation matlab software[J]. Experimental Mechanics,2015,55(6): 1105-1122.

[224] VOITCHOVSKY K,KUNA J J,CONTERA S A,et al. Direct mapping of the solid-liquid adhesion energy with subnanometre resolution[J]. Nature Nanotechnology,2010,5(6): 401-405.

[225] TADMOR R. Line energy,line tension and drop size[J]. Surface Science,2008, 602(14): L108-L111.

[226] VAN OSS C J,CHAUDHURY M K,GOOD R J. Interfacial Lifshitz-van der Waals and polar interactions in macroscopic systems[J]. Chemical Reviews, 1988,88(6): 927-941.

[227] GOOD R J. Contact angle,wetting,and adhesion: a critical review[J]. Journal of

Adhesion Science and Technology,1992,6(12): 1269-1302.

[228] NETO C,EVANS D R,BONACCURSO E,et al. Boundary slip in Newtonian liquids: a review of experimental studies[J]. Reports on Progress in Physics, 2005,68(12): 2859-2897.

[229] ORTIZ-YOUNG D,CHIU H C,KIM S,et al. The interplay between apparent viscosity and wettability in nanoconfined water[J]. Nature Communications, 2013,4: 2482.

[230] WU K,CHEN Z,LI J,et al. Wettability effect on nanoconfined water flow[C]// Proceedings of the National Academy of Sciences of the United States of America,2017,114(13): 3358-3363.

[231] HUANG D M,SENDNER C,HORINEK D,et al. Water Slippage versus Contact Angle: A Quasiuniversal Relationship[J]. Physical Review Letters, 2008,101(22): 226101.

[232] PONJAVIC A,WONG J S S. The effect of boundary slip on elastohydrodynamic lubrication[J]. RSC Advancs,2014,4(40): 20821-20829.

[233] ALEXANDER M R,SHORT R D,JONES F R,et al. A study of HMDSO/O_2 plasma deposits using a high-sensitivity and -energy resolution XPS instrument: curve fitting of the Si 2p core level[J]. Applied Surface Science,1999,137(1-4): 179-183.

[234] HABIB S B,GONZALEZ E,HICKS R F. Atmospheric oxygen plasma activation of silicon (100) surfaces[J]. Journal of Vacuum Science & Technology A: Vacuum,Surfaces,and Films,2010,28(3): 476-485.

[235] TABOR D. Surface forces and surface interactions[J]. Journal of Colloid & Interface Science,1977,58(1): 2-13.

[236] RABINOVICH Y I,ADLER J J,ATA A,et al. Adhesion between nanoscale rough surfaces[J]. Journal of Colloid Interface Science,2000,232(1): 17-24.

[237] PERSSON B N J. Contact mechanics for randomly rough surfaces[J]. Surface Science Reports,2006,61(4): 201-227.

[238] VAN OSS C J. Long-range and short-range mechanisms of hydrophobic attraction and hydrophilic repulsion in specific and aspecific interactions[J]. Journal of Molecular Recognition,2003,16(4): 177-190.

[239] BONGAERTS J H H,FOURTOUNI K,STOKES J R. Soft-tribology: Lubrication in a compliant PDMS-PDMS contact[J]. Tribology International, 2007,40(10-12): 1531-1542.

[240] RENTSCH S,PERICET-CAMARA R,PAPASTAVROU G,et al. Probing the validity of the Derjaguin approximation for heterogeneous colloidal particles[J]. Physical Chemistry Chemical Physics,2006,8(21): 2531-2538.

[241] SENDEN T J,DRUMMOND C J. Surface chemistry and tip-sample interactions

in atomic force microscopy[J]. Colloids and Surfaces A: Physicochemical and Engineering Aspects,1995,94(1): 29-51.

[242] ISRAELACHVILI J N. Measurement of the viscosity of liquids in very thin films[J]. Journal of Colloid and Interface Science,1986,110(1): 263-271.

[243] RAVIV U,LAURAT P,KLEIN J. Fluidity of water confined to subnanometre films[J]. Nature,2001,413(6851): 51-54.

[244] BUTT H-J,CAPPELLA B,KAPPL M. Force measurements with the atomic force microscope: Technique,interpretation and applications[J]. Surface Science Reports,2005,59(1-6): 1-152.

[245] ULCINAS A,VALDRE G,SNITKA V,et al. Shear response of nanoconfined water on muscovite mica: role of cations [J]. Langmuir, 2011, 27 (17): 10351-10355.

[246] COTTIN-BIZONNE C,CROSS B,STEINBERGER A,et al. Boundary slip on smooth hydrophobic surfaces: intrinsic effects and possible artifacts[J]. Physical Review Letters,2005,94(5): 056102.

[247] HARIA N R,GREST G S,LORENZ C D. Viscosity of Nanoconfined Water between Hydroxyl Basal Surfaces of Kaolinite: Classical Simulation Results[J]. The Journal of Physical Chemistry C,2013,117(12): 6096-6104.

[248] MA L, GAISINSKAYA-KIPNIS A, KAMPF N, et al. Origins of hydration lubrication[J]. Nature Communications,2015,6(1): 1-6.

[249] LENG Y,CUMMINGS P T. Fluidity of hydration layers nanoconfined between mica surfaces[J]. Physical Review Letters,2005,94(2): 026101.

[250] SENDNER C, HORINEK D, BOCQUET L, et al. Interfacial water at hydrophobic and hydrophilic surfaces: slip, viscosity, and diffusion [J]. Langmuir,2009,25(18): 10768-10781.

[251] ANTOGNOZZI M,HUMPHRIS A D L,MILES M J. Observation of molecular layering in a confined water film and study of the layer's viscoelastic properties [J]. Applied Physics Letters,2001,78(3): 300-302.

[252] ZHU Y, GRANICK S. Viscosity of interfacial water [J]. Physical Review Letters,2001,87(9): 096104.

[253] ORTIZ-YOUNG D,CHIU H-C, KIM S,et al. The interplay between apparent viscosity and wettability in nanoconfined water[J]. Nature Communications, 2013,4(1): 2482.

[254] SAKUMA H,OTSUKI K,KURIHARA K. Viscosity and lubricity of aqueous NaCl solution confined between mica surfaces studied by shear resonance measurement[J]. Physical Review Letter,2006,96(4): 046104.

[255] HAN T,ZHANG C,CHEN X,et al. Contribution of a tribo-induced silica layer to macroscale superlubricity of hydrated ions [J]. The Journal of Physical

Chemistry C,2019,123(33): 20270-20277.
[256] DOBROVINSKAYA E R, LYTVYNOV L A, PISHCHIK V. Sapphire: Material, manufacturing, applications [M]. Springer Science & Business Media,2009.
[257] LANDAU L,PITAEVSKII L,KOSEVICH A,et al. Theory of Elasticity [M]. Elsevier,1986.
[258] HUANG J,PENG X,QIN L,et al. Determination of cellular tractions on elastic substrate based on an integral Boussinesq solution[J]. Journal of Biomechanical Engineering,2009,131(6): 061009.
[259] POLONSKY I, KEER L. A numerical method for solving rough contact problems based on the multi-level multi-summation and conjugate gradient techniques[J]. Wear,1999,231(2): 206-219.
[260] TIAN Y, PESIKA N, ZENG H, et al. Adhesion and friction in gecko toe attachment and detachment [C]//Proceedings of the National Academy of Sciences,2006,103(51): 19320-19325.
[261] LAULICHT B,LANGER R,KARP J M. Quick-release medical tape[C]// Proceedings of the National Academy of Sciences,2012,109(46): 18803-18808.
[262] LI X,TAO D,LU H,et al. Recent developments in gecko-inspired dry adhesive surfaces from fabrication to application[J]. Surface Topography: Metrology and Properties,2019,7(2): 023001.
[263] ARZT E,GORB S,SPOLENAK R. From micro to nano contacts in biological attachment devices[C]//Proceedings of the National Academy of Sciences,2003,100(19): 10603-10606.
[264] JOHNSON K L,KENDALL K,ROBERTS A. Surface energy and the contact of elastic solids[C]//Proceedings of the Royal Society of London A mathematical and Physical Sciences,1971,324(1558): 301-313.
[265] MAUGIS D. Adhesion of spheres: the JKR-DMT transition using a Dugdale model[J]. Journal of Colloid and Interface Science,1992,150(1): 243-269.
[266] PERSSON B N. Rolling friction for hard cylinder and sphere on viscoelastic solid[J]. The European Physical Journal E,2010,33(4): 327-333.
[267] CARBONE G,PUTIGNANO C. A novel methodology to predict sliding and rolling friction of viscoelastic materials: Theory and experiments[J]. Journal of the Mechanics and Physics of Solids,2013,61(8): 1822-1834.
[268] SCARAGGI M,PERSSON B N J. Rolling Friction: Comparison of Analytical Theory with Exact Numerical Results[J]. Tribology Letters,2014,55(1): 15-21.
[269] EVANS S,KEOGH P. Efficiency and running temperature of a polymer-steel spur gear pair from slip/roll ratio fundamentals[J]. Tribology International,

2016,97: 379-389.

[270] POPOV V L,LI Q,LYASHENKO I A,et al. Adhesion and friction in hard and soft contacts: theory and experiment[J]. Friction,2021,9(6): 1688-1706.

[271] PERSSON B N. Theory of rubber friction and contact mechanics [J]. The Journal of Chemical Physics,2001,115(8): 3840-3861.

[272] KAPONIG M, MÖLLEKEN A, NIENHAUS H, et al. Dynamics of contact electrification[J]. Science Advances,2021,7(22): eabg7595.

[273] JONES H D. The mechanism of locomotion of Agriolimax reticulatus (Mollusca: Gastropoda)[J]. Journal of Zoology,1973,171(4): 489-498.

[274] DENNY M. Locomotion: the cost of gastropod crawling[J]. Science,1980,208 (4449): 1288-1290.

[275] DENNY M. The role of gastropod pedal mucus in locomotion[J]. Nature,1980, 285(5761): 160-161.

[276] DENNY M W. A quantitative model for the adhesive locomotion of the terrestrial slug, Ariolimax columbianus[J]. Journal of Experimental Biology, 1981,91(1): 195-217.

[277] DESIMONE A, GUARNIERI F, NOSELLI G, et al. Crawlers in viscous environments: Linear vs non-linear rheology[J]. International Journal of Non-Linear Mechanics,2013,56: 142-147.

[278] ROGOZ M, DRADRACH K, XUAN C, et al. A millimeter-scale snail robot based on a light-powered liquid crystal elastomer continuous actuator [J]. Macromolecular Rapid Communications,2019,40(16): e1900279.

[279] MAHADEVAN L, DANIEL S, CHAUDHURY M. Biomimetic ratcheting motion of a soft,slender,sessile gel[C]//Proceedings of the National Academy of Sciences of United States of America,2004,101(1): 23-26.

[280] CHAN B,BALMFORTH N J,HOSOI A E. Building a better snail: Lubrication and adhesive locomotion[J]. Physics of Fluids,2005,17(11): 113101.

[281] PARKER G H. The mechanism of locomotion in gastropods [J]. Journal of Morphology,1911,22(1): 155-170.

[282] DANIELS K E, KOLLMER J E, PUCKETT J G. Photoelastic force measurements in granular materials[J]. Review of Scientific Instruments,2017, 88(5): 051808.

[283] TIAN B,WANG Z,SMITH A T, et al. Stress-induced color manipulation of mechanoluminescent elastomer for visualized mechanics sensing [J]. Nano Energy,2021,83: 105860.

[284] SUBRAMANYAN K, MISRA M, MUKHERJEE S, et al. Advances in the materials science of skin: a composite structure with multiple functions[J]. MRS Bulletin,2007,32(10): 770-778.

[285] VAN KUILENBURG J, MASEN M A, VAN DER HEIDE E. Contact modelling of human skin: What value to use for the modulus of elasticity[C]// Proceedings of the Institution of Mechanical Engineers, Part J: Journal of Engineering Tribology,2012,227(4): 349-361.

[286] CRICHTON M L,CHEN X,HUANG H,et al. Elastic modulus and viscoelastic properties of full thickness skin characterised at micro scales[J]. Biomaterials, 2013,34(8): 2087-2097.

[287] YANG F K,ZHANG W,HAN Y,et al. "Contact" of nanoscale stiff films[J]. Langmuir,2012,28(25): 9562-9572.

[288] TIMOSHENKO S, WOINOWSKY-KRIEGER S. Theory of plates and shells [M]. McGraw-hill New York,1959.

[289] ADAMS M J,BRISCOE B J,JOHNSON S A. Friction and lubrication of human skin[J]. Tribology Letters,2007,26(3): 239-253.

[290] LEYVA-MENDIVIL M F, LENGIEWICZ J, PAGE A, et al. Skin microstructure is a key contributor to its friction behaviour [J]. Tribology Letters,2017,65(1): 12.

[291] ZHANG Z. A flexible new technique for camera calibration [J]. IEEE Transactions on pattern analysis and machine intelligence, 2000, 22 (11): 1330-1334.

[292] BAKER S,MATTHEWS I. Lucas-kanade 20 years on: A unifying framework [J]. International journal of computer vision,2004,56(3): 221-255.

个人简历、在学期间完成的相关学术成果

个 人 简 历

1996 年 3 月 9 日出生于河南省驻马店市泌阳县。

2013 年 9 月考入西安交通大学机械工程学院机械工程专业,2017 年 7 月本科毕业并获得工学学士学位。

2017 年 9 月免试进入清华大学机械工程系攻读机械工程博士。

在学期间完成的相关学术成果

学术论文:

[1] **Li Y**, Bai P, Cao H, et al. Imaging dynamic three-dimensional traction stresses[J]. Science Advances,2022,8(11): eabm0984.

[2] **Li Y**, Li S, Bai P, et al. Surface wettability effect on aqueous lubrication: Van der Waals and hydration force competition induced adhesive friction[J]. Journal of Colloid and Interface Science,2021,599: 667-675.

[3] **Li Y**, Pesika N S, Zhou M, et al. Spring contact model of tape peeling: a combination of the peel-zone approach and the Kendall approach[J]. Frontiers in Mechanical Engineering,2018,4: 22.

[4] Li S, Bai P, **Li Y**, et al. Electric potential-controlled interfacial interaction between gold and hydrophilic/hydrophobic surfaces in aqueous solutions[J]. Journal of Physical Chemistry C,2018,122(39): 22549-22555.

[5] Shi L, **Li Y**, Meng Y, et al. Fluid Property Effects on the Splashing in Teapot Effect[J]. The Journal of Physical Chemistry C,2018,122(37): 21411-21417.

[6] Liu C, Friedman O, **Li Y**, et al. Electric response of CuS nanoparticle lubricant additives: the effect of crystalline and amorphous octadecylamine surfactant capping layers[J]. Langmuir,2019,35(48): 15825-15833.

[7] Li S, Bai P, **Li Y**, et al. Extreme-pressure superlubricity of polymer solution

enhanced with hydrated salt ions[J]. Langmuir,2020,36(24):6765-6774.

[8] Li X,Pesika NS,Li L,Li X,**Li Y**,et al. Role of structural stiffness on the loading capacity of fibrillar adhesive composite[J]. Extreme Mechanics Letters,2020, 41:101001.

[9] Li S,Bai P,**Li Y**,et al. Quantification/mechanism of interfacial interaction modulated by electric potential in aqueous salt solution[J]. Friction,2021,9(3): 513-523.

[10] Wen X,Bai P,**Li Y**,et al. Effects of abrasive particles on liquid superlubricity and mechanisms for their removal[J]. Langmuir,2021,37(12):3628-3636.

[11] Jiang C,Guo L,**Li Y**,et al. Magnetic field effect on apparent viscosity reducing of different crude oils at low temperature[J]. Colloids and Surfaces A: Physicochemical and Engineering Aspects,2021,629:127372.

[12] Li X,Bai P,Li X,Li L,**Li Y**,et al. Robust scalable reversible strong adhesion by gecko-inspired composite design[J]. Friction,2021:1-16.

[13] Hou X,Li J,**Li Y**,et al. Intermolecular and surface forces in atomic-scale manufacturing[J]. International Journal of Extreme Manufacturing,2022, 4:022002.

[14] **Li Y**,Li S,Tian Y. Macroscale water-based superlubricity achieved by PDMS under boundary lubrication regime[C]//Proceedings of the 258th ACS Fall National Meeting and Exposition,San Diego,USA,2019.

学术获奖:

[1] 清华大学摩擦学国家重点实验室年终学术报告会优秀学术报告一等奖(2020年)

[2] 清华大学第593期(机械系)博士生学术论坛优秀张贴报告(2020年)

[3] 清华大学第627期(机械系)博士生学术论坛优秀口头报告二等奖(2021年)

致　　谢

　　五年弹指间，在清华的这段时光大概是此生最宝贵的财富。

　　非常感谢田煜老师五年来方方面面的指导、教诲和帮助，让我得以不断夯实学科基础，创新研究方法，开拓科研视野。田老师展现的科学思维和行胜于言的作风，不断感染、启发和激励着我；田老师流露的爱国主义信念和自强不息精神，也将成为我一生的信条。"学高为师、身正为范"，我想这是对田老师最恰当的评价。

　　感谢孟永钢老师的指导和教诲。组会上的孟老师博学深刻、一针见血，生活中的孟老师儒雅随和、幽默诙谐，可谓大家风采。感谢马丽然老师和赵乾老师对我科研工作的指导和帮助。马老师温柔细致、润物无声的性格仿佛冬日暖阳；赵老师不仅学术成绩斐然，学生工作更是细致周到，是我们学习的榜样。

　　感谢田组大家庭，五年来田组从轻舟快艇壮大为远洋巨舰，祝田组乘风破浪、扬帆起航、越来越好。五年间，非常感谢陶大帅、史李春、刘哲瑜、鲁鸿宇、贾文鹏、徐爱杰、李绿洲、白鹏鹏、李少伟、曹辉、温相丽、王斌、张程、杨万友、张帅军等师兄师姐的指导和帮助；感谢李新新同学的支持和帮助；感谢李小松、张亚男、方静泊、欧阳楚可、文刚、侯鑫、陈文庆、孙天卉、韩俊豪、李京洋、向中寰等师弟师妹的帮助。

　　感谢机研171班集体的每一位同学，有缘相识，倍感荣幸。衷心感谢系办刘烨老师，实验室秦力、陈禹吉、王巍琦、王榕、杨文言、及开元、梁艺迈、王丽萍、郝琴等老师的辛勤付出和帮助。感谢实验室韩天翼和刘宸旭两位师兄在学业和生活中的帮助。感谢孟老师大组同学和马丽然老师组同学的帮助，感念一起学习、一起运动、一起游玩的时光。有幸在最后学年担任班级党支书，感谢支部每一位同志的支持和配合，感谢赵慧婵老师和赵玲老师的支持和帮助，感谢陈芹、张扬、东旭光等党建助理和程文俊、曹育玮等带班助理的付出和帮助。感谢机电所钱宇阳博士、设计所贾天宇博士和核研院李馨博士对博士课题的帮助。感谢浙江平湖暑期实践支队的胡恒谦、霍金鹏、张瑾、张向秀等同学博士生涯的一路同行和帮助。

本课题承蒙国家自然科学基金委员会、清华大学国强研究院和摩擦学国家重点实验室的资助,特此感谢。

感谢我亲爱的父母二十多年的抚养和教育,愿我们一家人永远健康快乐。

我自诩博士生涯并不急功,也未虚度。回望五年,不能说没有遗憾,倒可称无愧本心。希望自己以后无论经历如何,永远坚守自己的初心与真情。